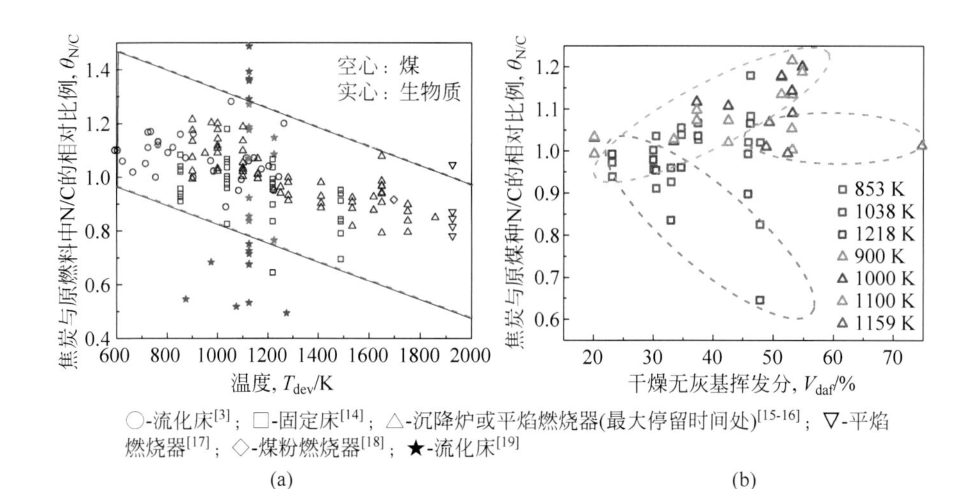

(a) (b)

图 1.5　不同条件下,不同燃料热解前后焦炭氮分配比例

(a) 与热解温度关系；(b) 与煤阶关系

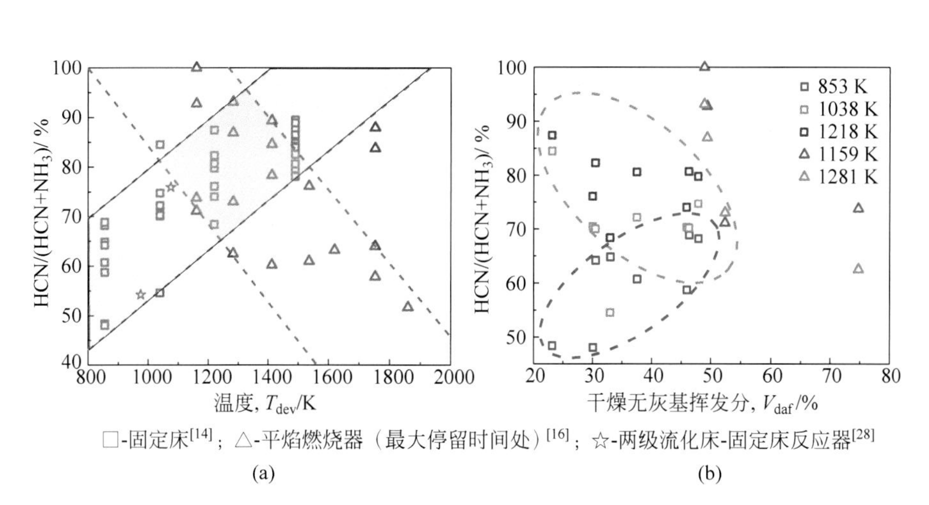

(a) (b)

图 1.6　不同热解条件下,挥发分氮中 HCN 所占比例

(a) 与热解温度关系；(b) 与煤阶关系

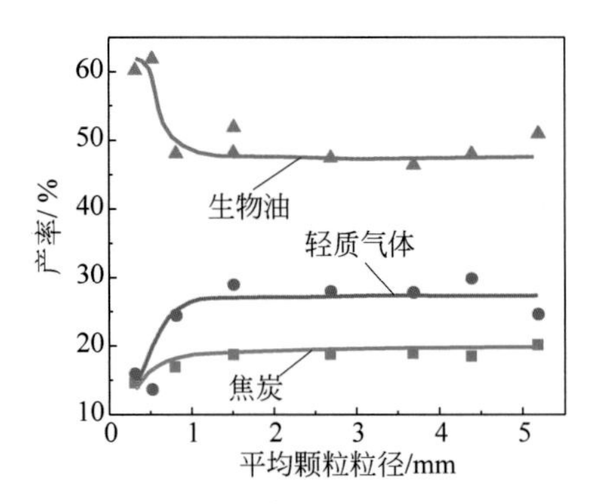

图 1.7　不同粒径生物质颗粒热解产物组成变化[38]

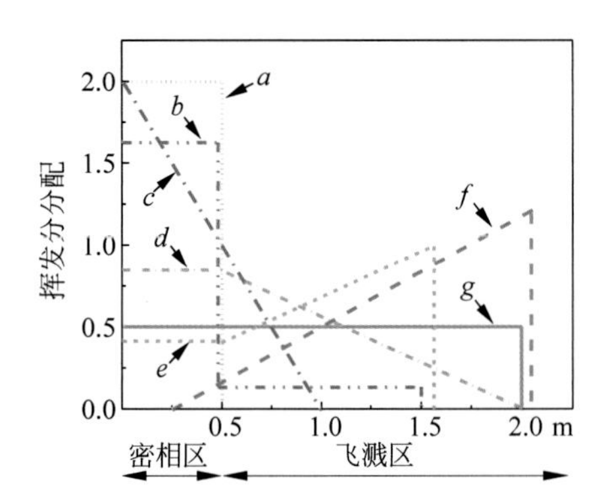

图 1.8　CFB 模型中，若干沿床高挥发分释放分布描述[44]

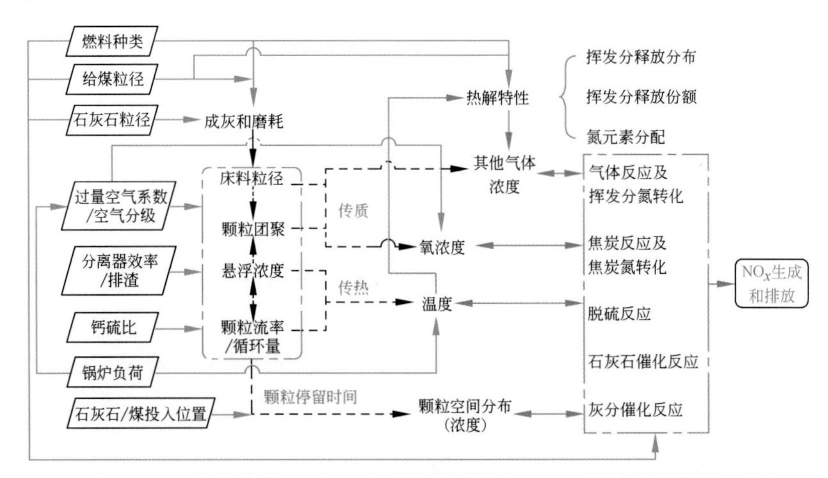

图 1.23　CFB 燃烧条件下，各工艺或操作参数与 NO_x 排放浓度的关系网络

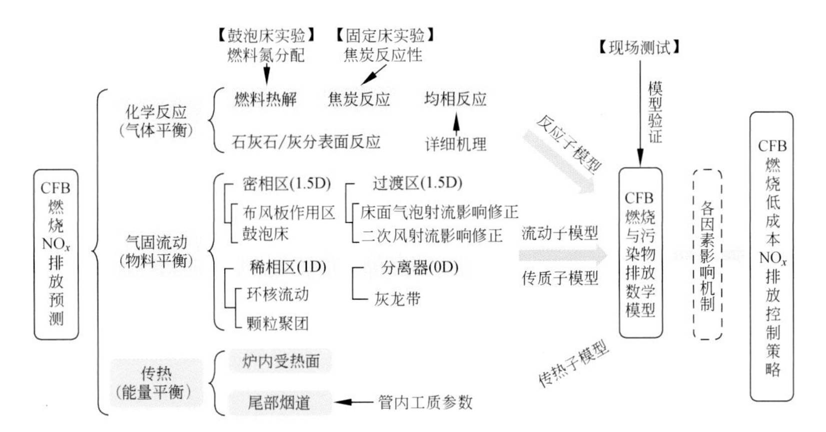

图 1.24　本书流程框架

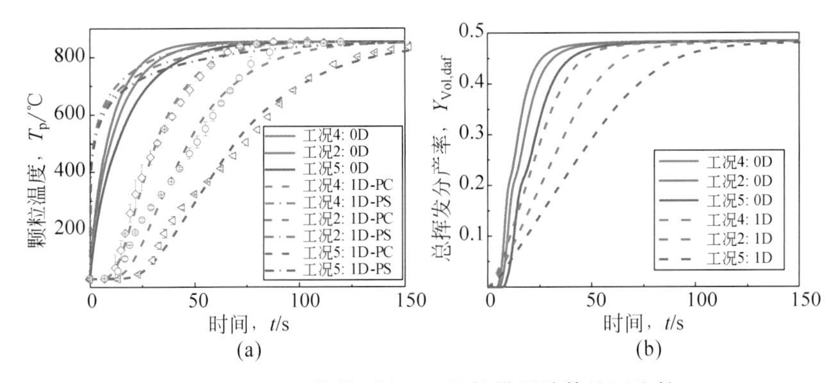

图 2.9　0D 颗粒模型和 1D 颗粒模型计算结果比较

(a) 颗粒温度曲线；(b) 总挥发分产率

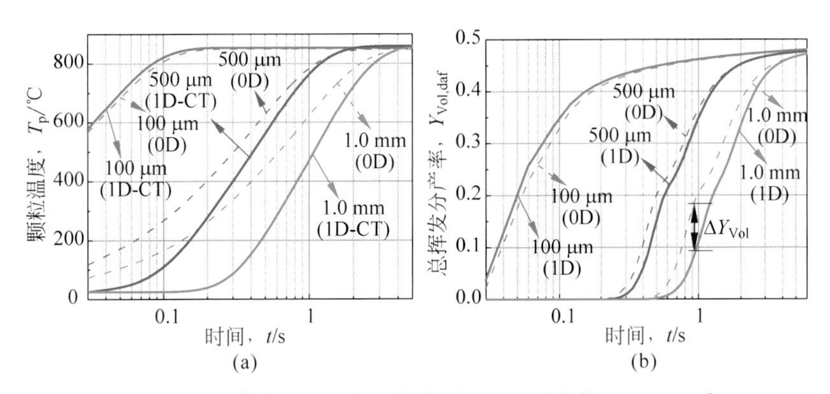

图 2.10　不同粒径下，两类颗粒模型预测结果比较(T_{bed}=850℃)

(a) 颗粒温度曲线；(b) 总挥发分产率

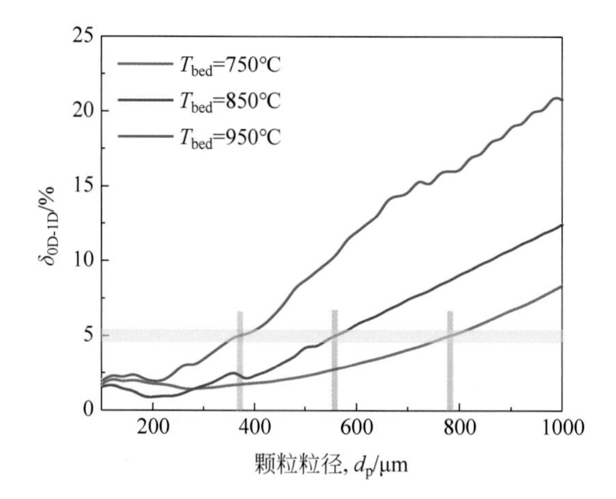

图 2.11　两类颗粒模型计算偏差数与粒径和温度的关系

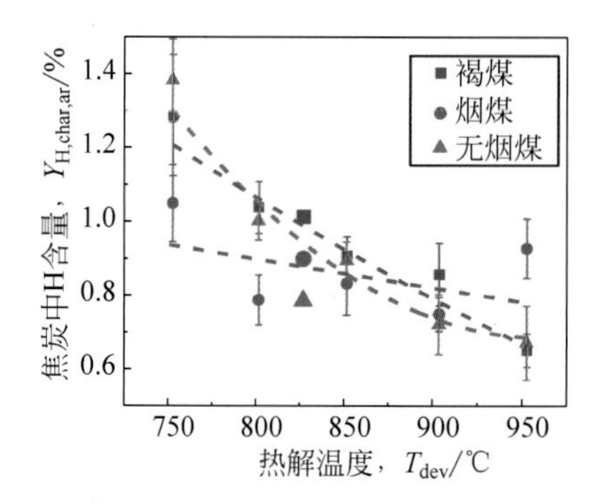

图 2.12　鼓泡床条件下,焦炭中残留 H 含量与热解温度关系

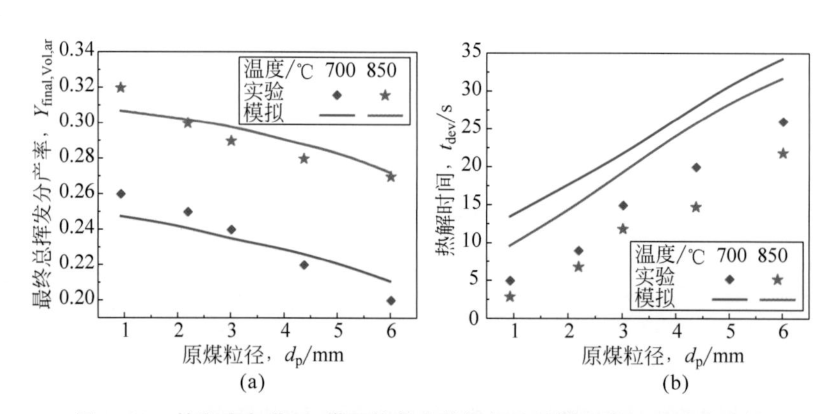

图 2.13　鼓泡床条件下,煤颗粒部分热解行为的模拟值和实验值比较

(a) 最终挥发分产率(N_2 气氛);(b) 热解时间(空气气氛)

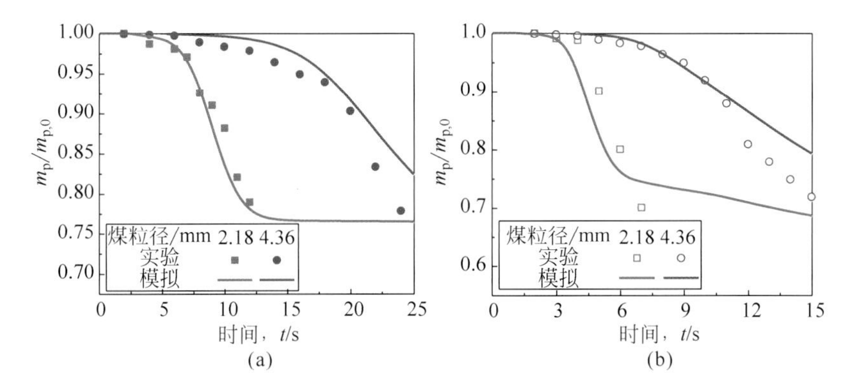

图 2.14　鼓泡床条件下，煤颗粒热解过程中质量变化的模拟值和实验值比较

(a) 700℃；(b) 850℃

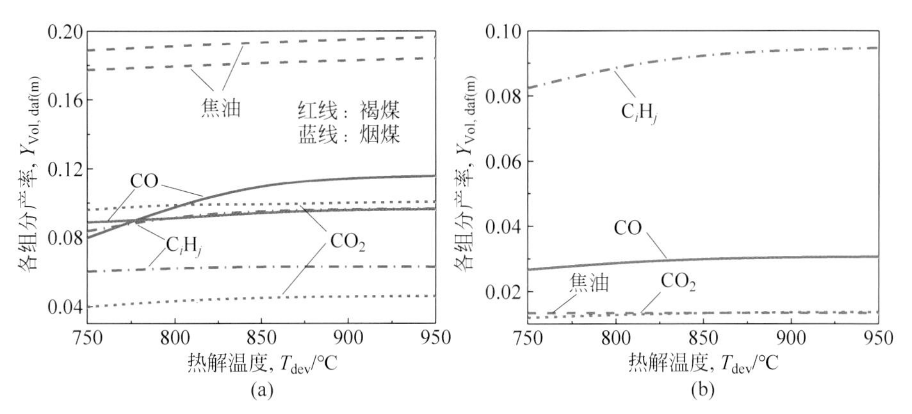

图 2.15　各挥发分组分产率与热解温度关系($d_p=1.0$ mm)

(a) 褐煤和烟煤；(b) 无烟煤

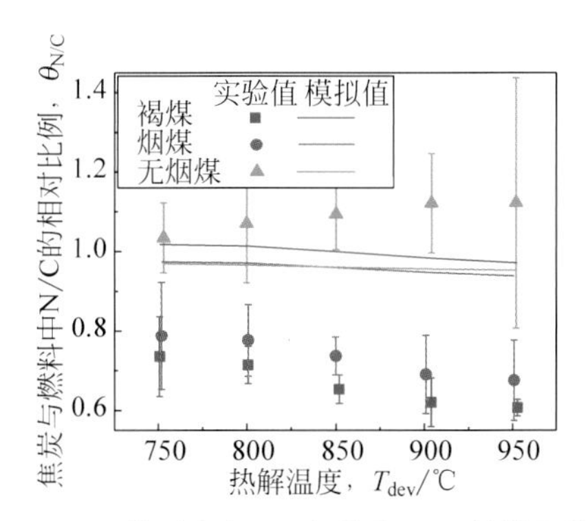

图 2.17　原 CPD-NLG 模型参数下，各煤种 $\theta_{N/C}$ 的模拟值和实验值比较

(d_p：1.0～1.25 mm)

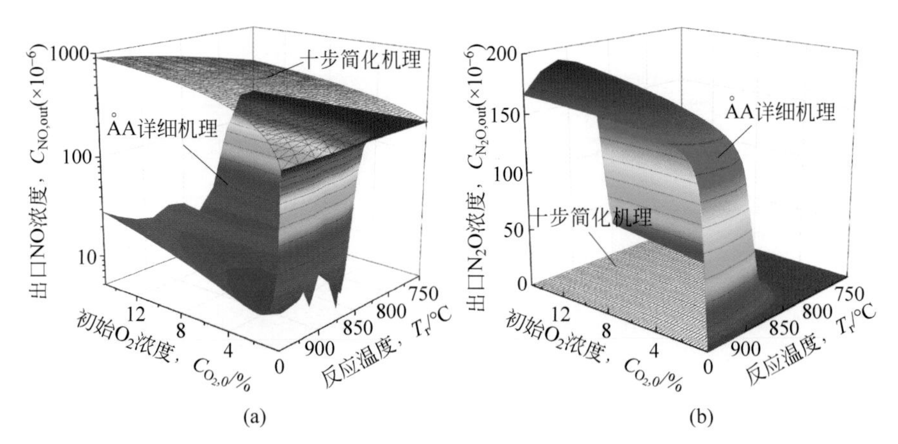

图 2.20 不同机理计算得到的 NO&N_2O 浓度随温度和氧量变化

$t=0.5$ s, $C_{CO_2,0}=10\%$, $C_{H_2O,0}=5\%$, $C_{NH_3,0}=1000\times10^{-6}$,

$C_{HCN,0}=1000\times10^{-6}$, $C_{NO,0}-200\times10^{-6}$,平衡气为 N_2

(a) NO; (b) N_2O

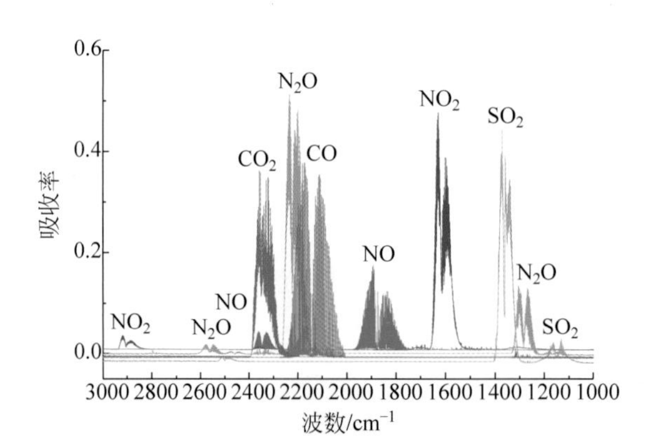

图 3.5 部分气体的红外吸收光谱

采集浓度：NO-1000×10^{-6}；NO_2-300×10^{-6}；N_2O-400×10^{-6}；SO_2-450×10^{-6}；

CO-1000×10^{-6}；CO_2-300×10^{-6}

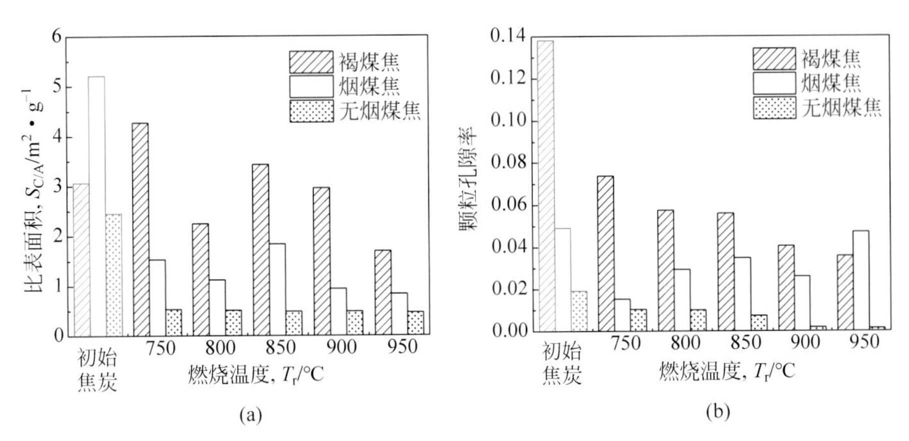

图 3.7　焦炭(红色)与燃尽后灰分(黑色)孔隙结构对比

(a) 比表面积；(b) 颗粒孔隙率

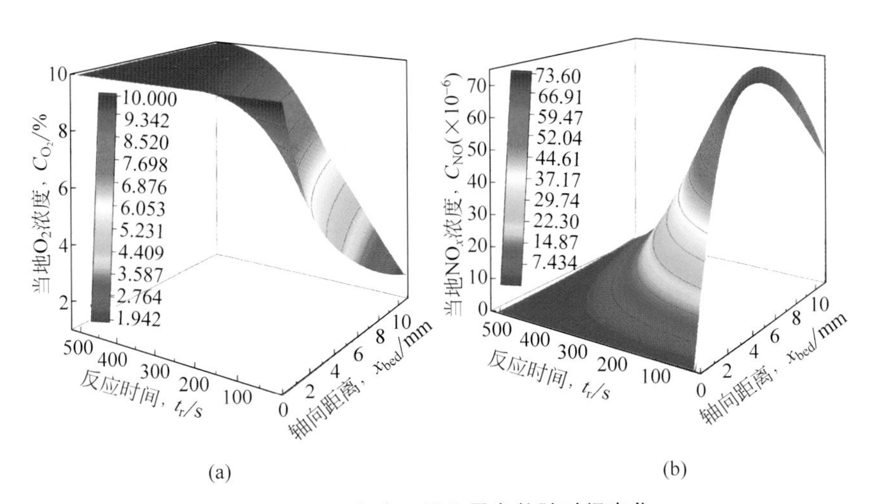

图 3.10　固定床不同位置参数随时间变化

(a) O_2 浓度；(b) NO 浓度

1500 mg 烟煤焦，$T_{bed}=850$℃，$C_{O_2,0}=10\%$

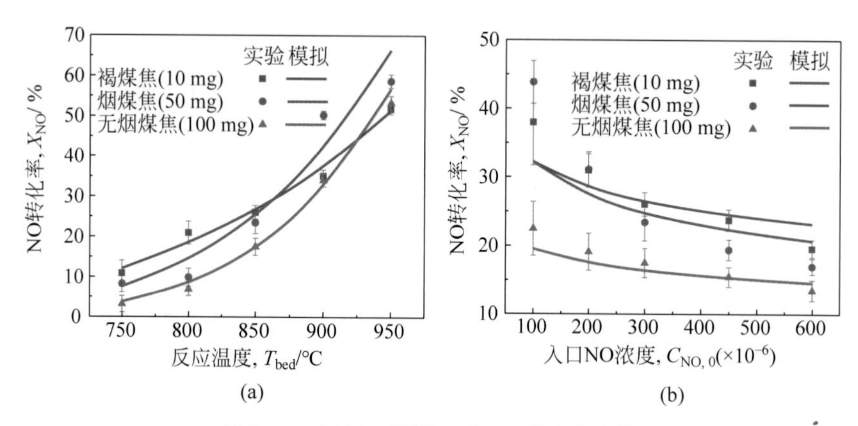

图 3.11 不同工况下,C+NO 反应性比较

(a) 不同温度($C_{NO,0}=300\times10^{-6}$);(b) 不同 NO 浓度($T_{bed}=850$℃)

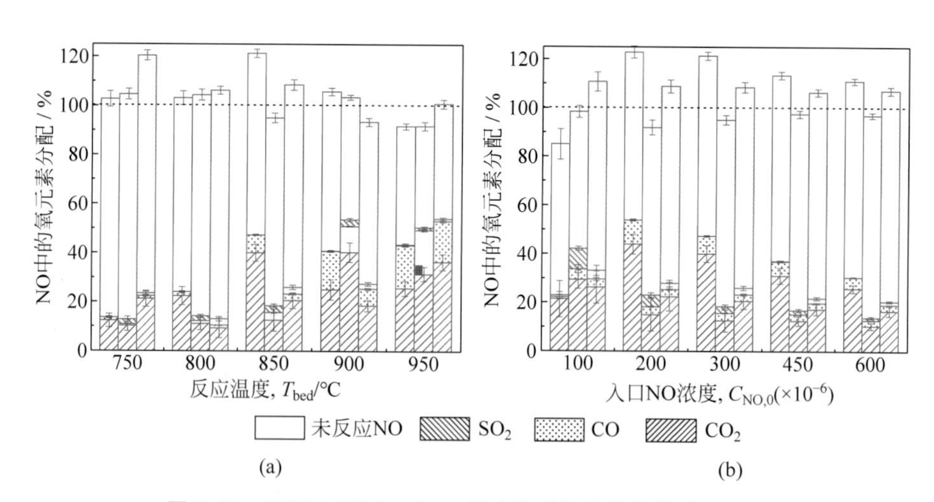

图 3.12 不同工况下,C+NO 反应体系氧平衡衡算结果比较

从左到右:褐煤焦、烟煤焦、无烟煤焦

(a) 不同温度($C_{NO,0}=300\times10^{-6}$);(b) 不同 NO 浓度($T_{bed}=850$℃)

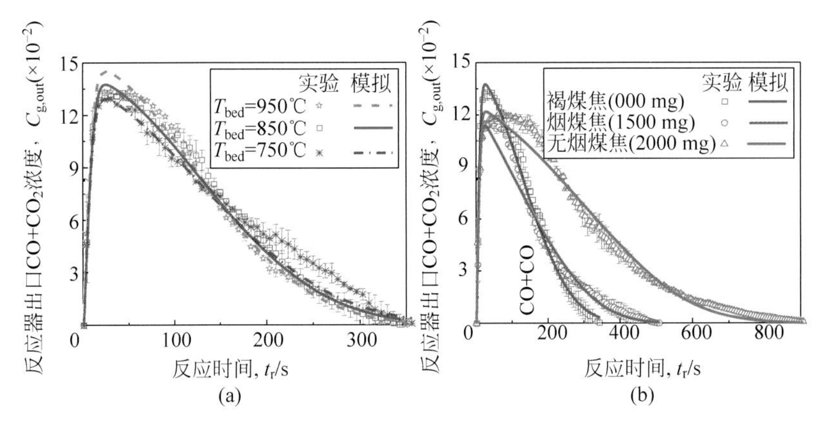

图 3.19　不同工况下，$C+O_2$ 燃烧反应性比较

(a) 不同温度(褐煤焦)；(b) 不同煤焦(T_{bed}=850℃)

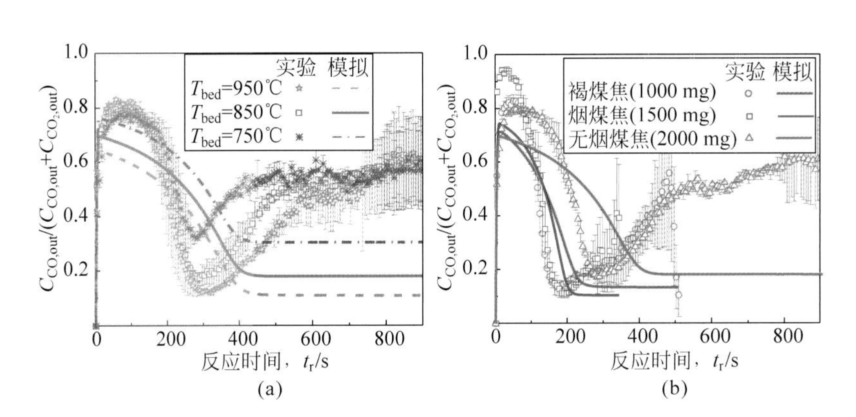

图 3.20　不同工况下，碳燃烧产物中 CO 比例

(a) 不同温度(无烟煤焦)；(b) 不同煤焦(T_{bed}=850℃)

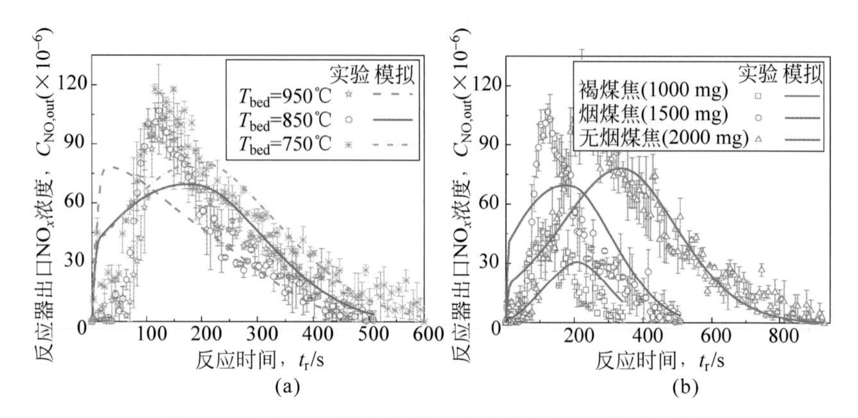

图 3.23 不同工况下，焦炭氮燃烧生成 NO_x 浓度变化

（a）不同温度（烟煤焦）；（b）不同煤焦（T_{bed}=850℃）

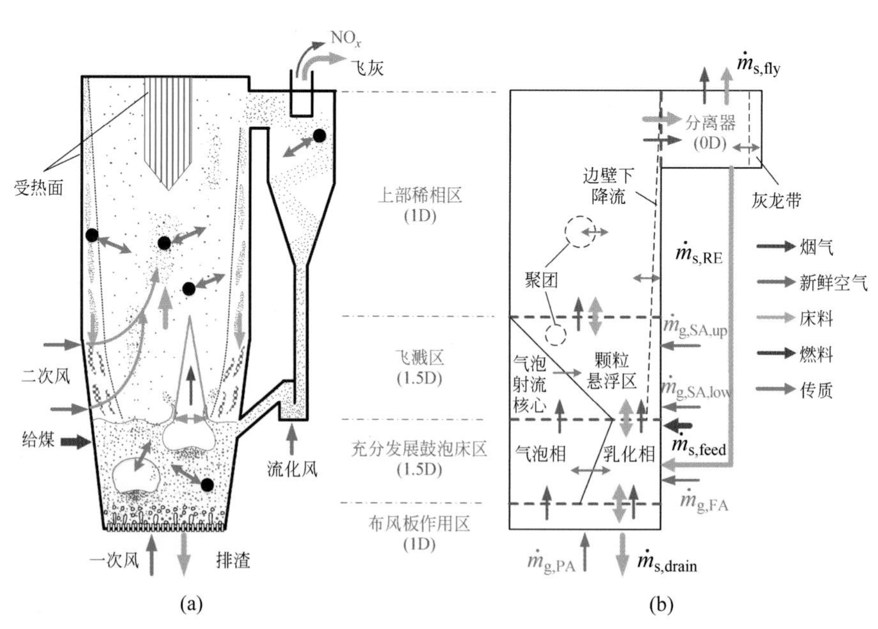

图 4.1 常规 CFB 锅炉炉膛结构和 CFB 燃烧数学模型示意图

（a）CFB 锅炉炉膛结构；（b）CFB 燃烧数学模型

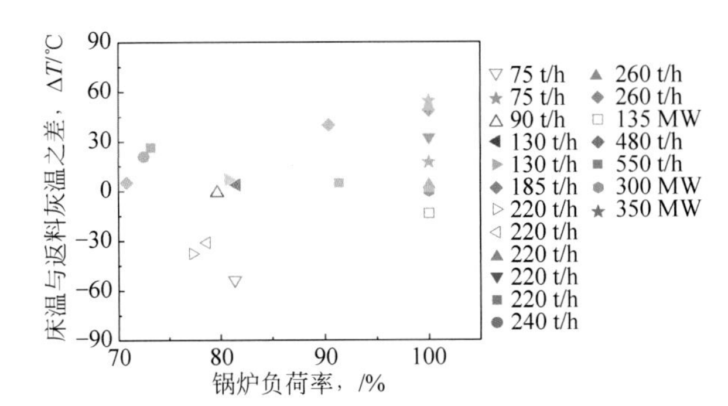

图 4.3　不同 CFB 锅炉返料阀灰温与炉底床温的偏差

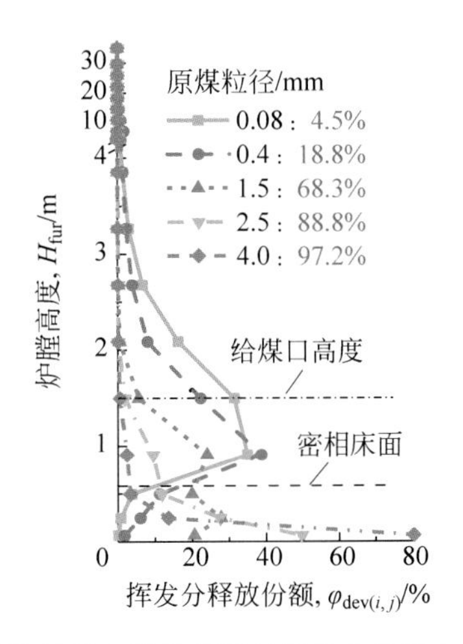

图 5.30　不同粒径煤颗粒热解释放挥发分的轴向分布(HP-135)

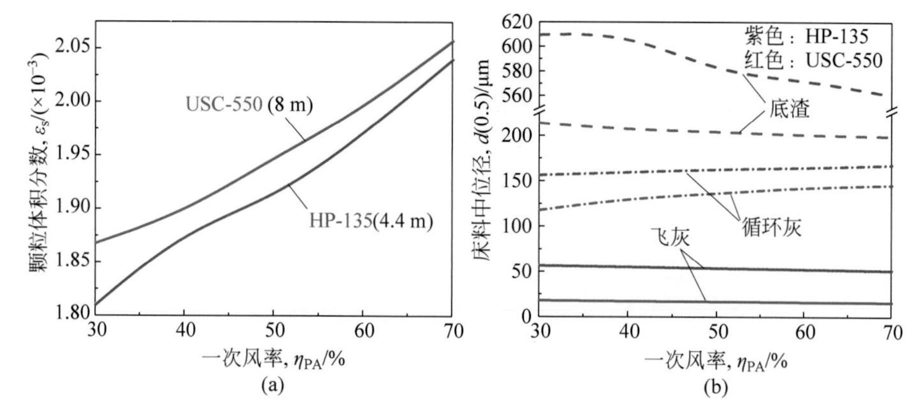

图 5.40　一次风率对 CFB 物料平衡特性影响

(a) 颗粒悬浮浓度；(b) 床料粒度

清华大学优秀博士学位论文丛书

循环流化床燃烧氮氧化物排放特性与数学建模

柯希玮（Ke Xiwei）著

Mathematical Modeling Study on Nitrogen Oxide Emission Characteristics of Circulating Fluidized Bed Combustion

清華大學出版社
北 京

内容简介

本书系统介绍了循环流化床燃烧及氮氧化物转化过程的数学建模方法，构建了流化状态和化学反应之间的关系，深入讨论了各工艺和操作参数对 NO_x 生成与排放的作用机制，提出了基于低氮燃烧的超低排放技术路线，并展望了能源转型下循环流化床燃烧低污染排放技术的重要意义与发展方向。

本书内容丰富，深入浅出，涵盖实验研究、模型分析和工程实践 3 个层面，可作为高等院校能源与动力工程、环境工程、过程工程等专业高年级本科生和研究生的教材，也可为发电及环保等领域从事生产、设计与管理工作的技术人员提供参考。

图书在版编目（CIP）数据

循环流化床燃烧氮氧化物排放特性与数学建模 / 柯希玮著. -- 北京 ：清华大学出版社，2024. 8. --（清华大学优秀博士学位论文丛书）. -- ISBN 978-7-302-67049-0

Ⅰ. X511.06

中国国家版本馆 CIP 数据核字第 2024WC8492 号

责任编辑：戚　亚
封面设计：傅瑞学
责任校对：欧　洋
责任印制：杨　艳

出版发行：清华大学出版社
网　　址：https://www.tup.com.cn，https://www.wqxuetang.com
地　　址：北京清华大学学研大厦 A 座　　**邮　　编**：100084
社 总 机：010-83470000　　**邮　　购**：010-62786544
投稿与读者服务：010-62776969，c-service@tup.tsinghua.edu.cn
质量反馈：010-62772015，zhiliang@tup.tsinghua.edu.cn
印 装 者：三河市东方印刷有限公司
经　　销：全国新华书店
开　　本：155mm×235mm　**印　张**：15.5　**插　页**：6　**字　　数**：271 千字
版　　次：2024 年 9 月第 1 版　**印　　次**：2024 年 9 月第 1 次印刷
定　　价：129.00 元

产品编号：103051-01

一流博士生教育
体现一流大学人才培养的高度(代丛书序)[①]

人才培养是大学的根本任务。只有培养出一流人才的高校,才能够成为世界一流大学。本科教育是培养一流人才最重要的基础,是一流大学的底色,体现了学校的传统和特色。博士生教育是学历教育的最高层次,体现出一所大学人才培养的高度,代表着一个国家的人才培养水平。清华大学正在全面推进综合改革,深化教育教学改革,探索建立完善的博士生选拔培养机制,不断提升博士生培养质量。

学术精神的培养是博士生教育的根本

学术精神是大学精神的重要组成部分,是学者与学术群体在学术活动中坚守的价值准则。大学对学术精神的追求,反映了一所大学对学术的重视、对真理的热爱和对功利性目标的摒弃。博士生教育要培养有志于追求学术的人,其根本在于学术精神的培养。

无论古今中外,博士这一称号都和学问、学术紧密联系在一起,和知识探索密切相关。我国的博士一词起源于2000多年前的战国时期,是一种学官名。博士任职者负责保管文献档案、编撰著述,须知识渊博并负有传授学问的职责。东汉学者应劭在《汉官仪》中写道:“博者,通博古今;士者,辩于然否。”后来,人们逐渐把精通某种职业的专门人才称为博士。博士作为一种学位,最早产生于12世纪,最初它是加入教师行会的一种资格证书。19世纪初,德国柏林大学成立,其哲学院取代了以往神学院在大学中的地位,在大学发展的历史上首次产生了由哲学院授予的哲学博士学位,并赋予了哲学博士深层次的教育内涵,即推崇学术自由、创造新知识。哲学博士的设立标志着现代博士生教育的开端,博士则被定义为独立从事学术研究、具备创造新知识能力的人,是学术精神的传承者和光大者。

---

① 本文首发于《光明日报》,2017年12月5日。

博士生学习期间是培养学术精神最重要的阶段。博士生需要接受严谨的学术训练，开展深入的学术研究，并通过发表学术论文、参与学术活动及博士论文答辩等环节，证明自身的学术能力。更重要的是，博士生要培养学术志趣，把对学术的热爱融入生命之中，把捍卫真理作为毕生的追求。博士生更要学会如何面对干扰和诱惑，远离功利，保持安静、从容的心态。学术精神，特别是其中所蕴含的科学理性精神、学术奉献精神，不仅对博士生未来的学术事业至关重要，对博士生一生的发展都大有裨益。

独创性和批判性思维是博士生最重要的素质

博士生需要具备很多素质，包括逻辑推理、言语表达、沟通协作等，但是最重要的素质是独创性和批判性思维。

学术重视传承，但更看重突破和创新。博士生作为学术事业的后备力量，要立志于追求独创性。独创意味着独立和创造，没有独立精神，往往很难产生创造性的成果。1929 年 6 月 3 日，在清华大学国学院导师王国维逝世二周年之际，国学院师生为纪念这位杰出的学者，募款修造"海宁王静安先生纪念碑"，同为国学院导师的陈寅恪先生撰写了碑铭，其中写道："先生之著述，或有时而不章；先生之学说，或有时而可商；惟此独立之精神，自由之思想，历千万祀，与天壤而同久，共三光而永光。"这是对于一位学者的极高评价。中国著名的史学家、文学家司马迁所讲的"究天人之际，通古今之变，成一家之言"也是强调要在古今贯通中形成自己独立的见解，并努力达到新的高度。博士生应该以"独立之精神、自由之思想"来要求自己，不断创造新的学术成果。

诺贝尔物理学奖获得者杨振宁先生曾在 20 世纪 80 年代初对到访纽约州立大学石溪分校的 90 多名中国学生、学者提出："独创性是科学工作者最重要的素质。"杨先生主张做研究的人一定要有独创的精神、独到的见解和独立研究的能力。在科技如此发达的今天，学术上的独创性变得越来越难，也愈加珍贵和重要。博士生要树立敢为天下先的志向，在独创性上下功夫，勇于挑战最前沿的科学问题。

批判性思维是一种遵循逻辑规则、不断质疑和反省的思维方式，具有批判性思维的人勇于挑战自己，敢于挑战权威。批判性思维的缺乏往往被认为是中国学生特有的弱项，也是我们在博士生培养方面存在的一个普遍问题。2001 年，美国卡内基基金会开展了一项"卡内基博士生教育创新计划"，针对博士生教育进行调研，并发布了研究报告。该报告指出：在美国和欧洲,培养学生保持批判而质疑的眼光看待自己、同行和导师的观点同样非常不容易,批判性思维的培养必须成为博士生培养项目的组成部分。

对于博士生而言,批判性思维的养成要从如何面对权威开始。为了鼓励学生质疑学术权威、挑战现有学术范式,培养学生的挑战精神和创新能力,清华大学在2013年发起“巅峰对话”,由学生自主邀请各学科领域具有国际影响力的学术大师与清华学生同台对话。该活动迄今已经举办了21期,先后邀请17位诺贝尔奖、3位图灵奖、1位菲尔兹奖获得者参与对话。诺贝尔化学奖得主巴里·夏普莱斯(Barry Sharpless)在2013年11月来清华参加“巅峰对话”时,对于清华学生的质疑精神印象深刻。他在接受媒体采访时谈道:“清华的学生无所畏惧,请原谅我的措辞,但他们真的很有胆量。”这是我听到的对清华学生的最高评价,博士生就应该具备这样的勇气和能力。培养批判性思维更难的一层是要有勇气不断否定自己,有一种不断超越自己的精神。爱因斯坦说:“在真理的认识方面,任何以权威自居的人,必将在上帝的嬉笑中垮台。”这句名言应该成为每一位从事学术研究的博士生的箴言。

提高博士生培养质量有赖于构建全方位的博士生教育体系

一流的博士生教育要有一流的教育理念,需要构建全方位的教育体系,把教育理念落实到博士生培养的各个环节中。

在博士生选拔方面,不能简单按考分录取,而是要侧重评价学术志趣和创新潜力。知识结构固然重要,但学术志趣和创新潜力更关键,考分不能完全反映学生的学术潜质。清华大学在经过多年试点探索的基础上,于2016年开始全面实行博士生招生“申请-审核”制,从原来的按照考试分数招收博士生,转变为按科研创新能力、专业学术潜质招收,并给予院系、学科、导师更大的自主权。《清华大学“申请-审核”制实施办法》明晰了导师和院系在考核、遴选和推荐上的权力和职责,同时确定了规范的流程及监管要求。

在博士生指导教师资格确认方面,不能论资排辈,要更看重教师的学术活力及研究工作的前沿性。博士生教育质量的提升关键在于教师,要让更多、更优秀的教师参与到博士生教育中来。清华大学从2009年开始探索将博士生导师评定权下放到各学位评定分委员会,允许评聘一部分优秀副教授担任博士生导师。近年来,学校在推进教师人事制度改革过程中,明确教研系列助理教授可以独立指导博士生,让富有创造活力的青年教师指导优秀的青年学生,师生相互促进、共同成长。

在促进博士生交流方面，要努力突破学科领域的界限，注重搭建跨学科的平台。跨学科交流是激发博士生学术创造力的重要途径，博士生要努力提升在交叉学科领域开展科研工作的能力。清华大学于2014年创办了“微沙龙”平台，同学们可以通过微信平台随时发布学术话题，寻觅学术伙伴。3年来，博士生参与和发起“微沙龙”12 000多场，参与博士生达38 000多人次。“微沙龙”促进了不同学科学生之间的思想碰撞，激发了同学们的学术志趣。清华于2002年创办了博士生论坛，论坛由同学自己组织，师生共同参与。博士生论坛持续举办了500期，开展了18 000多场学术报告，切实起到了师生互动、教学相长、学科交融、促进交流的作用。学校积极资助博士生到世界一流大学开展交流与合作研究，超过60%的博士生有海外访学经历。清华于2011年设立了发展中国家博士生项目，鼓励学生到发展中国家亲身体验和调研，在全球化背景下研究发展中国家的各类问题。

在博士学位评定方面，权力要进一步下放，学术判断应该由各领域的学者来负责。院系二级学术单位应该在评定博士论文水平上拥有更多的权力，也应担负更多的责任。清华大学从2015年开始把学位论文的评审职责授权给各学位评定分委员会，学位论文质量和学位评审过程主要由各学位分委员会进行把关，校学位委员会负责学位管理整体工作，负责制度建设和争议事项处理。

全面提高人才培养能力是建设世界一流大学的核心。博士生培养质量的提升是大学办学质量提升的重要标志。我们要高度重视、充分发挥博士生教育的战略性、引领性作用，面向世界、勇于进取，树立自信、保持特色，不断推动一流大学的人才培养迈向新的高度。

邱勇

清华大学校长

2017年12月

丛书序二

以学术型人才培养为主的博士生教育，肩负着培养具有国际竞争力的高层次学术创新人才的重任，是国家发展战略的重要组成部分，是清华大学人才培养的重中之重。

作为首批设立研究生院的高校，清华大学自20世纪80年代初开始，立足国家和社会需要，结合校内实际情况，不断推动博士生教育改革。为了提供适宜博士生成长的学术环境，我校一方面不断地营造浓厚的学术氛围，一方面大力推动培养模式创新探索。我校从多年前就已开始运行一系列博士生培养专项基金和特色项目，激励博士生潜心学术、锐意创新，拓宽博士生的国际视野，倡导跨学科研究与交流，不断提升博士生培养质量。

博士生是最具创造力的学术研究新生力量，思维活跃，求真求实。他们在导师的指导下进入本领域研究前沿，吸取本领域最新的研究成果，拓宽人类的认知边界，不断取得创新性成果。这套优秀博士学位论文丛书，不仅是我校博士生研究工作前沿成果的体现，也是我校博士生学术精神传承和光大的体现。

这套丛书的每一篇论文均来自学校新近每年评选的校级优秀博士学位论文。为了鼓励创新，激励优秀的博士生脱颖而出，同时激励导师悉心指导，我校评选校级优秀博士学位论文已有20多年。评选出的优秀博士学位论文代表了我校各学科最优秀的博士学位论文的水平。为了传播优秀的博士学位论文成果，更好地推动学术交流与学科建设，促进博士生未来发展和成长，清华大学研究生院与清华大学出版社合作出版这些优秀的博士学位论文。

感谢清华大学出版社，悉心地为每位作者提供专业、细致的写作和出版指导，使这些博士论文以专著方式呈现在读者面前，促进了这些最新的优秀研究成果的快速广泛传播。相信本套丛书的出版可以为国内外各相关领域或交叉领域的在读研究生和科研人员提供有益的参考，为相关学科领域的发展和优秀科研成果的转化起到积极的推动作用。

感谢丛书作者的导师们。这些优秀的博士学位论文，从选题、研究到成文，离不开导师的精心指导。我校优秀的师生导学传统，成就了一项项优秀的研究成果，成就了一大批青年学者，也成就了清华的学术研究。感谢导师们为每篇论文精心撰写序言，帮助读者更好地理解论文。

感谢丛书的作者们。他们优秀的学术成果，连同鲜活的思想、创新的精神、严谨的学风，都为致力于学术研究的后来者树立了榜样。他们本着精益求精的精神，对论文进行了细致的修改完善，使之在具备科学性、前沿性的同时，更具系统性和可读性。

这套丛书涵盖清华众多学科，从论文的选题能够感受到作者们积极参与国家重大战略、社会发展问题、新兴产业创新等的研究热情，能够感受到作者们的国际视野和人文情怀。相信这些年轻作者们勇于承担学术创新重任的社会责任感能够感染和带动越来越多的博士生，将论文书写在祖国的大地上。

祝愿丛书的作者们、读者们和所有从事学术研究的同行们在未来的道路上坚持梦想，百折不挠！在服务国家、奉献社会和造福人类的事业中不断创新，做新时代的引领者。

相信每一位读者在阅读这一本本学术著作的时候，在吸取学术创新成果、享受学术之美的同时，能够将其中所蕴含的科学理性精神和学术奉献精神传播和发扬出去。

清华大学研究生院院长

2018年1月5日

导师序言

1922年，德国巴斯夫公司的Fritz Winkler提出了流化床的概念，自此，流态化技术开始走上工业舞台，至今已经走过100多个年头。其间，流态化工程广泛应用于化工操作，成为一类重要的反应器。20世纪50年代，流态化被引入燃烧领域；20世纪80年代，循环流化床(circulating fluidized bed，CFB)由鼓泡床发展而来。中国从20世纪60年代开始鼓泡床锅炉研究，从20世纪80年代开始CFB锅炉研究，从早期的跟踪学习国外技术到如今的技术引领，60年间走出了一条适应中国国情的创新之路，揭示了CFB锅炉的流动、燃烧、传热、污染控制、整体动态性等基本原理，开发出高性能CFB锅炉、节能型CFB锅炉和超低排放型CFB锅炉，实现了蒸汽高参数化和容量大型化。

社会需求推动了流化床锅炉技术的快速发展。在流化床锅炉百余年的发展历程中，技术往往走在理论前面。技术出现突破并应用后，需回过头来分析背后的机制，即“知其然更要知其所以然”。进入21世纪后，清华大学在实践中多次发现，在某些特定条件下，CFB锅炉的NO_x、SO_2排放性能优于预期，已突破已有认知范围。当时，这只是实践层面的一项重大发现，如何进行性能的深度优化，亟须掌握其背后的科学原理。这是柯希玮2016年开始他的博士学位课题的研究背景。

柯希玮研究的目标为发展一种循环流化床燃烧整体数学模型，用科学的方法探索上述现象背后的机理，包括气固流态(如床料粒度和循环量)、燃料性质(如煤种)、操作条件(如风配比)等，以及对NO_x生成与还原的影响规律，继而将其优化形成关键技术和设计导则。柯希玮在已有研究的基础上，借鉴近年来相关研究成果和最新认识，系统分析了流化床燃烧含氮反应动力学，以及CFB炉内不同区域气固流动结构和气体传递特性的差异，构建了流化状态和化学反应之间的关系，成功预测了多台燃用不同煤种、不同容量CFB锅炉的NO_x原始排放。进而阐明了分离器效率、给煤粒度、锅炉负荷等参数对循环流化床燃烧NO_x排放的影响机制，揭示了床料粒度对

NO_x 排放的重要影响。在此基础上，提出了通过优化气固流态调控化学反应实现硫氮污染物原始超低排放的系列技术措施，并已在工程中成功应用，突破了煤电行业普遍采用的烟气污染物先产生再净化的控制路线。

柯希玮的博士学位论文工作量饱满，结构完整，创新性显著，相关内容已发表在 *Fuel*、*Environmental Pollution*、*Chemical Engineering Science* 等国际顶级期刊，并获邀在FBC等国际会议上做报告，其学术贡献得到了国内外同行的高度认可。2022年，该论文被评为清华大学优秀博士学位论文。本书对深入理解CFB流化状态对化学反应的作用机制、CFB燃烧 NO_x 生成和还原过程，以及降低CFB锅炉 NO_x 原始排放具有重要的指导意义。

蒙清华大学出版社青睐，柯希玮的博士学位论文得以出版，作为导师，倍感欣慰。流化床燃烧是一门发展中的学科，书中的一些认知与结论或有不妥之处，但其研究方法、创新思想可被同行借鉴。若能吸引更多青年才俊深入研究，领略科学之美、探索技术之道，将使本书具有更大的价值。

吕俊复

2024年2月于清华园

前 言

对电力行业而言，实现“双碳”目标的核心是构建以新能源为主体的新型电力系统。然而，光伏、风电等新能源的间歇性、波动性和随机性，对电力系统可靠稳定运行构成了巨大挑战。立足我国能源资源禀赋，发挥传统能源特别是煤炭、煤电的调峰和兜底保供作用，是现阶段构建清洁低碳安全高效能源体系的唯一现实可行的技术路线。这对煤电机组提出了更高的要求。

考虑到循环流化床(CFB)锅炉具有全负荷调峰潜力，其在新型电力系统中有望发挥更大的作用。然而，随着污染物排放标准日趋严格，为巩固CFB燃烧低成本污染物排放控制的优势，需要进一步分析各工艺或操作参数对 NO_x 排放的影响规律，深度挖掘CFB的低氮燃烧潜力，从而促进煤炭清洁高效利用。为此，本书在对含氮反应动力学和CFB锅炉气固流动结构深入分析的基础上，通过“化学动力学实验—数学建模分析—工程验证”3个层面递进叙述，与读者共同探讨CFB锅炉氮氧化物排放特性与减排方案。

全书共分6章：

第1章为绪论，介绍本书的研究背景和目标，并对现有关于CFB燃烧条件下氮氧化物生成机理、排放特性、影响因素，以及相关模拟研究进行了综述，引出本书主要内容；

第2章介绍了CFB燃烧条件下对燃料热解和均相反应的处理；

第3章围绕焦炭、石灰石等表面异相反应及氮氧化物转化规律展开描述；

第4章介绍了CFB燃烧整体数学模型的基本架构和控制方程，以及分区流动子模型与传质子模型的构建方法；

第5章针对若干商业CFB锅炉，分析了各操作条件对 NO_x 排放的影响规律和作用机制，提出了通过工艺及操作参数优化实现低成本 NO_x 排放控制的技术路线；

第6章为全书总结，列出了本书主要结论，并展望了“双碳”目标背景下CFB燃烧低污染排放技术的发展方向。

本书的研究工作得到作者导师——清华大学能源与动力工程系吕俊复教授的倾心指导与帮助，并对本书的出版给予了大力支持。清华大学循环流化床课题组的各位老师和同学，以及工业界众多前辈朋友，在本人求学、工作及生活中提供了大量无私帮助，在此一并谨致谢忱。作者同时要感谢清华大学研究生院和清华大学出版社对本书出版的支持，感谢清华大学出版社的戚亚编辑对本书出版的重要贡献。

限于作者对流化床燃烧技术的认知水平，本书或有较多不妥之处，恳请读者批评指正。

柯希玮

2024年2月

摘　要

随着污染物排放标准日趋严格，为巩固循环流化床(CFB)燃烧低成本污染物排放控制的优势，需要进一步分析各工艺或操作参数对 NO_x 排放的影响规律，深度挖掘 CFB 的低氮燃烧潜力，从而促进煤炭清洁高效利用。为此，本书在对含氮反应动力学和 CFB 锅炉气固流动结构深入分析的基础上，开展了系列实验和模型研究。

首先，建立了单颗粒煤传热和热解模型，模拟了流化床内不同粒径煤颗粒的升温和挥发分(氮)析出过程。利用鼓泡床实验台对该子模型进行验证，并确定不同煤种中氮元素热解析出反应的动力学参数。完善了对流化床燃烧条件下焦炭、石灰石、灰分等固体床料表面反应体系的数学描述。利用固定床实验系统，对3种典型煤焦的燃烧反应性、CO_2 气化反应性和 NO 还原反应性进行了测量，并基于微分反应器模型或一维积分反应器模型获得了不同煤焦相关化学动力学参数。除异相氮氧化物转化，还采用了详细化学动力学机理描述循环床内均相反应体系，并考虑了固体颗粒表面自由基淬灭和重组反应，以适应宽工况范围下的 CFB 燃烧 NO_x 排放模拟。

其次，充分考虑了 CFB 锅炉炉内不同区域气固流动和气体传递特性的差异，包括布风板作用区风帽射流搅动、充分发展鼓泡床区两相流动、飞溅区气泡射流和二次风扩散、稀相区环核流动结构和颗粒团聚等，部分锅炉还考虑了外置换热床结构。从而建立了1D/1.5D 混合循环流化床燃烧整体数学模型，构建了流化状态和化学反应之间的关系，可以反映流态、传质、传热等对 NO_x 排放的影响。

针对3台不同容量的商业 CFB 锅炉进行了模型预测，并与现场实测数据比较，验证了模型的可靠性。进而利用模型分析了流态重构、分级配风、锅炉负荷等因素对 CFB 燃烧条件下 NO_x 排放的影响规律。发现提高分离器效率、降低给煤粒度，可使平均床料粒度降低(床质量提高)，循环量增大，导致 CFB 锅炉炉内局部气固流动状态发生变化，能够有效降低 NO_x 原始排放浓度。另外，适当降低给煤口高度、尝试从返料阀等处给入细煤颗粒、降低过量空气系数、减少一次风份额、延迟二次风混合、适当降低石灰石粒度等措施，也有利于减少 NO_x 排放。

关键词：循环流化床；氮氧化物；数学模型；操作参数；气固流动

Abstract

With the increasing restriction on pollutant emission, it is crucial to consolidate the strength of circulating fluidized bed (CFB) combustion technology in the low-cost pollutant control. It requires further understanding of the impacts of various designing or operating parameters on nitrogen oxides (NO_x) emission for CFB boilers and exploiting the potential of low-nitrogen combustion to promote the clean and efficient use of coal. Therefore, based on the deep analysis of the nitrogenous reaction kinetics and the gas-solid two-phase flow characteristics for CFB boilers, systematic experimental and modeling studies were conducted in this book.

Firstly, a single coal particle model was developed to predict the heating and devolatilization behaviors of fuel particles with different sizes in the fluidized bed, validated through lab-scale bubbling fluidized bed experiments. Meanwhile, the chemical kinetic parameters related to the fast-nitrogen release for different kinds of coal were obtained. Then, single-particle reaction models were improved to better describe the surface reaction process of solid bed materials (e. g., char, limestone and ash) under fluidized bed combustion conditions. The combustion reactivity, CO_2 gasification reactivity, and char-NO reactivity of three typical coal chars were tested in a fixed bed reactor, and some relevant chemical kinetic parameters were determined by applying a differential reactor model or a one-dimensional integral reactor model. Additionally, in order to simulate NO_x formation and reduction processes in the CFB boiler across a wide range of operation conditions, the homogeneous reaction system should be described by detailed chemical kinetic mechanisms. The quenching and recombination of some radicals on particle surfaces were also considered.

The diverse gas-solid fluidization state and gas/heat transfer conditions in different regions of a CFB combustor were fully taken into account, such as the agitation of the nozzle jet near the air distributor, bubbling behavior in the bottom bed, gas mixing caused by bubble breakage and secondary air injection in the splash zone, core-annular flow structure and cluster characteristics in freeboard, etc. The external heat exchanger was also considered in some specific CFB boilers. Through the above research, a comprehensive one-dimensional, two-phase (1D/1.5D hybrid) CFB mathematical model was developed to construct the relationship between macroscopic gas-solid flow and microscopic chemical kinetics. As such, the influence of fluid dynamics, mass transfer, heat transfer, etc., on the NO_x emission characteristics can be mathematically described.

This integral CFB model was corroborated with field test data collected from three commercial CFB boilers with different capacities and fuel types. The influences of various factors on the NO_x emission from CFB boilers were further analyzed, including re-specification of fluidization state, air staging, boiler load, etc. The modeling results indicate that improving the cyclone separation efficiency and reducing the coal particle size can significantly decrease the average bed material size. Namely, the bed quality is improved. The local gas-solid flow behavior inside the CFB boiler furnace will be accordingly changed, leading to the effective reduction of the NO_x emission. In addition, some other valuable approaches were also proposed to achieve low NO_x emissions. For instance, appropriately reducing the height of coal inlets, feeding fine coal particles from the loop seals, decreasing the excess air coefficient, reducing the primary air ratio, delaying the mixing of secondary air, and appropriately reducing the particle size of feeding limestone.

Keywords: circulating fluidized bed; NO_x; mathematical model; operating parameters; fluid dynamics

符号和缩略语说明

英文名称与缩写

CEMS　烟气排放连续监测系统(continuous emission monitoring system)
CFB　循环流化床(circulating fluidized bed)
CFD　计算流体力学 (computational fluid dynamics)
CPFD　计算颗粒流体力学 (computational particle fluid dynamics)
FTIR　傅里叶变换红外光谱 (Fourier transform infrared spectroscopy)
INTREX　整体式外置换热床 (integrated recycle heat exchanger)
PAPSD　初始灰分粒径分布 (primary ash particle size distribution)
PFR　平推流反应器 (plug flow reactor)
SCCS　静态燃烧与冷态振筛磨耗实验 (static combustion and cold sieving)
SCR　选择性催化还原 (selective catalytic reduction)
SNCR　选择性非催化还原 (selective non-catalytic reduction)
TGA　热重分析 (thermogravimetric analysis)
XRF　X 射线荧光光谱 (X-ray fluorescence)

无量纲数

Ar　阿基米德数 (Archimedes number)
Fr　傅里叶数 (Fourier number)
Nu　努塞尔特数 (Nusselt number)
Pr　普朗特数 (Prandtl number)
Re　雷诺数 (Reynolds number)
Sh　舍伍德数 (Sherwood number)

英文字母

A　面积,m^2；反应频率因子(单位与反应表达式有关)；灰分含量
A_D　单个风帽作用区域面积,m^2

BO	碳燃尽率,%
c	比热容,$J \cdot kg^{-1} \cdot K^{-1}$
c_0	CPD 模型中,初始稳定桥键数
C	气体浓度,10^{-6},%,$kmol \cdot m^{-3}$ 或 $mg \cdot m^{-3}$
C_D	曳力系数
d	直径,m,mm 或 μm
d_{50}, d_{99}	分离器切割粒径、临界粒径,m
d_{criA}, d_{criF}	颗粒临界磨损粒径、临界破碎粒径,m
D_g	气体分子扩散系数,$m^2 \cdot s^{-1}$
D_k	气体克努森扩散系数,$m^2 \cdot s^{-1}$
D_e	气体有效扩散系数,$m^2 \cdot s^{-1}$
D_f	焦炭孔隙分形维数
E	活化能,$kJ \cdot mol^{-1}$
f	质量分数;相对质量比
f_s	床料表面平均粗糙度
FC	固定碳含量,%
F_D	单位体积所受曳力,$N \cdot m^{-3}$
g	重力常数,$m \cdot s^{-2}$
G'	边壁区颗粒团反应特征数
G_s	物料循环流率,$kg \cdot m^{-2} \cdot s^{-1}$
G_s^*	物料饱和携带率,$kg \cdot m^{-2} \cdot s^{-1}$
h	换热系数,$W \cdot m^{-2} \cdot K^{-1}$;高度,m;显焓,$kJ \cdot kg^{-1}$ 或 $kJ \cdot kmol^{-1}$
h_{eff}	综合换热系数,$W \cdot m^{-2} \cdot K^{-1}$
H	高度,m
k	化学反应速率常数(单位与反应表达式有关)
k_1, k_2	分层衰减系数
K_g	气体传质系数,$m \cdot s^{-1}$
K_{ad}	异相表面气体吸附速率常数,$m^3 \cdot kmol^{-1}$
K_{af}	颗粒磨耗速率常数,m^{-1}
K_h	炉内受热面总换热系数,$W \cdot m^{-2} \cdot K^{-1}$
K_b^n	床侧向受热面表面名义换热系数,$W \cdot m^{-2} \cdot K^{-1}$

K_f 工质侧换热系数，$W \cdot m^{-2} \cdot K^{-1}$
$l_{SA,pene}$ 二次风穿透深度，m
L 湿周长度，m
m 质量，kg
$\dot{m}$ 质量流率，$kg \cdot s^{-1}$
M 总质量，kg
M_{cl} CPD 模型中，单个典型碳簇的总分子量，$g \cdot mol^{-1}$
M_{site} CPD 模型中，单个碳簇芳香族的平均分子量，$g \cdot mol^{-1}$
M_{δ} CPD 模型中，单个碳簇脂肪族侧链的平均分子量，$g \cdot mol^{-1}$
MW 摩尔质量，$g \cdot mol^{-1}$
n 反应级数
N 数量；编号
N_{site} NLG 模型中，单位芳香族群中氮元素的质量分数
N_s 表面接触热阻常数
p_0 CPD 模型中，桥键比例
P 压力，Pa
Q 气体流量，$L \cdot min^{-1}$
$\dot{Q}$ 热流率，$J \cdot s^{-1}$
$Q_{ar,net}$ 燃料低位发热量，$MJ \cdot kg^{-1}$
Q_B 锅炉负荷率，%
r 半径，m
R 理想气体常数，$J \cdot mol^{-1} \cdot K^{-1}$；反应速率，$kmol \cdot m^{-3} \cdot s^{-1}$，$kmol \cdot m^{-2} \cdot s^{-1}$，$kmol \cdot s^{-1}$，$m \cdot s^{-1}$ 或 s^{-1}
R_{pene}，R_{cont} 渗透层热阻、表面接触热阻，$K \cdot m^2 \cdot W^{-1}$
S 表面积，m^2；比表面积，$m^2 \cdot g$
T 温度，K 或℃
t 时间，s 或 min
U 速度，$m \cdot s^{-1}$
V 挥发分含量，%
W 总质量流率，$kg \cdot s^{-1}$
w 宽度，m
X 转化率

y	气体摩尔分数；粒径分布
Y	产率；元素质量含量
z	固定床反应器轴向距离，m

希腊字母

α	稀相段的空隙率衰减系数；角度
α_{air}	过量空气系数
$\alpha_{S/V}$	单位体积内气体-颗粒碰撞截面积，m^{-1}
$\alpha_{Ca/S}$	钙硫摩尔比
β_{cl}	核心区颗粒团体积分数
γ	固体表面自由基的表观重组系数
γ_{daf}	干燥无灰基底
δ	厚度，m
$\delta_{0D\text{-}1D}$	0D/1D 颗粒模型总挥发分产率计算结果的时间积分偏差
Δ	间隔
ΔH	反应热或汽化潜热，$J \cdot kg^{-1}$
ε	空隙率
ξ	分层系数
η	比例；颗粒孔隙扩散有效系数；效率
η_{SO_2}	脱硫效率，%
θ	颗粒孔隙率；颗粒表面反应气体占据活性位的份额
$\theta_{N/C}$	焦炭中 N/C 元素比与原煤中 N/C 元素比的相对比例
θ_t	密相区乳化相与换热面的接触停留时间，s
κ	有效发射率
λ	导热系数，$W \cdot m^{-1} \cdot K^{-1}$
μ	动力黏度，$Pa \cdot s$
ρ	密度，$kg \cdot m^{-3}$
σ	斯特凡-玻尔兹曼常数，$W \cdot m^{-2} \cdot K^{-4}$；体积份额；概率
$\sigma+1$	CPD 模型中，总连接键数
τ	颗粒弯曲因子；摩擦应力，$N \cdot m^{-2}$
φ	空间分配
ϕ	球形度；球形颗粒蒂勒模数
χ	分数

ψ	体积流率分数

下标

a	密相床面之上边壁区
abra	颗粒表面磨损
ar	收到基
ad	炉底布风板作用区上表面
A	灰分
bed	床
bot	炉膛底部
B	气泡(相)
Bj	气泡射流
C	碳元素；焦炭颗粒；给煤
c	对流；密相床面之上核心区
cap	风帽
cas	耐火浇注料
cell	小室
cl	核心区颗粒团
cyc	分离器
d	干燥基
daf	去除水分和灰分后的质量基底
dev	热解
den	密相区
down	下降
drain	排渣
Dj	风帽射流
e	环境参数
E	乳化相
EC	外循环
f	核心区颗粒团外稀相
feed	给料
fin	鳍片
fines	细颗粒

flue	烟气
fly	从分离器逃逸飞灰
fur	炉膛
F	燃料颗粒
FA	流化风
g	气体
hete	异相反应
homo	均相反应
hs	受热面
H	氢元素
i	小室编号
i	相间
IC	碳核；内循环
ICO	内循环口
in	进口
inC	碳核表观反应
intr	碳核本征反应
INT	INTREX
j	颗粒粒径档编号
J	气泡射流核心区
k	颗粒年龄档编号
l	单颗粒层编号
lim	限值
L	石灰颗粒
m	组分编号
max	最大状态
mf	临界流化状态
N	氮元素
O	氧元素
OF	溢流
out	出口
p	(单)颗粒
PA	一次风

PC	颗粒中心
r	反应；辐射传热；反应器
redu	颗粒破碎
RE	返料
s	床料颗粒；表观；工质
se_cir	底渣自循环
shift	磨耗
sin	单颗粒
slip	滑移状态
spl	飞溅区上表面
sub	子空间
S	飞溅区内气泡射流核心周围的颗粒悬浮区
SA	一次风
Sbed	密相区表面
t	终端状态
tot	总
top	上部
tr	转变
tran	气体相间传递
up	上升
V	体积
Vol	挥发分
w	水分；壁面
0	初始状态；颗粒表面
∞	无穷远处

目 录

Contents

第1章 绪　论

1.1 背景概述

循环流化床(circulating fluidized bed,CFB)燃烧技术具有燃烧效率高、负荷调节性好、燃料适应性广等优点,已逐步发展为主流燃煤发电技术之一。自20世纪80年代从国外引进小型中压CFB锅炉开始,在几代人的努力下,我国的CFB技术已取得长足进步。2013年,世界首台600 MW超临界CFB锅炉在四川白马电厂成功投运,此后十年来,中国100 MW等级以上的CFB锅炉机组投产容量年均增长近6 GW,其中已投运超临界机组达62台(截至2023年年底),未来仍有巨大市场空间[1]。另外,"多煤少油缺气"的能源禀赋决定了煤炭在我国能源结构中的压舱石地位,而煤炭生产过程中会产生大量高灰、低热值燃料,如煤矸石、洗中煤、煤泥等,每年达10亿t。循环流化床是规模化利用这些低热值燃料的最佳方式,因此CFB燃烧技术对我国能源体系建设十分重要。

作为洁净煤燃烧技术之一,CFB燃烧的另一个突出优势是低成本实现污染物控制[2-3]。在燃烧过程中,通过往炉内添加粒度合适的石灰石颗粒引发固硫反应,能够有效脱除烟气中的大部分SO_2,炉内脱硫效率可达90%以上。对NO_x排放而言,由于燃烧温度适中且炉内温度分布均匀、燃烧区还原性气氛明显、存在大量还原性物料等特点,CFB锅炉与煤粉炉相比具有天然的低NO_x排放优势。大量运行实践表明,在床温设计合理、氧量调节得当的条件下,CFB锅炉NO_x原始排放一般可控制在200 mg/m^3以内,能够满足世界上绝大多数国家和地区的NO_x排放要求。

随着生态文明建设越来越受到重视,特别是在习近平总书记提出了"CO_2排放要在2030年前达峰,2060年实现碳中和"的目标之后,近年来对传统化石能源的利用正逐步收紧且逐渐向精细化方向发展,燃煤大气污染物的排放标准也日趋严格。图1.1给出了燃煤电站锅炉大气污染物排放标准的变化情况。从2013年开始,越来越多的行业、政府部门,特别是地方政府，对超低排放非常热衷，大部分地区已形成不达超低排放标准，项目就无法审批、现有火电厂就无法继续生存的认知。然而，面对该要求，传统 CFB 燃烧技术往往力不从心。例如当设计偏差导致床温过高、一次风比例过大或燃用高挥发分褐煤时，NO_x 原始排放浓度可能远超 50 mg/m^3 的限值。

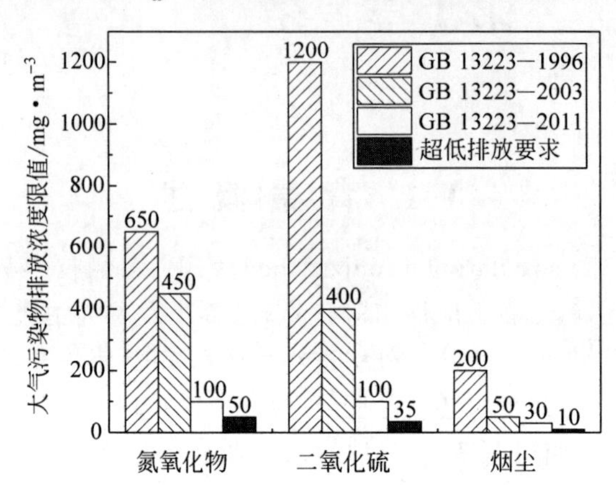

图 1.1　中国燃煤电站锅炉大气污染物排放标准变化

均为针对新建锅炉的最高标准

为此，相当多的 CFB 锅炉不得不增设烟气脱硝系统，使用如选择性非催化还原技术（selective non-catalytic reduction，SNCR）[4]、选择性催化还原技术（selective catalytic reduction，SCR）[5]或循环氧化吸收协同脱硝技术（coal organics additives，COA）[6]等，有时甚至需要多技术组合，如 SNCR+SCR 联合脱硝工艺[7]等，如图 1.2 所示。这无疑增加了运行复杂度，降低了整体经济性。

为巩固 CFB 燃烧低成本污染物排放控制优势，需要进一步深化对 CFB 燃烧条件下 NO_x 生成规律及炉内气固流动特性的认识。通过流态重构和燃烧组织，深度挖掘 CFB 的低氮燃烧潜力，开发新一代超低排放循环流化床燃烧技术，以期不借助 SNCR 或 SCR 等烟气脱硝系统，使 NO_x 原始排放浓度达到或接近超低排放要求。这也是 CFB 燃烧技术目前的研究热点之一。

本章从循环流化床燃烧 NO_x 生成机理出发，综述各因素对 CFB 燃烧 NO_x 原始排放浓度的影响规律，总结前人对炉内低氮燃烧优化措施的研究成果和与循环流化床相关的模拟研究。在此基础上，提炼现有研究中尚需完善或补充的地方，从而引出本书的研究内容。

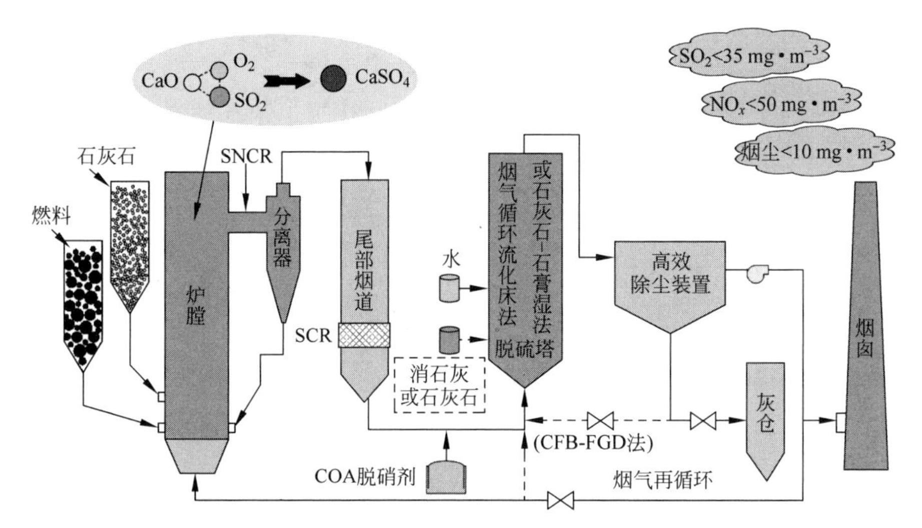

图 1.2 常规循环流化床锅炉整体脱硫脱硝除尘技术路线

1.2 循环流化床燃烧 NO_x 生成机理简述

从广义上说,氮氧化物是由氮(N)和氧(O)两种元素组成的众多化合物的统称,包括一氧化氮(NO)、二氧化氮(NO_2)、氧化亚氮(N_2O)等。其中,NO 和 NO_2 是造成酸雨、光化学烟雾等环境问题的主要大气污染物,二者通常合称为 NO_x。而根据现行《火电厂大气污染物排放标准》(GB 13223—2011)及其后发布的《煤电节能减排升级与改造行动计划(2014—2020 年)》,N_2O 暂未被列入大气污染源予以控制,尽管作为主要温室气体之一,其排放问题在全球气候变化大背景下也已日益受到关注。与多数文献中表述一致[3,8-9],如无特殊说明,本书中讨论的 NO_x 不包括 N_2O。

流化床燃烧温度通常在 750~950℃,普遍认为生成的 NO_x 主要是燃料型,且大部分为 NO[3,9-10]。燃料氮在燃烧器内的转化包括热解、气体均相反应、异相反应等诸多环节,如图 1.3 所示。

1.2.1 燃料热解及氮元素的迁移转化

对几十篇文献中报道的 100 余种煤的元素分析结果进行统计,如图 1.4 所示。可以看出,煤中 N、H、O 的含量与煤阶大致成正比,而 S 的含量与煤阶关系不大。进一步地,通过 X 射线光电子能谱(X-ray photoelectron

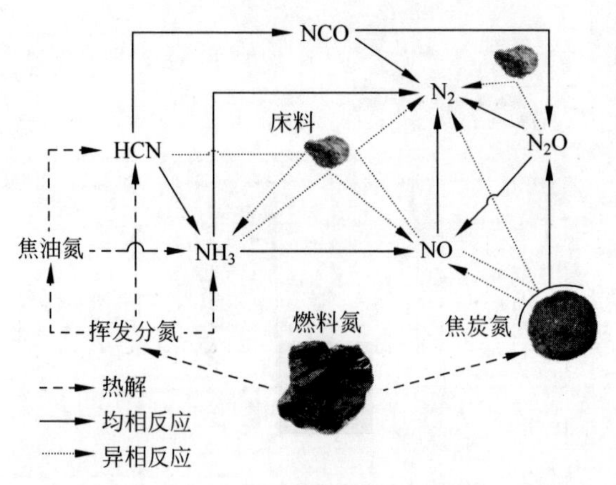

图 1.3 流化床燃烧条件下燃料氮主要转化路径

spectroscopy,XPS)等技术发现,煤中的氮主要存在于芳香型的吡咯、吡啶、季氮及其衍生结构,少量存在于芳香胺结构[11-13]。煤中的含氮有机官能团作为氮转化的起始结构,很大程度上影响了燃料氮在热解、气化、燃烧等过程中的转化。

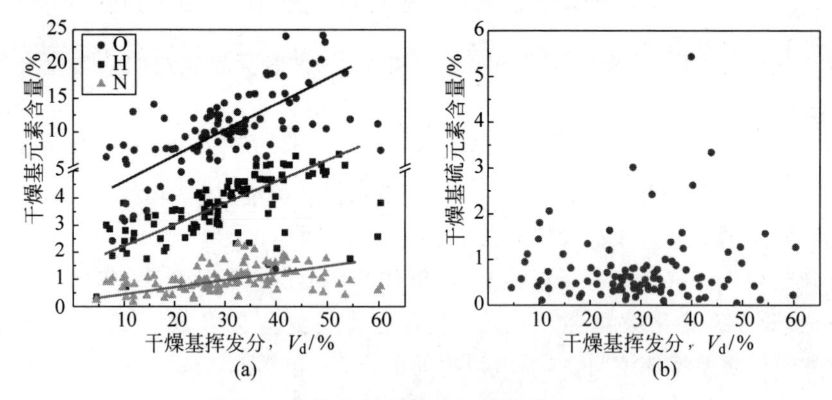

图 1.4 煤中各元素含量与煤阶关系(统计)

(a) 氮、氢、氧;(b) 硫

煤颗粒进入炉内后首先发生热解,燃料氮也随之迁移。其中有两个关键参数值得注意。一个是挥发分氮和焦炭氮之比。图 1.5 给出了不同燃料在不同条件下热解前后,焦炭中 N/C 与原燃料中 N/C 的相对比例 $\theta_{N/C}$。

大部分实验表明,随着热解程度增加,即终温越高、升温越快、停留时间越长,H_2、CO、CO_2 等轻质气体的产率越高[20-22],随挥发分析出的氮元素也越多[23-25]。值得注意的是,在大部分情况下,挥发分氮的比例并不与总

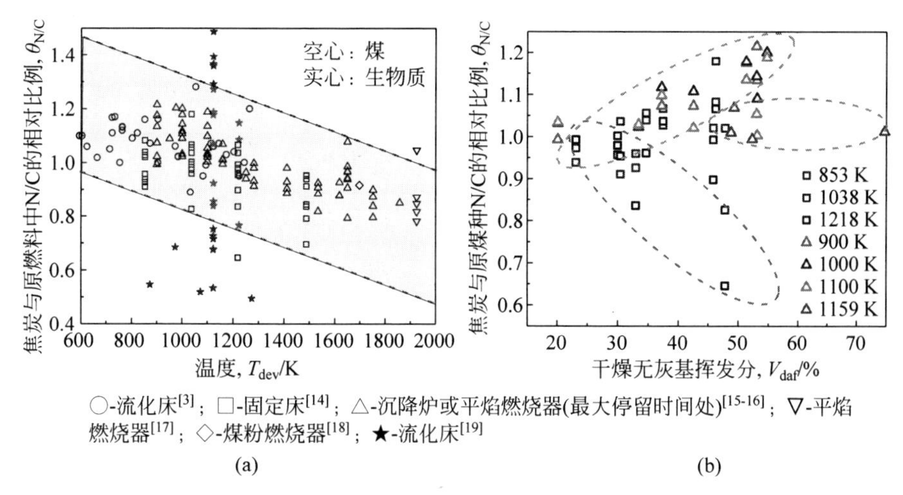

图 1.5 不同条件下,不同燃料热解前后焦炭氮分配比例(前附彩图)

(a) 与热解温度关系；(b) 与煤阶关系

挥发分含量一致,也就是说,氮元素并非与其他轻质气体同步析出。如图 1.5 所示,热解前后焦炭与原燃料中 N/C 的相对值并非等于 1,氮元素可能快于其他轻质气体析出($\theta_{N/C}<1$),也可能倾向于留在焦炭中($\theta_{N/C}>1$)。这在煤种的影响方面体现得更加明显。如图 1.5(b)所示,尽管相同条件下高挥发分燃料热解后挥发分氮析出的绝对量也较多,但 $\theta_{N/C}$ 与煤阶的关系并不明确。Kambara 等[14]借助固定床反应器探究了 20 种煤在不同热解温度下的氮元素分配规律,发现低温下(853 K)随煤阶升高,$\theta_{N/C}$ 反而有增加的趋势。

挥发分氮的组成主要包括焦油氮、HCN、NH_3 及 HNCO,很少有 N_2 和 NO_x 在热解中直接析出[25-27]。其中,焦油氮会在二次反应中进一步裂解为轻质含氮气体[16]；而 HNCO 很容易通过加氢反应转化为 NH_3,检测产量明显低于 HCN 和 NH_3[24-25,28]。故多数文献中将 HCN 和 NH_3 作为流化床燃烧条件下 NO_x 生成的重要气体前驱物,两者的析出比例是热解过程中燃料氮分配的第二个关键参数。图 1.6 展示了不同条件下,不同燃料热解析出的含氮轻质气体中 HCN 所占份额。

较多学者认为 HCN 是煤及各含氮模型化合物(如吡啶)热解时主要的含氮轻质气体产物。通常温度越高,升温速率越快,HCN 产率越高[14,29-32]。如图 1.6 所示,大部分情况下 HCN 占比超过 50%,甚至接近 100%。特别地,Zhang[16]还发现不同煤热解产生的焦油中的含氮官能团反应性相似,

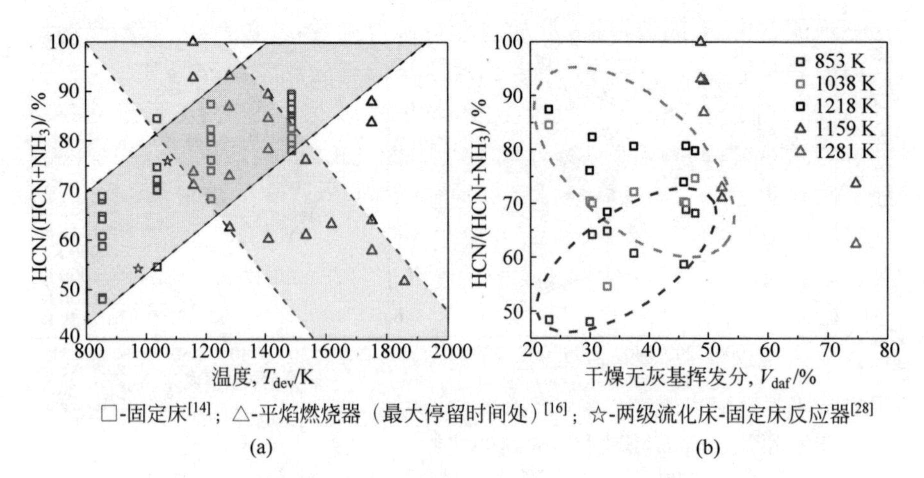

图 1.6　不同热解条件下，挥发分氮中 HCN 所占比例（前附彩图）

(a) 与热解温度关系；(b) 与煤阶关系

且在二次热解时，绝大部分焦油氮最开始都以 HCN 的形式析出，这一点也得到 Ledesma 等[31]的实验证实。然而，也有一些学者报道发现，低阶煤或在升温速率较慢时有更多 NH_3 产生，其比例有时甚至超过 HCN[27,33]。这可能是因为部分 HCN 通过加氢反应转化为了 NH_3，使得 NH_3 的净生成量增加。Schafer 等[34]在 HCN 的均相氧化实验中，添加适量 H_2O 后观察到产物气中有明显的 NH_3 生成，表明 HCN 水解反应的重要性。因为高挥发分煤中含有更多的氢和氧，HCN 更容易被加氢转化为 NH_3，这可能是煤阶越低，NH_3 的净析出比例越高的原因之一，如图 1.6(b)中大部分实验点所示。而该反应需要达到一定温度才比较显著，导致一些特殊的实验现象。如图 1.6(b)中红框所示，Kambara 等[14]发现低温下(853 K)煤阶越低，HCN 的比例反而有升高趋势；而 Zhang[16]的实验用煤的挥发分含量很高，且热解温度最高达 1858℃，可能出现如图 1.6(a)中蓝色区域所示的现象，即 HCN 的产率随温度升高有所降低。

除温度条件外，不同粒径燃料颗粒的热解行为也存在较大不同。总体上看，粒径越大，颗粒升温越慢，热解时间越长，残留的焦炭质量分数有所增加，各挥发分产率也略有不同[35-38]，如图 1.7 所示。然而，不同粒径颗粒热解中的氮元素分配是否也有所区别，目前文献中还没有明确表述。

对于 CFB 锅炉而言，还有一个问题值得关注：各挥发分气体在炉内的初始释放位置，即挥发分空间分布规律。普遍认为，CFB 锅炉内底部密相区鼓泡流态化、上部稀相区快速流态化等多种流态并存[39-40]。气固流动特性的差异和分级配风的应用导致炉内不同区域的气氛存在明显区别。例如，炉膛底部密相区由于空气量有限，加之乳化相内及相间传质阻力的存在，CO 浓度很高，呈现强还原性气氛[41]；而飞溅区由于密相床表面气泡破裂和二次风给入，表现出局部氧化性气氛[42-43]。下文会提到，焦炭氮、HCN 和 NH_3 在不同环境下的后续转化路径及最终向 NO_x 净转化率有很大区别，因此，不同含氮物质在不同位置释放引起的后续反应也可能不同，并影响 NO_x 的最终排放。

目前，关于 CFB 锅炉内挥发分空间释放分布的研究还比较少，一些模型中也常用几种简单的分布函数来描述挥发分沿床高的释放分配，如图 1.8 所示。图中不同的分配模式可与一些实际运行条件相对应。例如，当给煤较粗、床温较低时，煤颗粒多沉降在炉膛底部完成热解，类似于模式 a 和模式 b；而当给煤较细、床温很高时，细颗粒在给煤口(通常在密相床面之上)附近即迅速升温并释放大量挥发分气体，更贴合模式 f 和模式 e。然而，这些模式都过于简化且需预先给定，很难描述复杂多变工况下的炉内挥发分空间分布情况。

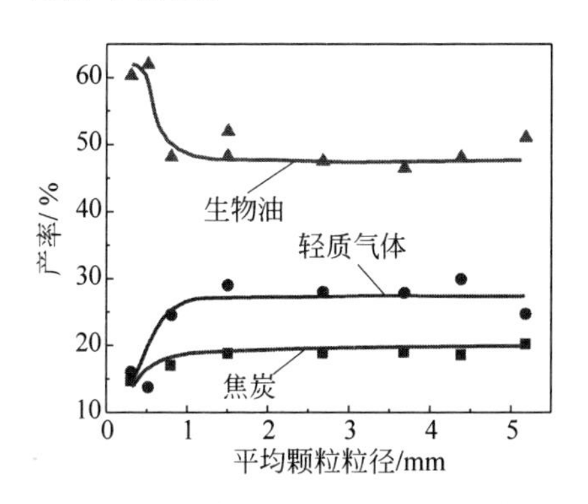

图 1.7 不同粒径生物质颗粒热解产物组成变化[38](前附彩图)

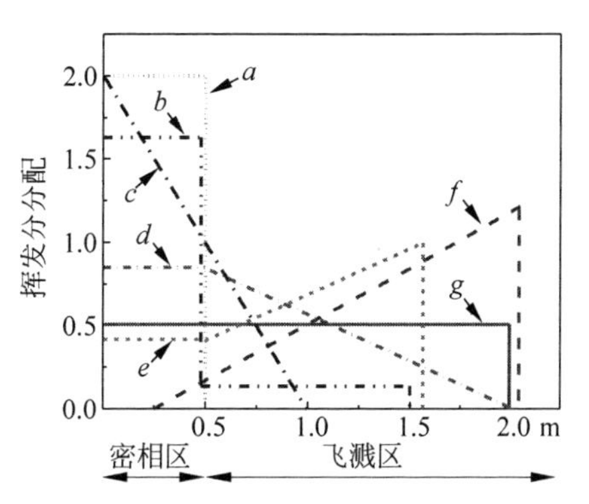

图 1.8 CFB 模型中，若干沿床高挥发分释放分布描述[44](前附彩图)

1.2.2 挥发分氮转化

CFB 内挥发分的气体燃烧及挥发分氮的转化涉及大量自由基反应。图 1.9 简单展示了 HCN 和 NH_3 在燃烧条件下的主要转化路径，实际上涉及的中间产物和基元反应个数远远超过图中所示。

针对层流火焰的研究表明，挥发分氮的具体种类(胺类、氰化物、杂环氮

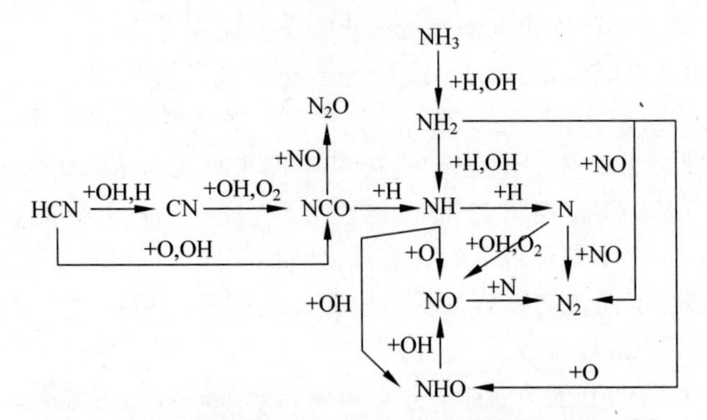

图 1.9　HCN 和 NH_3 在燃烧条件下的主要转化路径[8]

等)对 NO 生成量没有显著影响,如图 1.10(a)所示。这或许是因为在高温火焰条件下,大部分挥发分氮都会先转变为氨基或 N,再经历相同的反应路径[8]。

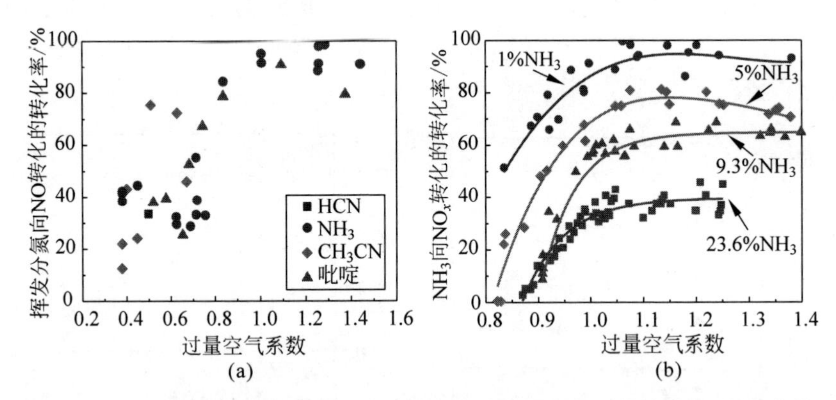

图 1.10　气态含氮物质向 NO_x 转化的转化率随过量空气系数的变化(预混火焰)

(a) 不同气态含氮化合物[8];(b) 不同 NH_3 浓度(CH_4/NH_3/空气)[45]

然而,流化床的燃烧温度较低,且炉膛中下部可能处于贫氧条件,此时不同挥发分氮的转化行为有显著差异。如图 1.11 所示,NH_3 仍主要氧化生成 NO,但在 1150 K 左右,N_2O 成为 HCN 的主要氧化产物之一,其浓度甚至超过了 NO。这是因为在较低温度下,关键中间产物 NCO 面临其他竞争反应:

$$NCO + NO \rightleftharpoons N_2O + CO \qquad R(1.1)$$

该反应及其他平行反应的存在导致 NCO 和 NH_2(HCN 和 NH_3)向 NO、N_2O 和 N_2 转化的转化率发生变化。Hulgaard 等[46]在 HCN 燃烧中添加适量的 NO 后发现,N_2O 的生成量大幅增加,表明了反应 R(1.1)的重

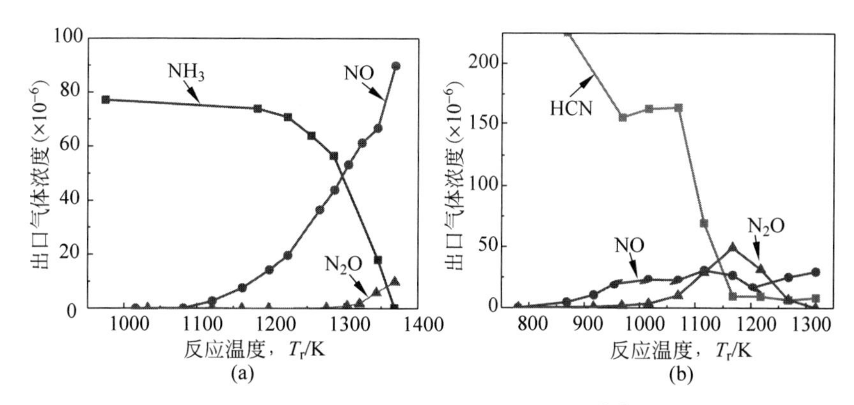

图 1.11 NH_3 和 HCN 氧化产物分布随温度变化[46]（2.5% O_2）

(a) NH_3(800×10^{-6} NH_3；停留时间 $73/T_r$ s)；(b) HCN (330×10^{-6} HCN；停留时间 $2.8\times10^3/T_r$ s)

要性。而 N_2O 在高温下会自行分解[46,48]或在各床料表面催化分解[9,49]，故随温度升高，N_2O 的排放浓度通常会降低[50]。正因如此，由于 CFB 锅炉温度较低，CFB 燃烧 N_2O 的排放浓度可能较高[47]。

除温度外，气氛对均相氮氧化物的转化也有很大影响。Wendt 等[45]在预混火焰实验中观察到，NH_3 的初始浓度越高，向 NO_x 转化的转化率越低(图 1.10(b))。主要原因是高浓度含氮组分间相互接触的概率增加，促进了对 NO_x 的还原，使如下两个反应变得显著(SNCR 脱硝原理之一)：

$$4NO + 4NH_3 + O_2 \longrightarrow 4N_2 + 6H_2O \qquad R(1.2)$$

$$6NO_2 + 8NH_3 \longrightarrow 7N_2 + 12H_2O \qquad R(1.3)$$

图 1.10 还给出了挥发分氮向 NO_x 转化的转化率随过量空气系数的变化关系。通常，氧浓度越高，氧化性气氛越强，生成的 NO_x 越多。Johnsson 等[3]也指出，在流化风中注入氨会增加 NO 的排放浓度，在飞溅区注入氨的影响不明显，在炉膛上部或分离器入口附近喷氨则可将 NO_x 有效还原。此外，CO、CH_4、H_2O 等气体同样参与自由基反应，其浓度变化也会间接对 NO_x 均相生成或还原带来不同程度的影响[34,46,51]。

1.2.3 焦炭反应及焦炭氮转化

焦炭在燃烧过程中伴随焦炭氮的氧化。同时，碳颗粒既可直接还原 NO，也可催化 CO 等其他气体与 NO 反应，加上 CFB 锅炉内可观的碳存量，使得焦炭在 CFB 燃烧氮氧化物转化体系中具有特殊地位。

焦炭氮氧化产物主要为 NO 和 N_2[3,13,52]，也可能有少量 HCN 和 N_2O[53-54]。目前文献中多利用固定床、沉降炉、鼓泡床等反应器研究焦炭氮的转化规律。然而，在这些实验条件下往往只能得到焦炭氮的净转化率，因为焦炭本身对 NO 具有较强的还原性，氧化还原反应同时进行。相比之下，焦炭对 NO 的还原显得更为重要，这方面也开展了大量研究[9,55-57]。

焦炭对 NO 的还原过程包括扩散、吸附、表面反应、解吸等多个步骤，同样涉及大量基元反应。为简化分析，常用如下两个总包反应描述焦炭-NO 反应：

$$2NO + 2C \longrightarrow N_2 + 2CO \qquad R(1.4)$$

$$NO + CO \xrightarrow{char} N_2 + CO_2 \qquad R(1.5)$$

人们对不同条件下的焦炭-NO 反应进行了大量研究，并多采用阿伦尼乌斯形式建立化学动力学模型，见表 1.1。可以看出，焦炭对 NO 的还原能力与燃料种类、反应器类型、热解条件、反应温度、焦炭粒径、气体环境、焦炭内矿物杂质组成和含量、碳燃尽率等诸多因素有关，得到的活化能等动力学参数相差可达几个数量级。且很多情况下这些因素相互作用，在不同条件下对 NO 还原表现出“促进-抑制”两重性质[57]，使实验结果呈现多种可能。

例如，焦炭粒径增大会带来多个影响：一方面，比表面积相对减小，孔隙扩散阻力增大，不利于对环境中 NO 的还原[58]；但另一方面，焦炭氮氧化生成的 NO 从内部扩散到焦炭表面的停留时间延长，增加了其被还原的可能性，使 NO 净生成量减少[3]；同时产物气体中 CO 与 CO_2 的相对比例随颗粒尺寸增大而增大，即大燃料颗粒周围 CO 较多、还原性气氛较强[18]。几方面因素使得文献中不同条件下的实验结果存在较大差异。例如，Li 等[58]发现，当焦炭粒径大于 900 μm 时，NO 还原率随粒径增大而减小；而 Avelina 等[59]在低反应温度下（300～350℃）的实验显示，当粒径小于 2 mm 时，NO 还原率随颗粒尺寸无明显变化；Molina 等[18]和 Li 等[60]则分别在沉降炉和鼓泡床反应器中发现，在有氧条件下，煤或煤焦颗粒越大，燃料氮向 NO 转化的转化率越低。

氧化还原反应同时存在，影响因素众多，导致不同燃料、不同实验条件下得到的焦炭氮向 NO_x 转化的转化率存在很大差异，如图 1.12 所示。大致来看，煤阶越高，焦炭氮向 NO 转化的转化率越高。而挥发分氮和焦炭氮对 NO 排放贡献孰大孰小也尚存争议。Li 等[61]在 150 kW 流化床试验台上发现焦炭氮向 NO 转化的转化率小于挥发分氮，如图 1.13 所示；周昊[62]、高士秋[63]等则在单颗粒热重实验或双固定床实验中得到相反的结论。

表 1.1 焦炭还原 NO 反应动力学实验及参数

研究者/年份	材料	反应器	T_{dev}/K	S_{BET}/$m^2 \cdot g$	$C_{NO,in}$/$\times 10^{-6}$	T_r/K	A_0	$^*E_a$/$kJ \cdot mol^{-1}$	T_{tr}/K	n	其他条件
Guo 等，2014[66]	Beulah Zap 褐煤焦	固定床	1800	362	3050	723～1173	$7.03\times10^3/1.05\times10^9$ ($L \cdot gC^{-1} \cdot s^{-1}$)	21.2 41.8	873	1	BO=10%
				537			$2.39\times10^4/6.26\times10^7$ ($L \cdot gC^{-1} \cdot s^{-1}$)	23.2 37.3			BO=37.2%
				533			$5.21\times10^4/4.71\times10^7$ ($L \cdot gC^{-1} \cdot s^{-1}$)	24.1 36.2			BO=53%
				—			$8.55\times10^4/3.06\times10^7$ ($L \cdot gC^{-1} \cdot s^{-1}$)	24.5 35.1			BO=69%
				—			$1.97\times10^4/3.40\times10^9$ ($L \cdot gC^{-1} \cdot s^{-1}$)	22.2 44.3			BO=22%
	Pittsburgh #8 烟煤焦	固定床	1800	—	3050	723～1173	$5.50\times10^6/6.77\times10^8$ ($L \cdot gC^{-1} \cdot s^{-1}$)	39.5 49.3	1023	1	BO=9%
							$1.03\times10^7/3.49\times10^9$ ($L \cdot gC^{-1} \cdot s^{-1}$)	40.4 52.1			BO=28%
							$1.60\times10^7/1.07\times10^{10}$ ($L \cdot gC^{-1} \cdot s^{-1}$)	41.2 53.1			BO=49%
							$7.32\times10^6/3.26\times10^9$ ($L \cdot gC^{-1} \cdot s^{-1}$)	39.2 50.8			BO=58%
							$1.48\times10^8/6.84\times10^9$ ($L \cdot gC^{-1} \cdot s^{-1}$)	46.8 52.9			BO=67%
							$6.68\times10^7/3.23\times10^9$ ($L \cdot gC^{-1} \cdot s^{-1}$)	44.9 50.9			BO=79%

续表

研究者/年份	材料	反应器	T_{dev}/K	S_{BET}/$m^2 \cdot g$	$C_{NO,in}$/$\times 10^{-6}$	T_r/K	A_0	$^*E_a$/$kJ \cdot mol^{-1}$	T_{tr}/K	n	其他条件
Sun 等，2009[67]	YB 褐煤焦	热重分析仪	1952	217.7	10 000	973～1573	1.05×10^5 ($gC \cdot gC^{-1} \cdot min^{-1}$)	116.8　55.2	1173	1	—
	SH 烟煤焦			244.4			2.13×10^4 ($gC \cdot gC^{-1} \cdot min^{-1}$)	121.5　128.5			
Claus 等，2001[68]	秸秆焦 RSC	固定床	973	166	50～1000	873～1173	$1.89/19.6\times 10^5$ ($mol^{0.3} \cdot m^{2.1} \cdot kgC^{-1} \cdot s^{-1}$)	135　152	1073	0.7	—
	酸洗后 RSC			484			8.55×10^4 ($mol^{0.3} \cdot m^{2.1} \cdot kgC^{-1} \cdot s^{-1}$)	133	无		

研究者/年份	材料	反应器	T_{dev}/K	S_{BET}/$m^2 \cdot g$	$C_{NO,in}$/$\times 10^{-6}$	T_r/K	A_0	E_a/$kJ \cdot mol^{-1}$	n	其他条件
Chen 等，2011[69]	生物质气化飞灰	固定床	1088	130.8	550	573～648	1.92×10^8 ($mol \cdot m^{-2} \cdot s^{-1} \cdot atm^{-1}$)	163	1	$C_{O_2,in}=1\%$
					1100	798～848	3.78×10^{-4} ($mol \cdot m^{-2} \cdot s^{-1} \cdot atm^{-1}$)	86		$C_{O_2,in}=0$

续表

研究者/年份	材料	反应器	T_{dev}/K	S_{BET}/$m^2\cdot g$	$C_{NO,in}$/$\times10^{-6}$	T_r/K	A_0	E_a/$kJ\cdot mol^{-1}$	n	其他条件
Zhang 等，2011[17]	YB 褐煤焦	沉降炉	1925	217.7	1040	1273～1473	1.50×10^{-3}($mol\cdot m^{-2}\cdot s^{-1}\cdot Pa^{-1}$)	77	1	—
	SH 烟煤焦			244.4			2.84×10^{-2}($mol\cdot m^{-2}\cdot s^{-1}\cdot Pa^{-1}$)	119		
	SJ 烟煤焦			70			4.35×10^{-4}($mol\cdot m^{-2}\cdot s^{-1}\cdot Pa^{-1}$)	65		
	YQ 无烟煤焦			26.2			5.56×10^{-2}($mol\cdot m^{-2}\cdot s^{-1}\cdot Pa^{-1}$)	128		
	JC 无烟煤焦			2.81			9.89×10^{-2}($mol\cdot m^{-2}\cdot s^{-1}\cdot Pa^{-1}$)	137		
Li 等，2014[70]	煤矸石	固定床	1223	0.03	315	773～923	5.21×10^{9}(s^{-1})	113.6	1	无水蒸气；$C_{CO,in}$=0.0315%～0.4725%
						823～1073	3.1×10^{5}(s^{-1})	60.75		有水蒸气；$C_{CO,in}$=0.0315%～0.4725%
Wang 等，2012[71]	Juhui 烟煤焦	固定床	1273	—	720	1073～1373	4.63×10^{13}(s^{-1})	114	1	$C_{CO,in}$=0.43%
							3.99×10^{14}(s^{-1})	142		$C_{CO,in}$=0

续表

研究者/年份	材料	反应器	T_{dev}/K	S_{BET}/$m^2\cdot g$	$C_{NO,in}$/$\times10^{-6}$	T_r/K	A_0	E_a/$kJ\cdot mol^{-1}$	n	其他条件
Li 等，2007[58]	DT 烟煤焦	固定床	1223	95.5	100～1500	973～1173	$1.89\times10^{5}(mol^{0.24}\cdot m^{-0.72}\cdot s^{-1})$	11.4	0.76	—
	木屑焦			854.8			$5.33\times10^{6}(mol^{0.35}\cdot m^{-1.05}\cdot s^{-1})$	13.9	0.65	
	稻壳焦			258.1			$1.40\times10^{6}(mol^{0.27}\cdot m^{-0.81}\cdot s^{-1})$	13.1	0.73	
	秸秆焦			680.9			$4.38\times10^{6}(mol^{0.34}\cdot m^{-1.02}\cdot s^{-1})$	13.8	0.66	

研究者/年份	材料	反应器	T_{dev}/K	$C_{NO,in}$/$\times10^{-6}$	T_r/K	A_0	E_a/$kJ\cdot mol^{-1}$	n	其他条件
Yin 等，2009[72]	苯酚甲醛树脂	热重分析仪	773	24 000	773～1173	$4.03\times10^{-1}(gC\cdot gC^{-1}\cdot min^{-1})$	43	1	—
			873			$1.06\times10^{-1}(gC\cdot gC^{-1}\cdot min^{-1})$	32		
			973			$2.68\times10^{2}(gC\cdot gC^{-1}\cdot min^{-1})$	83		
			1073			$9.96\times10^{-1}(gC\cdot gC^{-1}\cdot min^{-1})$	48		
			1173			$7.29\times10^{1}(gC\cdot gC^{-1}\cdot min^{-1})$	85		
	SH 烟煤焦	热重分析仪	773	24 000	773～1173	$1.49\times10^{1}(gC\cdot gC^{-1}\cdot min^{-1})$	72		
			973			$7.98\times10^{1}(gC\cdot gC^{-1}\cdot min^{-1})$	90		
			1173			$2.21\times10^{2}(gC\cdot gC^{-1}\cdot min^{-1})$	99		
	酸洗后 SH 烟煤焦	热重分析仪	773	24 000	773～1173	$6.12(gC\cdot gC^{-1}\cdot min^{-1})$	66		
			973			$2.28\times10^{1}(gC\cdot gC^{-1}\cdot min^{-1})$	80		
			1173			$1.04\times10^{2}(gC\cdot gC^{-1}\cdot min^{-1})$	94		

续表

研究者/年份	材料	反应器	T_{dev}/K	$C_{NO,in}$/$\times10^{-6}$	T_r/K	A_0	E_a/kJ·mol^{-1}	n	其他条件
Garijo 等，2004[73]	Colorado 烟煤焦	固定床	1123	50～1500	1023～1173	4.7×10^4($mol^{0.67}$·$m^{0.99}$·kgC^{-1}·s^{-1})	13.4	0.33	初始阶段
						2.92×10^2($mol^{0.8}$·$m^{0.6}$·kgC^{-1}·s^{-1})	10.5	0.2	稳定阶段
	Illinois＃6 烟煤焦	—	—	—	—	4.79×10^2($mol^{0.67}$·$m^{0.99}$·kgC^{-1}·s^{-1})	8.2	0.33	初始阶段
						1.12×10^2($mol^{0.69}$·$m^{0.93}$·kgC^{-1}·s^{-1})	8.5	0.31	稳定阶段

注：T_{dev} 为热解温度；S_{BET} 为焦样 N_2 吸附 BET 的比表面积；$C_{g,in}$ 为气体进口浓度；T_r 为反应温度(区间)；A_0 为频率因子；E_a 为活化能；T_{tr} 为反应动力学转变温度；n 为反应级数；BO 为碳燃烬率；“—”表示文献中未提及；* 表示此列中数据为两列时，左列为低 T_r，右列为高 T_r。

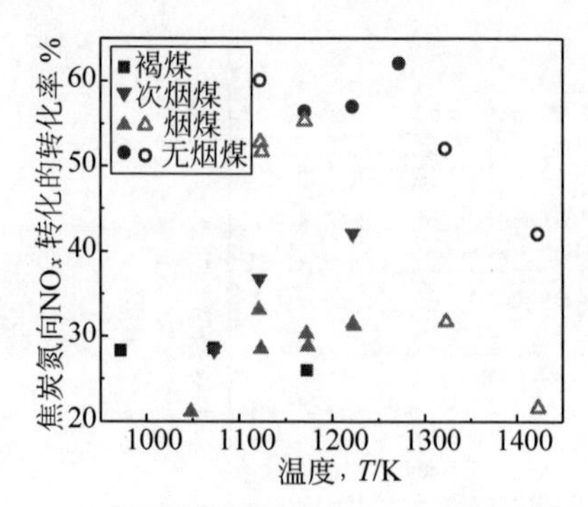

图 1.12　不同燃料焦炭氮向 NO_x 转化的转化率

实心点-流化床；空心点-固定床[64-65]

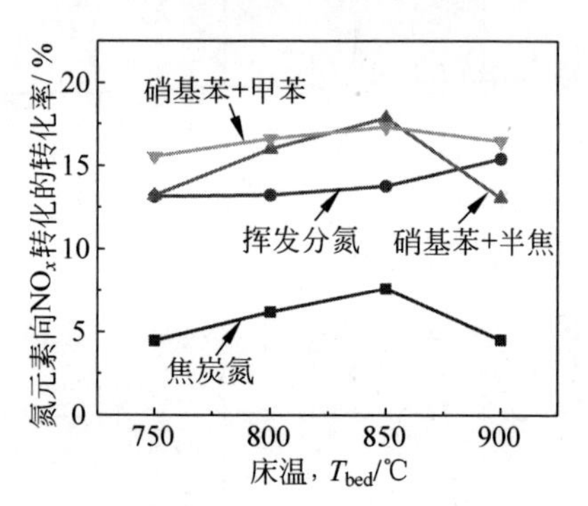

图 1.13　挥发分氮和焦炭氮的转化率比较

150 kW 流化床试验台[61]

1.2.4　其他床料表面异相催化反应

CFB 锅炉床料中除燃料颗粒，还有石灰石脱硫剂、灰分等，其对 NO_x 的生成或还原具有不同活性的催化作用。

李竞岌等[74]借助固定床试验台测量了 5 种不同煤灰对 NO-CO 反应的催化反应动力学参数，结果如图 1.14 所示。对 5 种煤灰的化学成分作进一步分析，结合最小二乘法计算，认为 Fe_2O_3、CaO/MgO、Al_2O_3 和 SiO_2 对 NO-CO 反应的催化活性依次降低。Wang 等[71]也观察到类似的催化活性排序。

如本书背景介绍中所述，CFB 锅炉的一大优势是可以往炉内投放石灰石实现燃烧中脱硫，但通常会造成 NO_x 的排放浓度升高(1.3.5 节)。很多学者发现，在不同气氛条件下，$CaCO_3$、CaO、$CaSO_4$、CaS 等各含钙化合物间会发生相互转化[75-76]，而各物质对不同含氮催化反应具有很强的选择性。

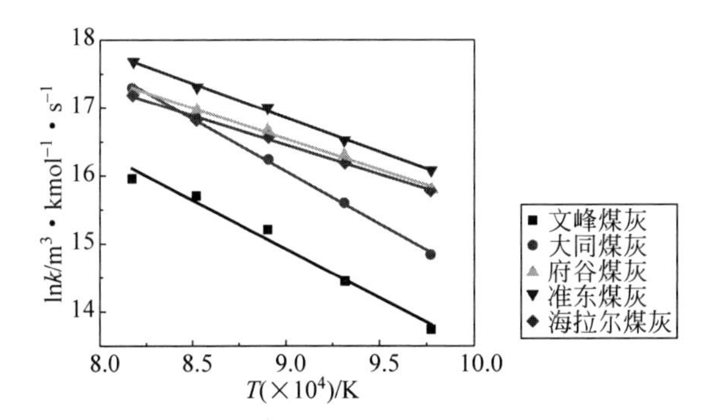

图 1.14 不同煤灰对 NO-CO 催化反应性[74]

例如，CaO 几乎对所有含氮反应具有显著的催化活性，包括 NH_3 的氧化[77-79]、HCN 的水解和氧化[80-82]、NO 被 $CO/H_2/CH_4$ 等气体还原[83-85]，以及 N_2O 的分解[86-87]等，特别是 CaO 催化 NH_3 氧化生成 NO，被认为是石灰石脱硫导致 NO_x 排放浓度升高的重要原因。$CaSO_4$ 对 NH_3+O_2 反应呈现惰性，但能催化 NH_3 还原 NO，并随着石灰颗粒硫化程度的提高，NH_3 还原 NO 的选择性逐渐增加，甚至高于 NH_3+O_2 反应[88-90]。可以认为，石灰石脱硫和 NO_x 排放两个过程，通过含钙化合物的相互转化和各物质对含氮反应选择性催化相互关联，构成一个整体（图 1.15）。影响其中任意一个环节的因素，如石灰石粒度、气氛、温度等对石灰石煅烧反应、脱硫反应及各含氮催化反应，都可能使最终的 NO_x 排放浓度发生变化[91]。

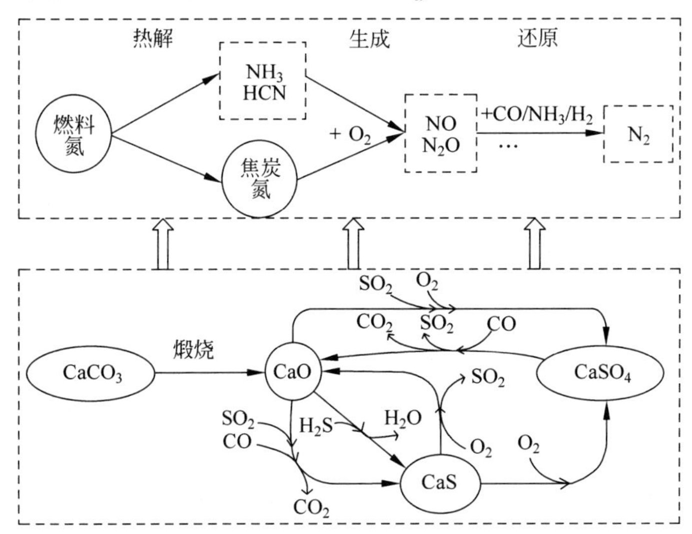

图 1.15 CFB 内石灰石脱硫与 NO_x 反应体系间的关系

1.2.5 小结

循环流化床燃烧条件下的含氮反应体系大致可分为燃料热解、气体均相反应与挥发分氮转化、焦炭反应与焦炭氮转化、石灰石与灰分表面催化反应 4 个部分。同时注意到，现有文献中几乎对每一个(一类)含氮反应及其影响因素都进行了详尽研究，并提出多种反应机理。其中，对常压下均相含氮反应的研究较为成熟。借助激波管、全混流反应器、平推流反应器，以及量子化学等实验或计算手段，已有一些经典的含氮详细化学动力学机理被发现，如 ÅA 机理(78 种组分，468 步反应)[51]、穆勒机理(41 种组分，200 步反应)[92]、C2_NO_x 机理(99 种组分，986 步反应)[93-95]等。然而，对于大部分异相反应，报道的实验结果差异巨大，如图 1.5(b)、图 1.6(b)、图 1.12、图 1.14 和表 1.1 所示，不同燃料的热解行为、焦炭氮反应性、灰分催化活性等具有很大区别。这与燃料自身孔隙结构、元素组成、煤化程度等理化性质密切相关，很难用一套统一的动力学模型来准确描述这些燃料的异相反应性。

需要注意的是，NO_x 排放问题不是单纯的反应问题，其不仅与燃料性质有关，更与燃烧设备的性能和操作参数紧密关联。例如，同样的煤种在不同 CFB 锅炉上燃用后的污染物排放浓度可能有很大差别；即便是同一锅炉，当其处在不同运行工况下时，也会导致 NO_x 排放浓度的波动。因此，尽管反应机理是一致的，但由于床温、配风、分离器效率、给料粒径等操作参数的改变，炉内气氛和流动状态会发生明显变化，从而使 NO_x 的排放规律变得非常复杂。掌握 NO_x 排放与各操作参数间的变化关系，恰恰是工程上强化 CFB 锅炉低氮燃烧的关键所在。下一节将重点探讨各操作参数对 CFB 燃烧 NO_x 排放浓度的影响。

1.3 循环流化床燃烧 NO_x 排放特性研究现状

1.3.1 燃料性质

燃料性质对 NO_x 的生成与排放具有至关重要的影响。即使严格控制其他操作条件相同，在同一台锅炉上燃用不同燃料，NO_x 的排放水平也会千差万别。如图 1.16 所示，总体上看，煤阶越低，挥发分含量越多，NO_x 的原始排放浓度越高，比如燃用褐煤的 CFB 锅炉的 NO_x 排放浓度通常高于燃用无烟煤或石油焦的机组。

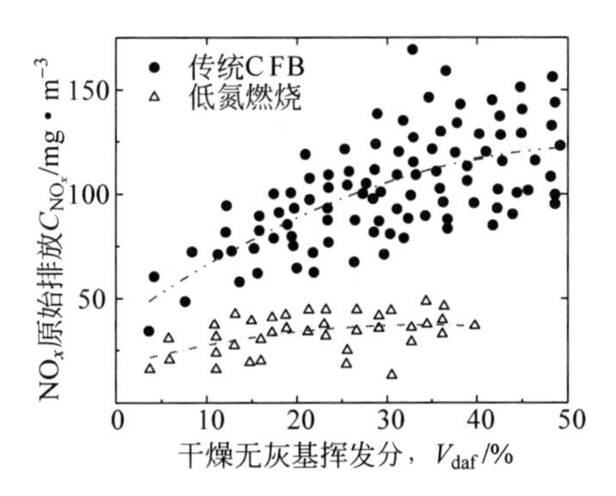

图 1.16 CFB 锅炉 NO_x 的原始排放浓度与煤阶的关系[96]

除 1.2 节所述的不同燃料间存在反应性的差异，其成灰特性及灰颗粒的磨耗特性也差别显著[97-99]。王进伟等[98]利用“静态燃烧＋冷态振筛磨耗”方法(static combustion and cold sieving，SCCS)测量了 4 种煤灰的磨耗速率常数，发现高氧化钙、氧化铁及高岭土含量的煤灰通常具有较大的磨耗速率。煤的成灰磨耗特性影响了 CFB 锅炉的物料平衡，包括循环流率、粒径分布、颗粒浓度分布等[100-101]，继而影响炉内传热、传质等特性，最终也会对包括 NO_x 生成在内的反应产生影响(1.3.5 节)。

1.3.2 床温和锅炉负荷

大量工程实践表明，床温升高，CFB 锅炉的 NO_x 排放浓度增加，N_2O 排放浓度降低[50,102-104]，如图 1.17 所示。

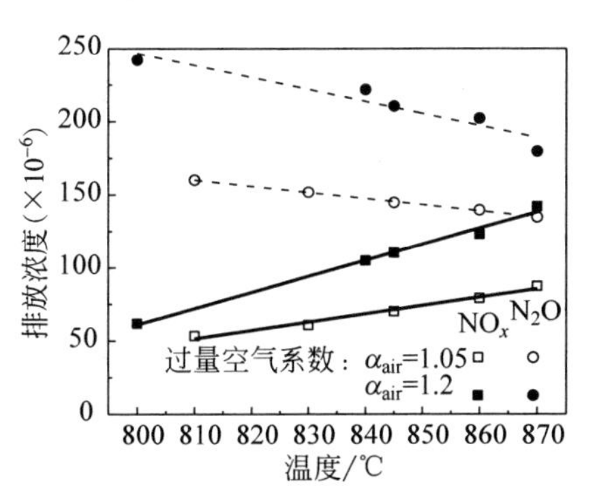

图 1.17 床温对 NO_x 和 N_2O 排放浓度的影响[50]

造成床温变化的因素有很多，典型因素是负荷改变。当负荷降低时，锅炉吸热量减少，炉膛整体温度降低，此时 NO_x 的原始排放浓度多表现为减少趋势。如图1.18(a)所示,在某燃用优质烟煤的130 t/h CFB锅炉上测试发现,当负荷从130 t/h降至70 t/h时,NO_x 的原始排放浓度从50 mg/m^3 减少到13 mg/m^3(炉膛出口氧量控制在2.8%～3.5%)[96]。

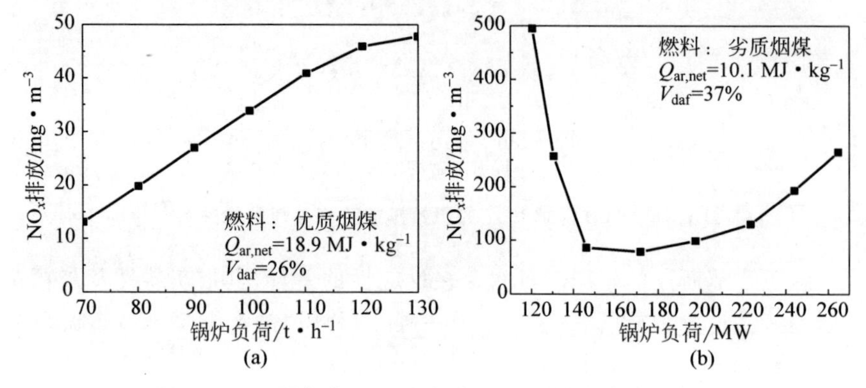

图1.18　不同负荷下,CFB锅炉 NO_x 原始排放浓度变化

(a) 某130 t/h CFB锅炉[96]；(b) 某300 MW亚临界CFB锅炉[105]

然而,除了床温,负荷变动时往往还伴随其他操纵参数及锅炉运行状态的变化。最直接的,负荷降低,给煤量减小,所需空气量减少,流化风速降低,循环物料量大大减少,炉膛下部燃烧释放的热量难以被烟气和固体床料带到上部,使得炉内轴向温度分布不均匀,上下温差加大,一些循环性能较差的锅炉底部容易出现超温。为保证安全流化,通常维持足够的一次风量而仅调小二次风量,即炉内总氧量增加、空气分级减弱,但这对低氮燃烧又是不利的。在这些因素的综合作用下,NO_x 的原始排放浓度随负荷变化的规律也存在不确定性。例如,李宽等[105]在某燃用劣质烟煤的300 MW亚临界CFB锅炉上发现,NO_x 的排放浓度随负荷降低先减小后急剧增加,在42%负荷时 NO_x 的排放浓度甚至高达495 mg/m^3,远超88%负荷时的263 mg/m^3,如图1.18(b)所示。王丰吉等[106]在某200 MW亚临界CFB锅炉上的测试结果则表现出随负荷降低,NO_x 的原始排放浓度逐渐升高的趋势。

1.3.3　氧量和还原性气氛

低氮燃烧的核心之一是强化炉内还原性气氛,主要工程措施有两个：一是在保证燃烧稳定和燃烧效率的前提下适当降低过量空气系数,控制炉膛出口的 O_2 含量；二是分级配风,二次风在密相床面之上单层或多层给入，并控制一次风率以营造炉膛底部的还原性气氛。

1. 过量空气系数

大量实验表明，随过量空气系数增加（炉膛出口氧量升高），NO_x 和 N_2O 的排放浓度均升高[50,102-103,107]，如图1.17所示。这主要是由于更多空气进入炉膛，使炉内整体氧化性气氛有所增强。

然而，片面追求炉内低氧，或许并不能始终有利于减少 NO_x 的排放浓度。如图1.19所示，Lyngfelt 等[108]在某12 MW CFB锅炉上研究了不同负荷下炉内过量空气系数变化的影响。可以看出，当过量空气系数很低时，随给入空气量减少，NO不降反升，且此时CO的排放浓度增加，燃烧效率降低。

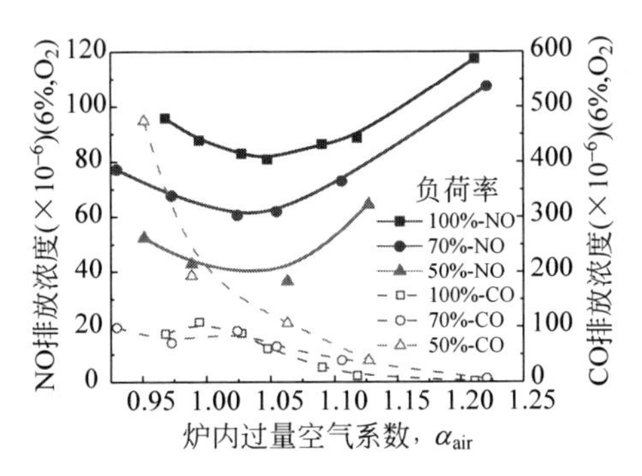

图1.19 某12 MW CFB锅炉NO和CO排放浓度随炉内过量空气系数变化[108]

因此，“微氧”比“无氧”或许更有利于NO的还原反应。在对装有SNCR[109]或SCR[110]脱硝系统的CFB锅炉进行测试时，均发现存在最佳氧量（SNCR为3.3%～3.8%；SCR为1%）使 NO_x 脱除率接近最大。Chen[69]和Li[58]等也在各自实验中证实，存在一定浓度的氧气有利于促进飞灰或焦炭对NO的还原作用。

2. 分级配风

与煤粉炉类似，CFB锅炉普遍采用分级送风，且大中型CFB锅炉多设计有上下两层二次风口。适当降低一次风率、增加二次风层数、拉大二次风口与布风板及各层二次风口间的距离、提高上层二次风比例等措施，都有助于强化炉膛下部的还原性气氛，从而降低 NO_x 的原始排放浓度[50,109,111-113]。

值得注意的是，在分级配风时，锅炉的物料平衡性能往往随二次风的位置和二次风率而变化[114]。通常，一次风对物料的携带能力要强于二次风，即一次风份额越高，二次风注入高度越低，循环流率越大，稀相区颗粒浓度越高。而物料循环性能的提高又有助于降低 NO_x 的排放浓度(1.3.5 节)，两者间存在一定的矛盾。另外，增加二次风层数或减少二次风份额，会降低单股二次风射流刚度，使穿透深度有限，也不利于空气与燃料的混合。

综上，强化还原性气氛并非一味降低氧量或强化空气分级。另外，低氧条件对燃烧而言通常是不利的，且炉内脱硫又以氧化性气氛为佳。因此，过量空气系数和分级配风设置存在最优条件，在调整炉内气氛以满足低氮燃烧的同时，也需兼顾对燃烧效率和炉内脱硫效率的影响。

1.3.4 炉内脱硫

大量运行实践表明，往 CFB 锅炉内投放石灰石会造成 NO_x 排放浓度升高、N_2O 排放浓度降低，特别是在燃用高挥发分的煤种时[115-119](图 1.20)，从而抑制了 CFB 燃烧低 NO_x 排放的优势。

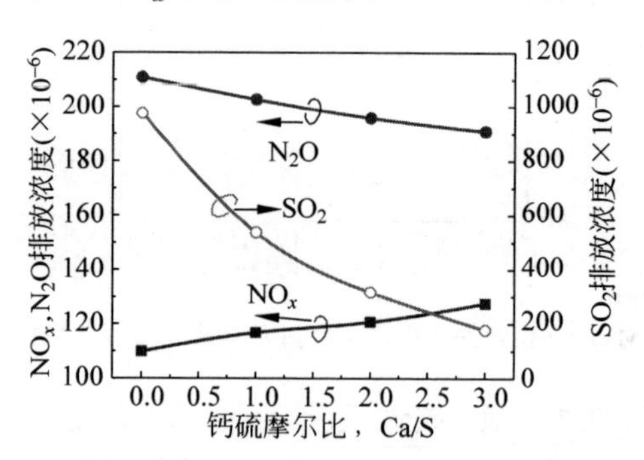

图 1.20 石灰石钙硫比对 NO_x、N_2O 和 SO_2 排放浓度影响[50]

但换个角度，实践中也发现基于炉内石灰石脱硫和 SNCR 的同步脱硫脱硝技术是可行的，其脱硝效率可达 60%～70%，部分工况下甚至可达 85%，不过石灰石的存在对脱硝温度窗口和效率会有一定影响[77]。炉内石灰石对 NO_x 排放影响的复杂性在 Zhao 等[104]的实验中进一步显现。他们在某 150 kW 中试 CFB 试验台上分别燃用了几种不同燃料，发现在燃用高挥发分的 Minto 煤时，NO_x 的排放浓度随 Ca/S 的增加而升高，与上述结论一致。然而，当燃用低挥发分的石油焦时，NO_x 的排放浓度随 Ca/S 的增加反而减少。出现后一现象的原因可能是石油焦热解释放的挥发分氮量很少，使 CaO 对 NH_3 等的催化氧化减弱，而此时脱硫产物 $CaSO_4$ 催化 CO 还原 NO 的作用变得突出[88-89]。

当前，越来越多的CFB锅炉同时追求低氮燃烧和炉内石灰石高效脱硫。然而，前者的核心是降低燃烧中的氧含量，尽量强化还原性气氛；后者则需尽可能在氧化性条件下进行，如何解耦二者之间的矛盾是工程上的研究热点之一。蔡润夏等[120-121]在中试试验中发现，大幅减小入炉石灰石粒径后，除脱硫效率显著提高外，石灰石对NO_x排放浓度的负面作用也受到明显抑制。Tadaaki等[122]同样在小型鼓泡床实验中观察到，将细石灰石注入上部自由空域，与沉积在密相床中燃烧的粗煤颗粒隔开，在有效脱除烟气中SO_2的同时不会造成NO_x排放浓度的显著升高。这为上述问题提供了一个新的解决思路。

1.3.5 床料粒度

对于宽筛分物料分布的CFB锅炉而言，在一定流化风速下，终端沉降速度较大的粗颗粒难以被烟气携带，沉积在炉底构成密相区的主要部分，表现为鼓泡流态化，这部分颗粒称为无效床料；而随烟气上升的细颗粒能够参与外循环并形成快速床，其影响了炉膛上部的传热和受热面布置，称为有效床料[40,123]。基于对该复合流态的认识，岳光溪等[39]在21世纪初提出了“定态设计”理论，为CFB锅炉的设计和优化改造提供了依据。

在定态设计理论指导下发现，适当减少床存量，将炉底多余的无效床料排出，减小床压降，可避免不必要的风机能耗；同时从密相区扬析出的大颗粒减少，过渡区的颗粒浓度降低，既减轻了对燃烧室的磨损，也使二次风穿透有所增强，促进了气固混合，使燃烧效率有所提高。而对炉膛上部而言，稀相区的颗粒浓度不会随床存量减少而明显降低，依然能在较宽的操作范围内维持快速床状态，保证了上部传热的性能要求。进一步地，若尽可能提升循环系统性能，降低床料粒度、提高循环量，使有效床料存量相对增加，则炉膛上部的传热甚至能够增强，且可以促进颗粒团聚和返混，延长细颗粒停留时间，利于燃料的燃尽。据此，清华大学研究团队[40,124]提出了基于流态重构的低能耗循环流化床燃烧技术，其核心是降低床料平均粒度、优化床存量、增加循环量。其中，床料平均粒度也称床质量，床质量高表示床料较细，大部分构成有效床料参与循环。这可通过一系列工程措施实现，包括两个典型条件：一是以分离器效率为代表的循环系统性能；二是初始燃料的粒径分布。

CFB锅炉是“一进二出”的宽筛分物料平衡体系。过细（飞灰）或过粗（底渣）的颗粒都会逐渐排出，只有粒度适中的颗粒可以在循环回路中获得较长的停留时间，构成循环灰。随锅炉运行时间的推移，循环灰的粒径呈现典型的单峰分布。颗粒粒径越接近分离器临界粒径(分级分离效率达到或非常接近 100%,表示为 D_{99}),越有大概率长时间留存于循环回路。因此,提高分离器效率、降低 D_{99} 且尽可能提高临界粒径点效率,可使平均床料粒度降低、循环量增大、床质量提高[101]。

燃料粒径分布的选取与其成灰磨耗特性有关[100,125]。若燃料燃烧后经过快速磨耗阶段的灰分中粗颗粒较多、灰颗粒较硬,则初始成灰粒度较大且不容易磨耗减小;反之,若成灰中粒度很细的软灰占大部分,就不容易长时间保留在炉膛内。因此,应选取合适的给料粒径分布,使燃料成灰及脱硫石灰石等的粒度与分离器效率匹配,从而让大部分输入床料能够参与循环。目前,较多 CFB 锅炉燃用劣质煤,其中含有不少较粗较硬的矸石成分,且分离器技术在不断进步,使循环灰粒度逐渐降低。故在多数情况下,适当降低给煤粒度,尤其是减少粗煤颗粒份额,能够在一定程度上提高床质量。

综上,流态重构对降低锅炉能耗、减小燃烧室受热面磨损、提高燃烧效率具有显著意义。但改善分离器效率、调整给煤粒度等是否对降低 NO_x 原始排放同样具有正面作用?目前的文献关于这方面的研究还比较少。Zhao 等[104]在某 150 kW 中试 CFB 试验台上分析了提升管内物料悬浮浓度对 NO_x 排放的影响,如图 1.21 所示。实验通过提高床存量使平均物料悬浮浓度提高,发现 NO_x 排放并无显著变化趋势。Luis 等[50]则在中试实验中尝试了两种不同的给煤粒度,发现将给煤索尔特平均粒径($d[3,2]$)从 2.45 mm 降至 0.6 mm 后,NO_x 的排放浓度略有降低(图 1.22)。

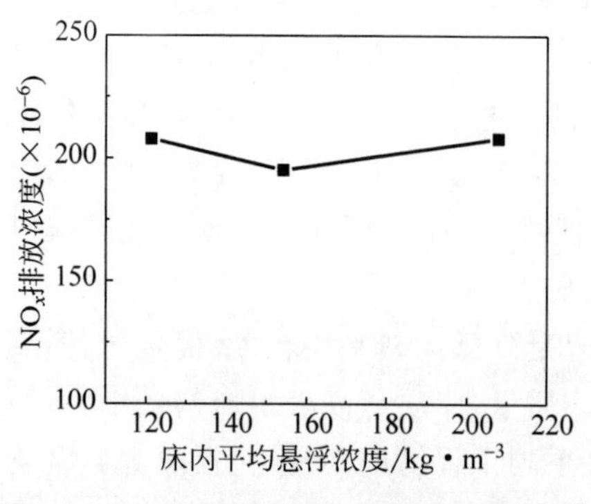

图 1.21 NO_x 排放浓度与悬浮浓度关系[104]

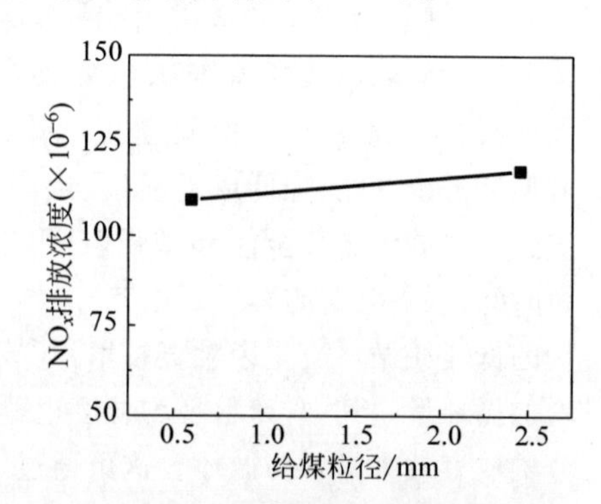

图 1.22 NO_x 排放浓度与给煤粒径关系[50]

然而,李竞岌等对若干台采用流态重构技术的节能型 CFB 锅炉测试后发现,降低床存量(总床压降降低)、提高床质量(床料平均粒度减小,炉膛上部压差增加)，NO_x 原始排放可控制在很低的水平，甚至直接达到超低排放标准，远优于传统 CFB 锅炉[126]。此外，不少学者提出床料粒度是影响流化床内气固流动和气体传递的重要因素[127-130]，而这些特性的改变又会直接影响不同区域的气氛，从而不可避免地对各含氮反应和 NO_x 生成造成影响。从 1.2 节也可看出，热解、焦炭燃烧等化学反应特性也会随燃料粒度改变而有所变化。因此，有理由推测在通过一系列工程手段提高床质量、调整炉内流态的同时，NO_x 等污染物排放特性也会发生相应的变化。

1.3.6　小结

CFB 燃烧 NO_x 原始排放与燃料性质、床温、氧量等因素密切相关。燃料和石灰石粒径的变化可直接影响部分反应的快慢(如热解、焦炭燃烧等)。过量空气系数、分级配风等参数、操作则影响了炉内氧浓度、温度分布等，有差别地影响了各个反应速率的快慢。而其他一些条件，如分离器效率、床压等，尽管表面上与含氮反应不存在直接联系，但调整分离器效率、排渣、给料粒径等，改变了炉内床料粒径分布、循环量、颗粒悬浮浓度等，导致炉内局部气固流动状态呈现差异，进而使传热传质特性、颗粒停留时间等发生变化，影响了炉内气体和温度分布，并最终影响到包括 NO_x 生成及还原在内的各化学反应速率。

图 1.23 简单描绘了 CFB 燃烧条件下各工艺或操作参数与 NO_x 排放浓度的关系。可以看出，任意参数的变化，都可能通过传递作用影响最终的

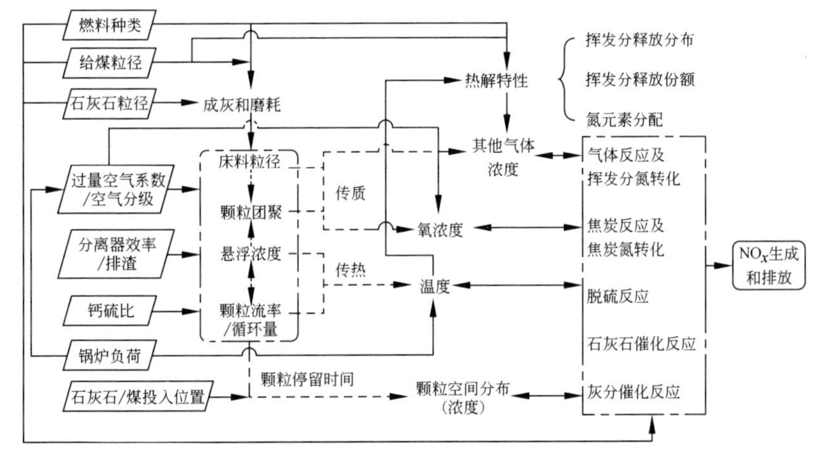

图 1.23　CFB 燃烧条件下，各工艺或操作参数与 NO_x 排放浓度的关系网络(前附彩图)

NO_x 排放浓度。因此,需要深入探究各参数对 CFB 燃烧 NO_x 生成及还原的影响机制,进而探索使 NO_x 原始排放浓度尽可能低的工程优化措施。

针对该问题,最直接的方法就是对各工艺或操作参数进行实炉或中试试验。如前所述,这方面已开展不少研究,收集的测试数据对了解实际 CFB 锅炉运行特性具有重要意义。然而,现场试验存在两方面不足。一方面,商业 CFB 锅炉往往没有预设足够多的测点,特别是对处于正压状态的炉膛中下部而言;同时出于运行安全的考虑,工况变动非常受限,而搭建中试规模的 CFB 试验台成本高昂,实验难度较大,很难对众多影响因素设计庞大的交叉实验。因此,目前的实炉或中试试验多是对容易调节的单一变量进行分析,如氧量、配风等。另一方面,现场测试通常只能得到宏观运行状态随某参数的变化关系,如压力、温度、烟气成分等,而对于一些中间变量,如气泡行为、颗粒团聚特性、焦炭燃烧状况等的变化,从实际热态锅炉上很难观测,但这些物理及化学过程对了解 NO_x 排放特性背后的原因又十分重要。

因此,考虑到成本、安全性及更好的物理化学过程分析,对该强非线性系统有必要建立模型进行模拟。

1.4 循环流化床燃烧及 NO_x 排放模型研究现状

1.4.1 计算流体力学方法和简化模型

常见的循环流化床反应器模型大致可分为以下两种:一种是基于纳维-斯托克斯方程(Navier-Stokes equations)和颗粒运动学的计算流体力学(computational fluid dynamics,CFD)或计算颗粒流体力学(computational particle fluid dynamics,CPFD)方法;另一种是基于流动简化的数学建模方法(以下称为简化模型)。两者的核心差异在于对复杂气固两相流动的描述。

CFD/CPFD 方法针对气相和颗粒相建立完备的质量守恒、动量守恒和能量守恒方程,并将计算域划分为若干细小网格,使用一定的数值格式将控制方程差分离散后,再用合适的算法予以求解。最终可得到完整详细的流场信息,如每一点上的气速、颗粒浓度、压力等。由于 Ansys Fluent 和 Barracuda™ 等商业软件的成熟推广,不少学者利用其对 CFB 反应器内的流动和燃烧进行了模拟,表 1.2 中列出了近年来部分相关研究工作。

表 1.2 部分基于 CFD 方法的 CFB 燃烧模拟研究

研究者/年份	燃烧器	维度	流动模型	化学反应		计算平台
				组分数	步数	
Xu 等,2019[131]	350 MW	3D	Euler-Euler+EMMS	18*	16	Fluent
Liu 等,2018[132]	小型	3D	MP-PIC	9	10	Barracuda
Xie 等,2014[133]	75 t/h	3D	MP-PIC	23*	29	Barracuda
Adamczyk 等,2014[134]	0.1 MW	3D	DDPM	8	3	Fluent
Peltola 等,2013[135]	135 MW	3D	Euler-Euler	6	3	Fluent
Zhang 等,2013[136]	72 MW	3D	MP-PIC	10	8	Barracuda
Zhou 等,2011[137-138]	50 kW	2D	标准 κ-ε+KTGF	20*	21	Fluent

注：* 表示考虑含氮反应和 NO_x 排放浓度。

然而,受限于计算能力,目前对工业尺度的 CFB 锅炉进行数值模拟还比较困难。例如 Zhou 等[137]对一台 50 kW 容量的热态 CFB 试验台模拟 50 s,花费了 20 多天(单台 Intel w5580 工作站),而 CFB 锅炉要达到物料平衡需要数小时。此外,为简化计算,CFD/CPFD 方法通常也在求解过程中引入大量假设,如忽略颗粒磨耗等,一定程度上影响了模拟结果的可靠性。

另一种方法则避免了求解复杂的流体力学方程。在简化模型中,通常将 CFB 反应器划分为若干子区域,即"小室",每个小室需满足气体和固体质量守恒,若考虑换热还需满足能量守恒,相邻小室间存在质量和能量交换。该方法与 CFD/CPFD 方法的最大区别在于,这些守恒方程中的关键气固流动状态参数,如物料存量(颗粒浓度沿床高分布)、固体流率、气固传质等,采用了相对简单的物理或半经验公式(子模型)进行描述,从而使方程组封闭。这些子模型中的参数通常需根据大量实验或详细计算来确定,以保证整体模型结果的可靠性。因为大大简化了气固两相流建模,该方法具有很高的计算效率,特别适用于大尺度工业设备的模拟,近十年来在煤燃烧、气化、化学链等领域受到广泛应用(表 1.3)。

表 1.3　部分基于流动简化的 CFB 反应器模拟研究

研究者/年份	反应器	模型维度	研究内容	化学反应	
				组分数	步数
Zhang 等,2020[139]	75～693 t/h	1D	煤燃烧	7*	4
Lundberg 等,2018[140]	100 MW	1D	生物质气化	7	1
Kaikkoa 等,2017[141]	390 MW_{th}	1.5D	生物质燃烧	10	0**
Yin 等,2016[142]	100 kW_{th}	1D	生物质气化	12	9
Liu 等,2015[143]	135 MW	1D	煤燃烧	7	5
Ströhle 等,2014[144]	1 MW_{th}	1D	CO_2 捕集	3	2
Miao 等,2014[145-146]	1.2 MW_e	1D	生物质气化	10	11
Ylätalo 等,2012[147]	30 kW	1D	CO_2 捕集	3	2
Selcuk 等,2011[148]	150 kW_{th}	1D	煤燃烧	14*	15
Krzywanski 等,2010[149-150]	670 t/h	1D	煤燃烧	24*	35
Gungor 等,2010[151]	50/80 kW	2D	生物质燃烧	16*	26

注：* 表示考虑含氮反应和 NO_x 排放浓度；** 表示假设按化学当量比完全反应，反应速率无限快。

Reh[152]在综述中指出，不同的应用场合适用不同的模拟方法，要在计算精度、计算资源消耗和实验验证间寻求平衡。简化模型尽管在求解精度上可能不如 CFD/CPFD 方法，但其高计算效率使其在工程计算特别是参数研究方面具有优势。在对物理和化学过程理解准确、子模型参数设置合理有据的前提下，建立的数学模型通常能够反映变量间的相互关系。而工程上更关心的往往是这些趋势性的规律，以指导锅炉设计和运行。相比之下，一些流场的细节参数，如涡的大小，有时并不重要。

另外，根据对 CFB 内气固流动状态简化程度的不同，有多种小室划分方法，并对应不同的模型结构，以下 4 种在文献中较为常见：

(1) 零维模型(0D)[153-154]，将整个 CFB 视为单一全混流反应器，或根据流化床结构划分若干区域(渐扩段、直段、分离器等)，假设每个区域内气固混合均匀；

(2) 一维模型(1D)[149,155],考虑气固状态的轴向分布差异和固体物料轴向返混,且仍假设任意高度的径向分布均匀,即将提升管沿高度方向细分为若干个小室串联;

(3) 环核模型(1.5D)[156-157],在一维模型的基础上,认为径向存在不同流动区域,如考虑边壁附近的浓颗粒下降流和中心区的稀颗粒上升流,类似于两平推流反应器并联;

(4) 二维模型(2D)[158-159],进一步考虑径向分布的不均匀性,即任意高度径向也细分为若干个小室。

从零维到二维逐渐接近循环流化床内实际的流动和燃烧状态,但计算耗时往往也随着维度的上升呈指数增加,仍需根据需求选取合适的模型结构。例如,若要探究 CFB 锅炉内气固横向扩散或炉膛不均匀性的问题,只能搭建二维及以上模型。此外,可以根据对炉内局部气固流动状态的理解分区选用不同的维度建模。例如,若认为 CFB 锅炉底部为均匀的湍动床,上部呈现典型环核流动结构,则可采用底部 1D+上部 1.5D 的模型结构[160]。对本书而言,1D/1.5D 混合简化模型更为合适。

1.4.2 化学动力学模型

以上是关于气固两相流动方面建模的讨论,而在化学动力学模型方面,无论是 CFD/CPFD 方法还是简化模型,绝大多数文献仅包含几种组分和几步总包反应(表 1.2 和表 1.3)。一般地,若仅需求解炉内温度、传热、氧浓度等宏观燃烧状态参数,只考虑焦炭燃烧和 CO 等主要挥发分气体燃烧即可得到比较满意的结果[132,134];若想进一步讨论炉内石灰石脱硫效率,则需补充合适的脱硫模型[161]。然而,继续使用简化机理能否合理描述 CFB 燃烧条件下的 NO_x 排放特性?目前大部分文献中并未给出明确答案。

从均相反应来看,如 1.2 节所述,由于大量自由基相互作用,挥发分氮的转化与气氛密切相关,而 CFB 锅炉内不同区域间的气氛差异显著,很难用一套固定的简化机理来描述复杂多变条件下的 NO_x 生成特性。Kilpinen 等[162]也指出,一个包含尽可能多的中间组分的详细化学机理对描述 CFB 燃烧器内氮氧化物的转化是很有必要的。对焦炭而言,在焦炭氮氧化的同时还伴随焦炭自身对环境中 NO_x 的还原,两者速率的相对大小同样与周围气氛、温度等有关。而其他一些床料如石灰石、灰分等,也已被不少实验证实对 NO_x 排放有明显的促进或抑制作用,所以与这些床料相关的异相含氮催化反应也需包含于整个反应体系。

1.5 主要内容

综上所述,前人对不同条件下各含氮化学反应的反应性开展了广泛研究,并提出多种反应机理。而在大量工程实践或中试试验中,也得到了CFB燃烧NO_x原始排放浓度随一些操作参数变化的定性规律,并尝试通过数值模拟方法来描述CFB锅炉内的气固流动和燃烧过程。但现有研究仍然存在一定的不足。其一,很多实验或模拟仅讨论单一因素对CFB燃烧NO_x排放浓度的定性影响,对多数现象的背后原因和中间作用机制描述尚不清晰。其二,具体到操作参数上,关于床料粒度即床质量对CFB燃烧NO_x排放浓度影响的研究还比较少;另外,CFB锅炉低负荷下的NO_x排放特性也不明确。其三,对上述问题的讨论有赖于建立完备的循环流化床燃烧污染物排放模型,但常规的CFD/CPFD方法由于计算效率的限制不适合对工业燃烧设备进行多参数研究,而现有简化CFB数学模型对炉内气固流动状态,特别是气体传递规律的描述还不够全面;另外,大部分模拟对化学反应的处理过于简化,限制了模型面对复杂工况的通用性。

本书主要针对以下方面展开介绍:

(1) 循环流化床燃烧NO_x排放整体数学模型构建。反应体系涵盖燃料热解、焦炭反应、气体均相反应、石灰石反应和灰分催化反应5个部分,采用详细化学机理进行计算。同时考虑炉内不同区域的气固流动状态和气体传递特性的差异。

(2) 含氮反应动力学研究和模型参数确定。对部分与燃料种类关系密切的化学反应进行实验研究,获得模型必要的动力学输入参数。搭建小型鼓泡床试验台,探究不同煤种热解后的燃料氮分配规律,并验证鼓泡床单颗粒传热模型。搭建固定床实验系统,对不同煤种焦炭反应性进行测量和建模,包括燃烧反应性、气化反应性和对NO的还原性。

(3) 循环流化床锅炉现场测试和整体模型验证。在不同容量的商业CFB锅炉上进行测试,获得不同工况下的锅炉运行状态和污染物排放数据,与模型计算结果进行对比,验证模型的可靠性。

(4) 循环流化床燃烧NO_x排放影响因素分析。基于搭建的CFB燃烧数学模型,分析给煤粒度、氧量、风量分配、锅炉负荷、炉内脱硫、分离器效率、煤种等工艺或操作参数对NO_x生成和排放的作用机制,探究流态重构(如改变床料粒度、循环量等)对NO_x排放浓度的影响规律。在上述分析的基础上，尝试提出通过优化工艺和操作参数实现低成本 NO_x 排放控制的技术路线。

图 1.24 为本书内容的流程框架。

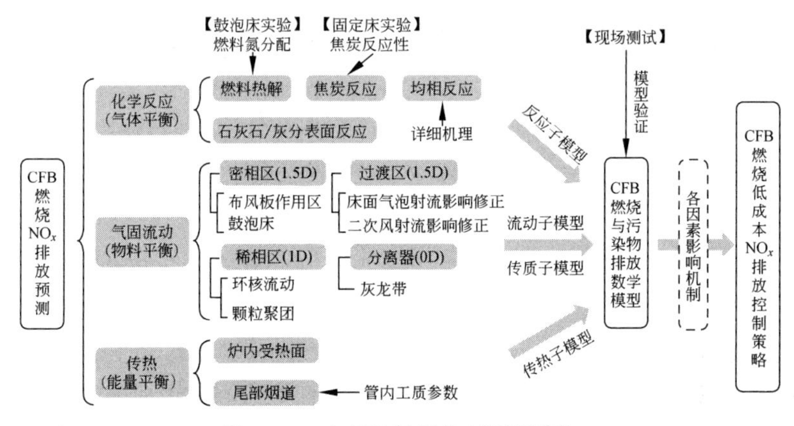

图 1.24 本书流程框架(前附彩图)

第2章 燃料热解和均相氮转化分析与建模

2.1 本章引论

如第1章所述，循环流化床燃烧条件下的含氮化学反应大致可分为燃料热解、均相反应及挥发分氮转化、焦炭反应及焦炭氮转化、石灰石与灰分表面反应4个部分。其中，热解特性受燃料种类影响明显，而燃料氮在这个过程中的分配是CFB内氮氧化物转化历程的开端。紧接着挥发分氮的转化在很大程度上影响了 NO_x 的原始生成，均相反应机理的完备与否直接决定了污染物排放模型在复杂工况下的通用性。

本章重点围绕燃料热解和均相反应展开描述。通过小型热态鼓泡流化床实验，探究燃料颗粒在密相区内的升温和热解过程，重点分析不同煤种在不同条件下热解后的氮元素分配规律，并以此校正热解模型中的氮析出动力学参数。讨论均相反应机理对CFB内不同条件下氮氧化物转化的影响。本章在以上实验和相关文献数据的基础上，分别建立了煤颗粒加热和热解模型，以及带详细化学机理的均相反应模型，并将其作为子模型嵌入第4章循环流化床燃烧污染物排放整体模型。

2.2 燃料热解及氮元素分配

2.2.1 模型建立

2.2.1.1 CPD-NLG 模型简介

目前，比较经典的固体燃料热解模型有常速率反应模型[163]、单步反应模型[164]、两步竞争反应模型（Kobayashi 模型）[165]、分布式活化能模型（DAE 模型）[166]、化学渗透析出模型（CPD 模型）[23,167-169]等。其中，前3种模型通常只能提供热解速率信息，其他一些关键热解特性如挥发分组成等常被忽略。而 Fletcher 教授等开发的 CPD 模型通过简化的碳粒网格结构来分析煤粉快速升温过程中的物理、化学演化过程，能够预测热解进程中各挥发分气体及残余焦炭的相对含量变化，适用于本书研究。

图 2.1 简单表示了 CPD 模型中煤颗粒的热解反应序列，其中 Ar—表示稳定的芳香族结构。芳香族之间不稳定的桥键 ζ 首先断裂，形成高反应活性中间体 ζ^*，随之面临两步竞争反应：①与氢原子等自由基结合重新形成稳定的旁链结构 δ，在一定条件下该旁链经一系列慢速反应最终可能转化为轻质气体 g 析出；②两个芳香族自由位点直接交联，形成更稳定的碳网结构 c，同时析出轻质气体 g。具体反应路径、各中间组分份额和各步中间反应速率可参考相关文献确定[169]。

进一步地，Perry 和 Fletcher 等[15]在原 CPD 模型的基础上考虑了氮元素的热解析出过程，即 CPD-NLG 模型。如图 2.2 所示，他们认为煤中氮元素的析出主要经历 3 条路径：①路径 A，跟随焦油以焦油氮的形式释放，通常在 1000 K 以下完成；②路径 B(快速析出)，焦炭中的环状氮断裂，氮元素以轻质气体形式析出，该过程在 1600 K 以下可快速进行；③路径 C(慢速析出)，焦炭中剩余的含氮官能团在很高的温度(大于 1600 K)下缓慢反应，继续断键并释放含氮轻质气体。

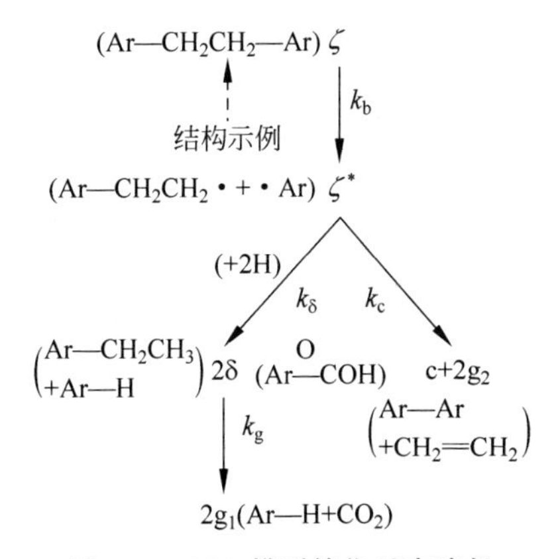

图 2.1　CPD 模型简化反应路径

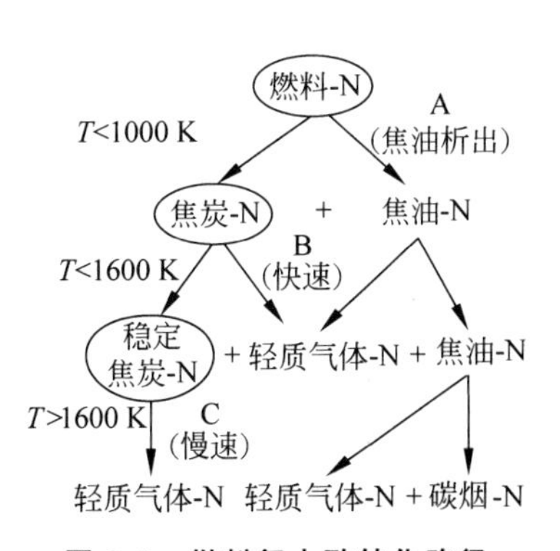

图 2.2　燃料氮大致转化路径

CPD-NLG 模型需要燃料颗粒加热过程中的升温数据，即温度时间序列作为模型输入参数。因此，还需要同步求解颗粒在不同环境下的传热过程。本书针对流化床燃烧条件，在挥发分组成和颗粒传热两方面对原 CPD-NLG 模型做了适当修改，以使其作为单颗粒燃料热解子模型嵌入 CFB 燃烧整体模型。

2.2.1.2 挥发分组成

原 CPD-NLG 模型设计的挥发分产物共有 7 种：焦油、H_2O、CO_2、CH_4、CO、含氮轻质气体和其他组分（主要是 $C2^+$ 轻质碳氢化合物），与大多数文献报道的煤热解挥发分组成一致[36,170-171]，模型计算了各物质析出的质量分数随时间变化的序列（$Y_{Vol,daf(j,k,m)}$）。本书中，当各挥发分组分产率随时间几乎不变，即 $Y_{Vol,daf(k,m)} \approx Y_{Vol,daf(k+1,m)}$ 时，计算结束；且当总挥发分析出量达到最终总挥发分产率的 95%时，认为热解基本完全，此时对应的时间视为燃料热解完成时间，简称热解时间（t_{dev}）。

单位质量燃料颗粒在热解过程中第 k 个时间档的平均热解速率即质量损失率[s^{-1}]可表示为

$$r_{dev(j,k)} = \frac{\gamma_{daf}(Y_{Vol,daf(j,k)} - Y_{Vol,daf(j,k-1)}) + (Y_{W,ar(j,k)} - Y_{W,ar(j,k-1)})}{(1 - \gamma_{daf} Y_{Vol,daf(j,k)} - Y_{W,ar(j,k)}) \cdot \Delta t_{(k)}} \tag{2.1}$$

式中，Y_{Vol} 为挥发分产率；下标 j、k、m 分别表示颗粒粒径档、时间档和气体组分标记；下标 ar 表示以原燃料质量为基底，daf 表示以原燃料去除水分和灰分后的质量为基底，$\gamma_{daf} = 1 - Y_{ash,Fuel,ar} - Y_{H_2O,Fuel,ar}$；下标 W 代表燃料游离水，其会在加热过程中蒸发。

对本书的模型应用而言，以下问题仍需进一步解释。

1. $C2^+$ 轻质碳氢化合物的具体组成

煤热解时析出的轻质碳氢化合物除甲烷（CH_4）外，还可能有乙烯（C_2H_4）、乙炔（C_2H_2）、苯（C_6H_6）等 $C2^+$ 物质（统一用 C_iH_j 表示）。Zhang 等[16]对不同温度下 4 种煤的热解组分进行了测量，发现当温度较低时，析出气体中的碳氢化合物以 CH_4 和 C_2H_4 为主，而高温下（>1400 K）C_2H_2 的产率变得显著，甚至超过了 CH_4 和 C_2H_4 的析出量。Diego[22]和 Neves 等[172]的实验也得到了类似的规律。常规 CFB 锅炉炉内的温度一般低于 950℃，故可认为在 CFB 燃烧条件下，煤热解产物中的 $C2^+$ 轻质碳氢化合物均为 C_2H_4。

2. 氮元素分配

原 CPD-NLG 模型可得到热解过程中焦炭氮、焦油氮和轻质气体氮三者分别占总燃料氮质量分数的变化。在此基础上，本书进一步讨论不同条件下燃料氮在各 NO_x 前驱物间的分配，具体来说，即确定总挥发分氮的产率（包括焦油氮和轻质气体氮），以及含氮轻质气体中 HCN 和 NH_3 的最终比例（考虑焦油氮二次热解）。

如 1.2.1 节所述，不同煤种热解后挥发分氮的析出量差别很大，其原因可以简单理解为如图 2.2 所描述的各氮转化反应动力学因煤而异。其中，路径 A 由焦油析出机理控制。CPD 模型已考虑原煤化学结构的差异对包括焦油在内的各主要挥发分气体产率的影响，并选取 5 个特征参数作为模型输入参数，包括单个典型碳簇总分子量（M_{cl}）、单个碳簇中脂肪族侧链平均分子量（M_{δ}）、总连接键数（$\sigma+1$）、桥键比例（p_0）和初始稳定桥键数（c_0）。原则上需借助^{13}C 核磁共振测量确定每个煤种的相关参数。为方便模型应用，Fletcher 等[167]根据几十种煤炭的核磁共振数据总结了一系列关联式，从而可通过煤的元素和工业分析结果近似计算原煤结构参数。

对于剩下的路径 B 和路径 C，Perry 等[23]用一套统一的动力学参数进行描述，并未考虑煤种的差异。然而，在该统一动力学参数下模拟得到的不同煤种挥发分氮份额与实验结果相差较大（图 2.17）。进一步分析，路径 C 的作用在高温下才突显出来，该温度阈值（1600 K）超过了常规 CFB 的燃烧温度。因此，为提高 CFB 燃烧 NO_x 排放预测模型的准确性，本书将路径 B（热解快速氮析出）的相关动力学参数与煤种关联，作为模型的输入参数之一，其属于燃料自身的化学性质。该总包反应的动力学表达式为

$$\frac{\mathrm{d}(N_{\mathrm{site}})}{\mathrm{d}t}=k_{\mathrm{N}}\frac{M_{\mathrm{site}}}{(M_{\mathrm{cl}})^2}\frac{\mathrm{d}(M_{\mathrm{cl}})}{\mathrm{d}t}N_{\mathrm{site}} \tag{2.2}$$

式中，t 为时间，s；N_{site} 表示单位芳香族群中氮元素的质量分数；M_{site} 表示单个碳簇中芳香族平均分子量，g·mol^{-1}。反应速率 k_{N} 用阿伦尼乌斯公式表达，$k_{\mathrm{N}}=A_{\mathrm{N}}\exp(-E_{\mathrm{N}}/\mathrm{RT})$，$R$ 为理想气体常数（8.314 J·mol^{-1}·K^{-1}）；A_{N} 为该反应的频率因子，E_{N} 为该反应活化能，kJ·mol^{-1}，可根据不同煤种的鼓泡床实验结果拟合得到。

氮元素与总挥发分析出的相对关系可用参数 $\theta_{\mathrm{N/C}}$ 大致表征，其含义是焦炭中 N/C 与原煤中 N/C 的相对比例。若认为热解完全的焦炭中碳元素的质量近似等于去除灰分后的焦炭质量，则有

$$\theta_{\mathrm{N/C}}=\frac{Y_{\mathrm{N,Fuel,ar}}Y_{\mathrm{N,char,final}}}{\gamma_{\mathrm{daf}}-Y_{\mathrm{Vol,ar,final}}}\cdot\frac{Y_{\mathrm{C,Fuel,ar}}}{Y_{\mathrm{N,Fuel,ar}}}=\frac{Y_{\mathrm{N,char,final}}Y_{\mathrm{C,Fuel,ar}}}{\gamma_{\mathrm{daf}}-Y_{\mathrm{Vol,ar,final}}} \tag{2.3}$$

式中，$Y_{N,char,final}$ 表示最终焦炭氮占总燃料氮的质量分数，可由 CPD-NLG 模型求解得到。若 $\theta_{N/C}$ 等于 1，表示氮元素被均匀分配在挥发分和焦炭中，即挥发分氮的比例与燃料挥发分的比例一致；若 $\theta_{N/C}$ 大于 1，可认为氮元素富集在焦炭中；若 $\theta_{N/C}$ 小于 1，则意味着氮元素更倾向于以挥发分的形式析出。

另外，原 CPD-NLG 模型并未给出挥发分氮的具体组成。Zhang 等[16] 的研究认为，所有焦油氮均在二次热解中以 HCN 的形式析出。包括这部分焦油氮转化的 HCN，参考 Kambara 等[14] 的实验数据，本书拟合得到如下经验关联式，以确定总挥发分氮中 HCN 与 NH_3 的相对比例 η_{HCN/NH_3}：

$$\begin{cases} \eta_{HCN/NH_3} = AV_{daf} + B \\ A = 6.3 \times 10^{-8} T_{dev}^2 - 2.5 \times 10^{-4} T_{dev} + 0.214 \\ B = -1.1 \times 10^{-6} T_{dev}^2 + 0.01 T_{dev} - 9.854 \end{cases} \tag{2.4}$$

式中，V_{daf} 表示燃料干燥无灰基的挥发分含量，%；T_{dev} 表示热解温度，℃。如图 2.3 所示，该关联式的预测结果与大部分实验值的偏差在 −30%～30%，能够较好地反映温度和煤种对挥发分氮组成的影响。

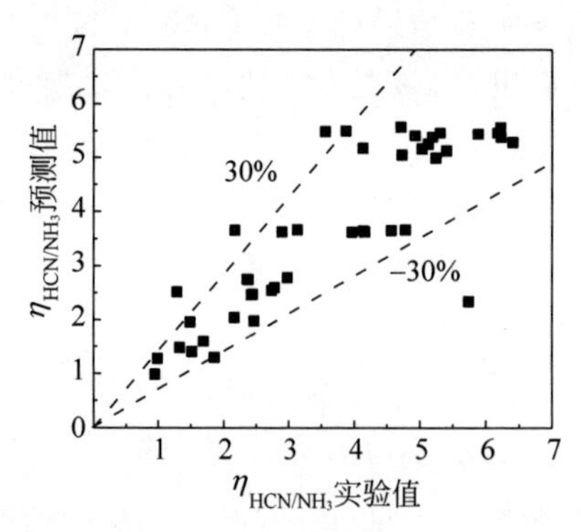

图 2.3　HCN 与 NH_3 热解析出比例关联式误差

3. 硫元素分配

燃料硫的释放和 CFB 锅炉炉内脱硫问题不是本书讨论的重点。为简化计算，假设煤中所有有机硫均以 SO_2 的形式析出，SO_2 是热解释放的唯一含硫挥发分组分。剩下的无机硫均残留在焦炭中，焦油中无硫元素。与氮元素的分配相似，不同煤种的挥发分硫与焦炭硫的相对份额有所差异，同样可根据鼓泡床实验得到。此外，并非所有硫元素都会在热解和焦炭燃烧中释放，一些无机硫成分在很高温度下仍能稳定存在(如 $CaSO_4$、K_2SO_4 等硫酸盐)，或者在焦炭孔隙内生成的 SO_2 会立即被矿物组分固定，这些统称为含硫燃料的自脱硫特性。这部分硫含量计算在灰分中，可根据煤燃尽灰分的 X 射线荧光光谱分析结果中 SO_3 的含量近似确定。

4. 焦油组成和二次热解

假设焦油的元素组成只有氧、碳、氢、氮，除氮元素含量可由 CPD-NLG 模型求得的焦油氮占比推算外，前 3 种元素的质量分数在其他轻质气体产率确定后可根据元素守恒得到。值得注意的是，不同条件下各挥发分的组成会发生变化，因此焦油的元素组成并不固定。

本书不考虑焦油二次热解的动力学过程，即认为焦油一经生成就迅速分解为其他轻质气体。根据多数文献中的实验结果，焦油的二次热解产物主要有 CO、H_2、CO_2、高碳碳氢化合物(如苯、多环芳烃)和碳烟等[22,170,173]。为简化模型并方便后续均相反应计算，统一用碳单质的形式(C_{tar})表示碳烟等高碳类物质，并忽略氧气对焦油热分解的影响和氧化作用。考虑到焦油中氧元素含量的差异，当氧含量较低时，假设焦油二次热解产物为 CO、H_2、HCN 和 C_{tar} 4 种，满足的元素守恒关系式为

$$\begin{bmatrix} 12/28 & 0 & 12/27 & 12/12 \\ 0 & 2/2 & 1/27 & 0 \\ 16/28 & 0 & 0 & 0 \\ 0 & 0 & 14/27 & 0 \end{bmatrix} \begin{bmatrix} f_{CO_{tar}} \\ f_{H_{2tar}} \\ f_{HCN_{tar}} \\ f_{C_{tar}} \end{bmatrix} = \begin{bmatrix} Y_{C_{tar}} \\ Y_{H_{tar}} \\ Y_{O_{tar}} \\ Y_{N_{tar}} \end{bmatrix} \tag{2.5}$$

而当焦油中氧含量相比碳元素较高时，多余的氧将与碳结合以 CO_2 的形式析出：

$$\begin{bmatrix} 12/28 & 0 & 12/27 & 12/44 \\ 0 & 2/2 & 1/27 & 0 \\ 16/28 & 0 & 0 & 0 \\ 0 & 0 & 14/27 & 0 \end{bmatrix} \begin{bmatrix} f_{CO_{tar}} \\ f_{H_{2tar}} \\ f_{HCN_{tar}} \\ f_{CO_{2tar}} \end{bmatrix} = \begin{bmatrix} Y_{C_{tar}} \\ Y_{H_{tar}} \\ Y_{O_{tar}} \\ Y_{N_{tar}} \end{bmatrix} \tag{2.6}$$

式(2.5)和式(2.6)中，$f_{(gas)tar}$ 表示单位质量焦油热解生成的各轻质气体质量分数；$Y_{(C/H/O/N)tar}$ 表示焦油中各元素的质量含量。实际计算中发现，在绝大多数情况下，焦油二次热解遵循式(2.5)的模式。

2.2.1.3 单颗粒传热模型

应用CPD-NLG模型模拟燃料颗粒热解中挥发分析出过程的前提，是获得颗粒的升温历史，即求解颗粒的传热和能量平衡方程。常见的单颗粒传热模型有等温颗粒模型(0D)[35,174]和一维非等温颗粒模型(1D)[175-176]。前者采用“集总参数法”的思想，认为颗粒表面传热的热阻远大于内部导热热阻，即任意时刻的颗粒温度都是均匀的。1D模型则认为颗粒内部导热的热阻不能忽略，颗粒内各点处的升温及热解过程非同步进行。

下文分别对两类颗粒传热模型进行介绍，并在后面结合实验结果讨论各模型的适用性。

1. 0D颗粒传热模型

在鼓泡床条件下，燃料颗粒与周围环境的传热过程主要由3部分组成：颗粒对流传热$\dot{Q}_{c,s}$(热量从周围惰性床料到燃料表面)、气体对流传热$\dot{Q}_{c,g}$和辐射传热$\dot{Q}_r$(忽略颗粒团与壁面之间的传热)。此外，湿燃料热解还需消耗一部分热量，包括热解反应热$\dot{Q}_{dev}$和游离水汽化潜热$\dot{Q}_w$。因此，等温球形颗粒需满足如下能量平衡方程：

$$m_p c_p \frac{dT_p}{dt} = \dot{Q}_{c,g} + \dot{Q}_{c,s} + \dot{Q}_r + \dot{Q}_{dev} + \dot{Q}_w$$

$$\begin{cases} \dot{Q}_{c,g} = h_{c,g} A_p (T_g - T_p) \\ \dot{Q}_{c,s} = h_{c,s} A_p (T_s - T_p) \\ \dot{Q}_r = A_p \kappa_p \sigma (T_e^4 - T_p^4) \\ \dot{Q}_{dev} = \dfrac{dm_{Vol}}{dt} \Delta H_{dev} \\ \dot{Q}_w = \dfrac{dm_w}{dt} \Delta H_w \end{cases} \tag{2.7}$$

式中，m表示质量，kg；T为温度，K；c为比热容，$J \cdot kg^{-1} \cdot K^{-1}$；$A_p$为颗粒外表面积，$m^2$；$\sigma$为斯特凡-玻尔兹曼常数，$W \cdot m^{-2} \cdot K^{-4}$；$\kappa_p$为颗粒有效表面发射率；$h_{c,g}$和$h_{c,s}$分别表示气体对流传热系数和颗粒对流传热系数，$W \cdot m^{-2} \cdot K^{-1}$($h_c = h_{c,g} + h_{c,s}$)；$\Delta H_{dev}$为热解反应热，$J \cdot kg^{-1}$；$\Delta H_W$为水的汽化潜热，$J \cdot kg^{-1}$；下标s、p、g、e分别代表惰性床料、燃料颗

粒、气相和环境参数。

假设在子时间步 Δt 内，颗粒温度和质量不发生明显变化，则式(2.7)有如下分析解：

$$\begin{cases} T_p(t+\Delta t)=\alpha_p+[T_p(t)-\alpha_p]\exp(-\beta_p\Delta t) \\ \alpha_p=\dfrac{hA_pT_g+A_p\kappa_p\sigma T_e^4+\dfrac{\Delta m_{Vol}}{\Delta t}\Delta H_{dev}+\dfrac{\Delta m_w}{\Delta t}\Delta H_w}{hA_p+A_p\kappa_p\sigma T_p^3} \\ \beta_p=\dfrac{A_p(h+\varepsilon_p\sigma T_p^3)}{m_pc_p} \end{cases} \tag{2.8}$$

若认为燃料粒径 d_p 在热解过程中保持不变，则颗粒质量 m_p 即颗粒密度 ρ_p 会随挥发分析出逐渐降低：

$$\begin{cases} m_{p(k)}=m_{p,0}-\gamma_{daf}(1-Y_{Vol,daf(k)})m_{p,0} \\ m_{p,0}=\rho_{p,0}\cdot\dfrac{1}{6}\pi d_p^3 \end{cases} \tag{2.9}$$

式中，下标 0 表示燃料颗粒初始状态。因此，求解燃料颗粒升温过程需已知颗粒质量随时间的变化关系，而该质量时间序列可与 CPD-NLG 子模型相互迭代求得。

在对不同粒径燃料颗粒求解 0D 传热模型时，时间步长统一取为 5×10^{-4} s。即使对于粒径很小(100 μm)和温度很高(900℃)的工况，该时间步长下的温度变化梯度(dT/T)也不超过 5%，满足式(2.8)假设。

以下分别介绍各项热量传递或转换计算。

(1) 气体对流传热系数 $h_{c,g}$

用努塞尔特数(Nusselt number，Nu)关联式计算 $h_{c,g}$：

$$Nu=\frac{h_{c,g}d_p}{\lambda_g}=2.0+0.6Re^{0.5}Pr^{1/3} \tag{2.10}$$

式中，λ 为导热系数，$W\cdot m^{-1}\cdot K^{-1}$；$d$ 为粒径，m；普朗特数(Prandtl number，Pr)只与气体物性有关，$Pr=c_g\mu_g/\lambda_g$；μ_g 是动力黏度，$kg\cdot m^{-1}\cdot s^{-1}$。

雷诺数(Reynolds number，Re)的计算则需考虑 CFB 锅炉内燃料颗粒所处位置的气固流动状态。在炉底密相区通常呈现鼓泡流态化，大部分颗粒聚集在乳化相中且近似处于临界流化状态(本书 2.2.2 节鼓泡床实验即属于该状态)；若认为炉膛上部的稀相区具备快速流态化特征，颗粒滑移速度 $U_{p,slip}$ 明显小于单颗粒终端沉降速度 $U_{p,t}$(快速床下颗粒滑移速度的计算将在 4.3.2 节介绍)，则有

$$Re=\begin{cases}\rho_g U_{mf} d_p/(\mu_g \varepsilon_{mf}), & \text{密相区} \\ \rho_g U_{p,slip} d_p/\mu_g, & \text{稀相区}\end{cases} \tag{2.11}$$

式中，ρ 为密度，$kg \cdot m^{-3}$；U_{mf} 为临界流化风速，$m \cdot s^{-1}$，可通过如下关联式求出，其由厄贡方程(Ergun equation)简化而来[177]：

$$\frac{U_{mf}\rho_g d_p}{\mu_g}=\sqrt{33.7^2+0.0408Ar}-33.7 \tag{2.12}$$

$$Ar=\frac{\rho_g d_p^3(\rho_p-\rho_g)g}{\mu_g^2} \tag{2.13}$$

式中，Ar 为阿基米德数(Archimedes number)；g 表示重力常数，$m \cdot s^{-2}$。

式(2.11)中的参数 ε_{mf} 表示临界流化空隙率，可根据以下关联式计算[178]：

$$\varepsilon_{mf}=\frac{0.586}{\phi_p^{0.72}}\left(\frac{\rho_g}{\rho_p}\right)^{0.021}\left[\frac{\mu_g^2}{(\rho_p-\rho_g)\rho_g d_p^3 g}\right]^{0.029} \tag{2.14}$$

式中，ϕ_p 表示颗粒的球形度。

(2) 颗粒对流传热系数 $h_{c,s}$

将鼓泡床内的颗粒对流传热热阻表示为渗透层热阻 R_{pene} 和表面接触热阻 R_{cont} 两部分[179]：

$$h_{c,s}=\frac{1}{R_{cont}+R_{pene}} \tag{2.15}$$

渗透层热阻为

$$R_{pene}=0.5\sqrt{\frac{\pi\theta_t}{\lambda_{s,E}\rho_{s,E}c_{s,E}}} \tag{2.16}$$

式中，θ_t 表示密相区乳化相与换热面接触停留时间，s；$\lambda_{s,E}$ 为乳化相等效导热系数，$W \cdot m^{-1} \cdot K^{-1}$；$\rho_{s,E}$ 为乳化相等效密度，$kg \cdot m^{-3}$；$c_{s,E}$ 为乳化相等效比热容，$J \cdot kg^{-1} \cdot K^{-1}$。各参数的计算式如下：

$$\theta_t=0.318[(2\times 10^5 d_s+24.6)d_p-93.3d_s+0.154](U_g-U_{mf})^{-0.610} \tag{2.17}$$

$$\begin{cases}\lambda_{s,E}=\lambda_{s,E}^0+0.1\rho_g c_g d_p U_{mf} \\ \lambda_{s,E}^0=\lambda_g\left[1+(1-\varepsilon_{mf})(1-\lambda_g/\lambda_s)(\lambda_g/\lambda_s+0.28\varepsilon_{mf}^{0.63(\lambda_g/\lambda_s)^{0.18}})^{-1}\right]\end{cases} \tag{2.18}$$

$$\rho_{s,E}=\rho_s(1-\varepsilon_{mf})+\rho_g\varepsilon_{mf} \tag{2.19}$$

$$c_{s,E}=c_s(1-\varepsilon_{mf})+c_g\varepsilon_{mf} \tag{2.20}$$

R_{pene} 代表的渗透层传热针对的是燃料颗粒在乳化相内长停留时间下的连续接触情况。而对于大颗粒与周围床料的短时直接接触情形，另一种作用，即颗粒接触传热热阻 R_{cont} 变得显著：

$$R_{cont}=\frac{d_s}{N_s}\cdot\frac{1}{\lambda_g} \tag{2.21}$$

式中，N_s 为表面接触热阻常数：

$$N_s=2.5\ln\left(\frac{d_p}{d_s}\right)+2 \tag{2.22}$$

需要指出的是，当燃料颗粒很小乃至远小于周围惰性床料的尺寸时，床料间隙与燃料颗粒运动自由程相当，燃料与床料趋向同步流动，相互接触概率大大降低，此时颗粒对流传热作用不再显著，甚至可以忽略[180]。考虑方程的连续性，本书认为对于极细燃料颗粒（$d_p\leqslant d_s e^{-0.8}$），接触传热热阻趋近于无穷大，颗粒对流传热系数 $h_{c,s}$ 接近于 0，即

$$d_p\leqslant d_s e^{-0.8}:N_s\to 0,\quad R_{cont}\to\infty,\quad h_{c,s}=0 \tag{2.23}$$

图 2.4 给出了计算得到的某鼓泡床条件下各对流传热系数随燃料颗粒尺寸 d_p 的变化情况。可以看出，当 d_p 接近周围床料粒径时，$h_{c,s}$ 随 d_p 降低急剧减小，d_p 小于一定值后燃料颗粒加热只受气体对流传热作用影响。而对大燃料颗粒而言，周围床料的加热作用显著大于气体，忽略该作用会导致颗粒升温模拟结果出现明显偏差，这点在 Salmasi 等[35]的研究中也有所体现。

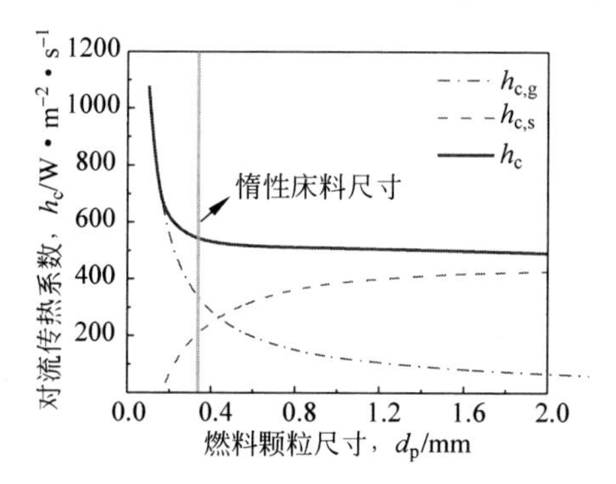

图 2.4　计算对流传热系数随燃料颗粒尺寸的变化

T_{bed}= 850℃，d_s=364 μm，U_g=0.27 m/s

(3) 辐射传热项 $\dot{Q}_r$

本书假设辐射传热在一个灰体(燃料颗粒)和黑体(周围床层)表面进行，

且辐射热流主要存在于燃料颗粒表面的有限空间(辐射热层),则式(2.7)中用斯特藩-玻尔兹曼辐射定律表示的$\dot{Q}_r$在流化床条件下仍然适用。因为“空腔效应”的存在,实际颗粒的有效表面发射率略高于材料自身的表面发射率[180-181]。为简化计算,忽略κ_p随温度等其他条件的变化,将其设定为常数。另外,因为流化床的高传热性能,床内温度分布通常非常均匀,可认为T_g、T_s和T_e都等于平均床温T_{bed}。

(4) 游离水蒸发吸热量$\dot{Q}_w$

实际燃料往往带有较高水分,这部分游离水在加热过程中会迅速蒸发。假设水分蒸发过程受燃料颗粒外部传质控制,则有如下蒸发速率表达式[182]:

$$\frac{\mathrm{d}m_w}{\mathrm{d}t}=K_{g,w}\pi d_p^2\left(\frac{y_{w,0}-y_{w,\infty}}{1-y_{w,0}}\right) \tag{2.24}$$

式中,$y_{w,0}$和$y_{w,\infty}$分别表示颗粒表面和周围气氛中的水蒸气摩尔分数;$K_{g,w}$表示水蒸气在颗粒表面的传质系数,$\mathrm{m\cdot s^{-1}}$,其与舍伍德数(Sherwood number,Sh)关联:

$$Sh=\frac{K_{g,w}d_p}{D_{g,w}} \tag{2.25}$$

式中,$D_{g,w}$表示水蒸气分子的扩散系数,$\mathrm{m^2\cdot s^{-1}}$;为简化计算,本书用各气体组分在氮气或氩气中的二元扩散系数代替,其根据Chapman-Enskog理论计算得到。与Re的计算相似,Sh的大小即气体传质作用的强弱也与气固流动状态有关,相关内容将在第4章详细介绍。

这里还有一个问题值得讨论:挥发分和焦炭燃烧对颗粒升温的影响。实验室条件下的大部分热解实验都是在Ar、N_2等惰性气氛下进行的,而实际CFB锅炉内含有大量氧气,燃烧和热解同步进行。针对该问题,Bu[183]和Chern[184]等在含氧热解-燃烧连续实验中发现,挥发分着火时的煤颗粒升温曲线仍然平稳变化,无明显跃升。由此可认为在流化床内强气固流动和传热作用下,挥发分燃烧释放的热量会很快被带走,这意味着燃料颗粒热解升温进程受挥发分燃烧的影响很小。另一方面,焦炭燃烧反应的时间尺度远大于脱挥发分过程,且在热解过程中,燃料颗粒周围氧气主要被挥发分消耗,很少到达焦炭表面与碳反应,特别是在密相床内。因此,在对实际CFB燃烧建模时,对燃料颗粒升温和热解过程的模拟仍然可按惰性气氛下处理,即在能量方程中忽略挥发分和焦炭燃烧的反应热。

2. 1D 颗粒传热模型

假设燃料颗粒为各向同性，有如下一维球形颗粒非稳态传热方程：

$$\rho_{\mathrm{p}} c_{\mathrm{p}} \frac{\partial T_{\mathrm{p}}}{\partial t} = \frac{1}{r^2} \frac{\partial}{\partial r}\left(\lambda_{\mathrm{p}} r^2 \frac{\partial T_{\mathrm{p}}}{\partial r}\right) + \dot{Q}_{\mathrm{dev}} + \dot{Q}_{\mathrm{w}} \tag{2.26}$$

该偏微分方程的边界条件为

$$\begin{cases} \lambda_{\mathrm{p}} \left.\dfrac{\partial T_{\mathrm{p}}}{\partial r}\right|_{r=0} = 0 \\ \lambda_{\mathrm{p}} \left.\dfrac{\partial T_{\mathrm{p}}}{\partial r}\right|_{r=r_{\mathrm{p}}} = h_{\mathrm{c,g}} A_{\mathrm{p}} (T_{\mathrm{g}} - T_{\mathrm{p}}) + h_{\mathrm{c,s}} A_{\mathrm{p}} (T_{\mathrm{s}} - T_{\mathrm{p}}) + A_{\mathrm{p}} \kappa_{\mathrm{p}} \sigma (T_{\mathrm{e}}^4 - T_{\mathrm{p}}^4) \end{cases} \tag{2.27}$$

其中，颗粒表面（$r=r_{\mathrm{p}}$）的传热计算与上述 0D 颗粒模型一致。

如图 2.5 所示，采用同心环状网格划分，认为每一层的质量、温度等状态量分布均匀。网格尺寸与原煤粒径有关，颗粒越细，网格尺寸越小。但考虑到计算效率，最小网格尺寸不低于 12.5 μm；同时控制总网格数不超过 50。在确定空间步长后，按照 CFL 稳定性判据确定时间步长（CFL 数设置为 0.1），以避免计算发散。采用一阶迎风格式差分求解上述 1D 颗粒的传热问题。

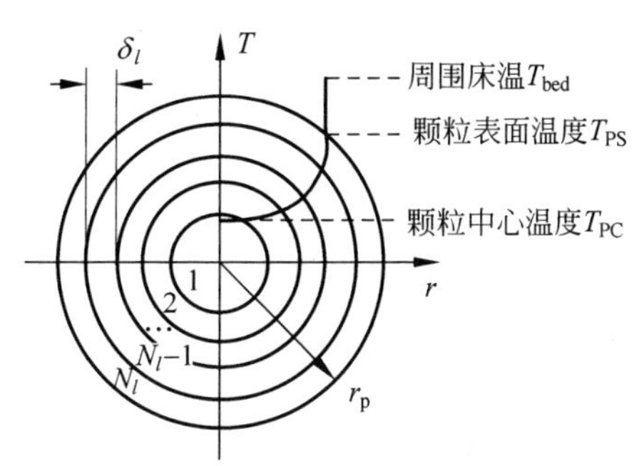

图 2.5　1D 颗粒模型网格划分示意图

因为颗粒内部温度梯度的存在，脱挥发分过程由外到内依次进行。当传热模型求解结束后，各网格层温度变化的时间序列也随之确定。假设各层热解反应相互独立，则可对每一层利用 CPD-NLG 模型求解，继而得到每层的质量变化时间序列。与 0D 颗粒模型求解类似，将各层质量作为传热子模型和 CPD-NLG 子模型耦合求解的迭代参数。

k 时刻下整个颗粒的挥发分析出量可表示为

$$Y_{\mathrm{Vol,daf}(k,m)} = \sum_{l=1}^{N_{l,\mathrm{p}}} \chi_{\mathrm{V}(l)} Y_{\mathrm{Vol,daf}(k,m,l)} \tag{2.28}$$

式中，$\chi_{\mathrm{V}(l)}$ 表示第 l 层的网格体积分数；$N_{l,\mathrm{p}}$ 为总网格数。

表 2.1 列出了 0D 和 1D 单颗粒传热模型均使用到的部分参数计算式。

表 2.1 单颗粒传热模型部分参数表(0D 和 1D)

参数	单位	值	来源
κ_p	—	0.85	设定
c_p	$J \cdot kg^{-1} \cdot K^{-1}$	$420 + 2.1T_p + 6.85\times10^{-4}\times T_p^2$	Chen 等,2018[175]
λ_p	$W \cdot m^{-1} \cdot K^{-1}$	$5\times10^{-4}(T_p-273)+0.11$	陈清华等,2009[185]
c_s	$J \cdot kg^{-1} \cdot K^{-1}$	$T_g\leqslant 847$ K:$(-6.08+0.25T_g-3.25\times10^{-4}T_g^2+1.69\times10^{-7}T_g^3+2548/T_g^2)/60.08\times10^3$; $T_g>847$ K:$(58.75+1.03\times10^{-2}T_g-1.31\times10^{-7}T_g^2+2.52\times10^{-11}T_g^3+25\,601/T_g^2)/60.08\times10^3$	NIST 化学库(石英砂)
λ_s	$W \cdot m^{-1} \cdot K^{-1}$	3.8	李竞岌等,2016[60]
c_g	$J \cdot kg^{-1} \cdot K^{-1}$	Ar:$(20.79+2.83\times10^{-10}T_g-1.46\times10^{-13}T_g^2+1.09\times10^{-17}T_g^3-3.66\times10^{-2}/T_g^2)/39.95\times10^3$	NIST 化学库
		空气:$1.39\times10^{-10}T_g^4-6.48\times10^{-7}T_g^3+1.02\times10^{-3}T_g^2-0.43T_g+1061$	
λ_g	$W \cdot m^{-1} \cdot K^{-1}$	Ar:$4.0\times10^{-5}T_g+0.0054$	
		空气:$2.45\times10^{-14}T_g^4-9.94\times10^{-11}T_g^3+1.28\times10^{-7}T_g^2+4.46\times10^{-6}T_g+0.0137$	
μ_g	$Pa \cdot s$	Ar:$5.0\times10^{-8}T_g+7.0\times10^{-6}$	
		空气:$-1.83\times10^{-18}T_g^4+1.37\times10^{-14}T_g^3-3.59\times10^{-11}T_g^2+6.52\times10^{-8}T_g+1.54\times10^{-6}$	
ρ_g	$kg \cdot m^{-3}$	Ar:$486.21T_g^{-1}$	
		空气:$357.45T_g^{-1.004}$	
ΔH_{dev}	$kJ \cdot kg^{-1}$	-160.0	Jerzy 等,1996[186]

对于本书使用的燃料热解子模型而言，输入参数包括燃料颗粒性质（元素和工业分析、球形度、粒径、初始密度）、惰性床料性质（粒径、球形度、密度）和操作条件（床温、流化风速）。

2.2.2　煤热解鼓泡床实验

2.2.2.1　实验系统

本书针对燃料热解方面的研究设计了两种类型实验：一是关注煤颗粒在鼓泡床内的升温过程，以此校验上述单颗粒传热模型的准确性；二是探究不同条件下燃料氮在挥发分和焦炭间的分配，并确定 CPD-NLG 模型中的快速氮析出反应动力学参数。

鼓泡流化床实验系统如图 2.6 所示。圆柱状石英玻璃管反应器高为 950 mm、内径为 54 mm、壁厚为 3 mm。反应器中间布置有 5 mm 厚的石英烧结板，用于布风并托住流化床料。布风板之下为预热段，内部充满石英碎片，使流经气体加热到预设温度。整个反应器置于高温电阻炉中，加热段高为 600 mm，分上下两段加热。连接电阻炉的两根控温用 K 型热电偶均插入流化床料，使控温更精确，以减小反应时的床温波动。同时另插入一根 K 型热电偶连接显示仪表，便于记录实时温度。

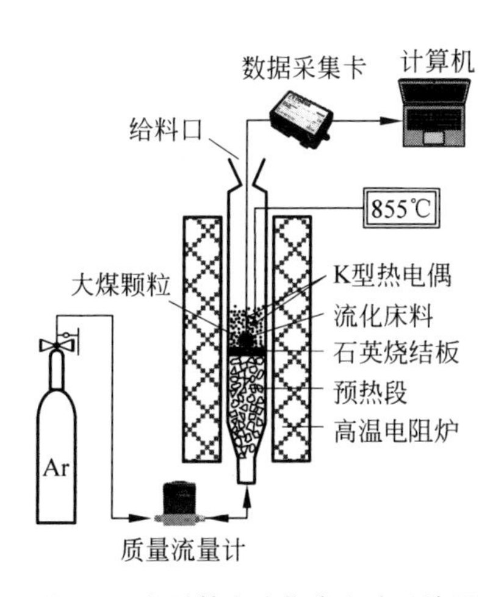

图 2.6　小型鼓泡流化床实验系统图

选用惰性石英砂作为流化床料（颗粒密度为 2648 $kg \cdot m^{-3}$，球形度设为 0.6）。实验中，高纯氩气通过质量流量计计量，经预热后进入实验段使床料流化。不同温度下的氩气进口流量相应调整，使流化风速保持一定值，即保证相同的流化状态。所有煤样均在实验前置于105℃烘箱内干燥2 h，以避免不同粒径颗粒及不同时刻煤样中水分含量差异带来的干扰。

2.2.2.2 单颗粒升温实验

本节主要介绍鼓泡床内燃料颗粒升温过程的实验测量方法。所用燃料为某地区烟煤，其工业分析和元素分析结果见表2.2。

表2.2 升温实验中所用煤种的煤质分析结果(干燥后)

燃料(干燥后)	工业分析/%			元素分析/%				
	A_d	V_d	FC_d	C_d	H_d	O_d	N_d	S_d
烟煤	10.52	39.05	49.76	64.09	4.36	18.39	1.30	0.67

首先，经角磨机破碎和手工锉刀精磨两个步骤，将原煤块磨制成一定粒度的煤球颗粒。其次，利用微型钻头在制好的煤球上钻出直径为0.5～0.6 mm的细孔，孔深度为颗粒半径。将0.5 mm极细铠装K型热电偶插入颗粒中心，并用高温胶(SX-8317型，最高耐温1800℃)填充缝隙以使煤颗粒固定在热电偶上，保证测量中不会整体脱落。极细热电偶丝对颗粒升温过程的影响很小，且使煤颗粒在鼓泡床内可以自由移动。各工况下热电偶外部绝缘漆的绝缘稳定性良好，未见明显磨损剥落，可重复、稳定使用。热电偶末端补偿导线连接至数据采集卡，后者连接计算机实现温度实时记录。数据采集卡的型号为OMEGA OM-DAQ-USB-2401，采样频率最高可达1000 Hz。但采样频率过高时测量噪声过大，实际使用时将频率设为1 Hz，能够满足颗粒温度的跟踪需求。

本实验共设计了5组工况，见表2.3，每组实验均重复3次。选用较大煤颗粒(10～15 mm)的原因：①大颗粒升温较慢，热解时间尺度通常在10^1～10^2 s数量级，在现有实验条件下能够较好地捕捉温度梯度变化；②相对减小了热电偶对颗粒升温过程的影响，且方便热电偶固定。另外，流化风速设在床料对应临界流化风速的4倍左右(流化数为4)，既能保证床料正常流化，又避免了大风速下煤颗粒明显破碎。实验中也发现除部分高温工况(T_{bed}=950℃)外，煤颗粒在热解前后基本保持球形，外观完好，仅有所膨胀。

表 2.3　单颗粒升温实验工况设计

内　容	符号/单位	工况 1	工况 2	工况 3	工况 4	工况 5
设定床温	T_{bed}/℃	750	850	950	850	850
测量时间	t/s	150	120	120	120	180
原煤粒径	d_p/mm	12			10	15
初始煤球质量(干燥后)	$m_{p,0}$/mg	924.2			505.8	1765.4
床料平均粒径(D[3,2])	d_s/μm	364.1				
静床高	$H_{bed,0}$/mm	40				
流化风速	U_g/m·s^{-1}	0.27				

2.2.2.3　燃料热解和焦炭制备

本节实验主要制备并收集不同热解条件下的焦炭颗粒,对残余焦炭进行元素分析,并将其与原煤的相应结果进行对比,从而确定挥发分氮和焦炭氮的份额。选用 3 个典型煤种进行实验:褐煤(SC)、烟煤(HP)和无烟煤(WH),其工业分析和元素分析结果见表 2.4。

实验中,不同粒径的原煤颗粒从鼓泡床上部给料口缓慢投入床内,热解一定时间后,关闭电加热炉,但保持少量氩气通入直至床体冷却至室温(冷却状态下为固定床状态)。将混合床料倒入筛网,因煤焦粒径显著大于石英砂粒径,可将煤焦筛分出来并保存在干燥皿中,用于后续分析。

表 2.4　焦炭制备实验中所用煤种的煤质分析结果(干燥后)

燃料(干燥后)	工业分析/%			元素分析/%				
	A_d	V_d	FC_d	C_d	H_d	O_d	N_d	S_d
SC	8.72	42.44	47.95	66.54	4.90	16.86	1.54	0.56
HP	40.88	16.68	41.59	43.25	3.15	8.59	1.12	2.15
WH	31.98	9.69	57.91	60.10	2.28	1.96	0.79	2.47

本实验共设计了 21 组工况,见表 2.5(每个煤种 7 组,5 组为各温度下的 1.0~1.25 mm 粒径档,以及 850℃下的另两种粒径档)。流化数同样设置在 4 左右,避免煤颗粒过度磨耗以致难以筛分。

表 2.5 原煤热解制焦实验工况设计

内　　容	符号/单位	值
设定床温	T_{bed}/℃	750,800,850,900,950
热解时间	t/min	10
原煤粒径	d_p/mm	0.6～1.0(SC-0.67；HP-0.73；WH-0.71)， 1.0～1.25(SC-0.91；HP-0.97；WH-0.92)， 1.43～2.0(SC-1.5；HP-1.5；WH-1.5)
床料平均粒径(D[3,2])	d_s/μm	223.7
静床高	$H_{bed,0}$/mm	80
流化风速	U_g/m·s^{-1}	0.15

2.2.3 实验与模拟结果讨论

2.2.3.1 颗粒升温过程及传热模型选取

图 2.7 比较了不同条件下煤颗粒中心温度的实测值和模型计算值。总体上看,1D 颗粒模型的预测值与实验值吻合良好。但对于高温工况(工况 3,950℃),升温后期模型的预测出现较大偏差。可能的原因有两个:①随着床温升高,煤热解中发生爆裂的可能性增大,实验中也发现 950℃下取出的煤颗粒表面多处胀裂,部分重复性实验中甚至有小块煤脱落;②表 2.1 给出的燃料颗粒比热容和导热系数关联式在高温下可能有所偏差,即此时热扩散率被高估。

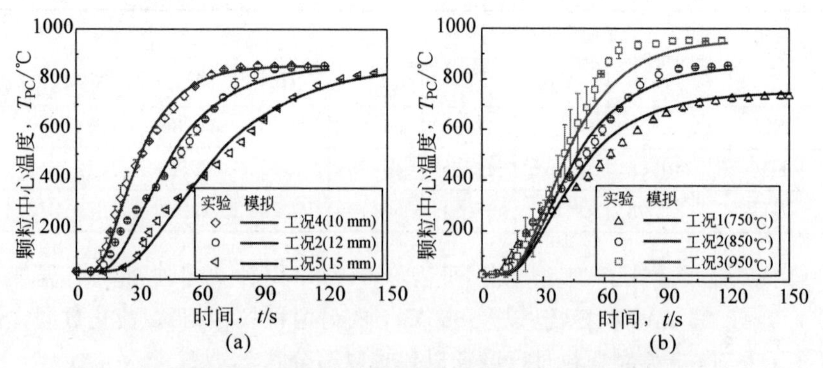

图 2.7 不同条件下,煤颗粒中心温度实测值和 1D 颗粒模型预测值比较

(a) 不同煤粒径(T_{bed}=850℃);(b) 不同床温(d_p=12 mm)

本书定义颗粒温度从室温升到周围环境温度的 63.2%时为快速升温阶段。图 2.8 给出了颗粒表面(PS)和颗粒中心(PC)在该阶段的平均升温速率。容易理解——粒径越小,颗粒整体加热越快。

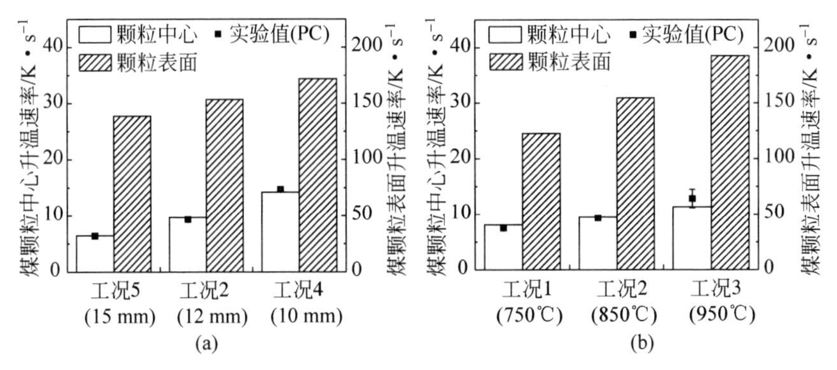

图 2.8　不同条件下,颗粒中心和颗粒表面升温速率比较

(a) 不同煤粒径(T_{bed}=850℃); (b) 不同床温(d_p=12 mm)

图 2.9(a)比较了通过两类颗粒模型得到的温度曲线。可以看出,在初始快速升温热解阶段,应用 0D 等温颗粒模型会明显高估颗粒整体的加热速率。如图 2.8 所示,颗粒表面的加热速率比中心位置高数十倍,意味着颗粒内部的升温过程非常不均匀。因此,对大燃料颗粒而言,0D 颗粒模型预测的热解速率明显偏高(图 2.9(b))。

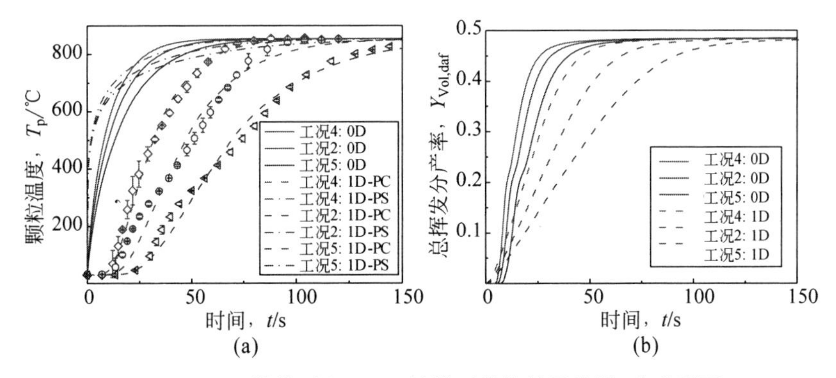

图 2.9　0D 颗粒模型和 1D 颗粒模型计算结果比较(前附彩图)

(a) 颗粒温度曲线; (b) 总挥发分产率

尽管 1D 颗粒模型更符合实际燃料热解过程,但由于其多了一个空间维度,求解耗时远大于 0D 颗粒模型。那么是否在部分情况下,两者的模拟结果相差不大,即 0D 颗粒模型依然适用呢? 图 2.10 比较了不同粒径燃料颗粒的模拟结果。可以看出，随着粒径减小，两类模型的差异不再显著。从毕渥数（Biot number，Bi）角度分析（$Bi=h_{\mathrm{eff}}d_{\mathrm{p}}/\lambda_{\mathrm{p}}$），颗粒越细、$Bi$ 越小，表明颗粒内部导热热阻相对于表面对流换热的热阻不再明显，整个颗粒可当作等温体处理。

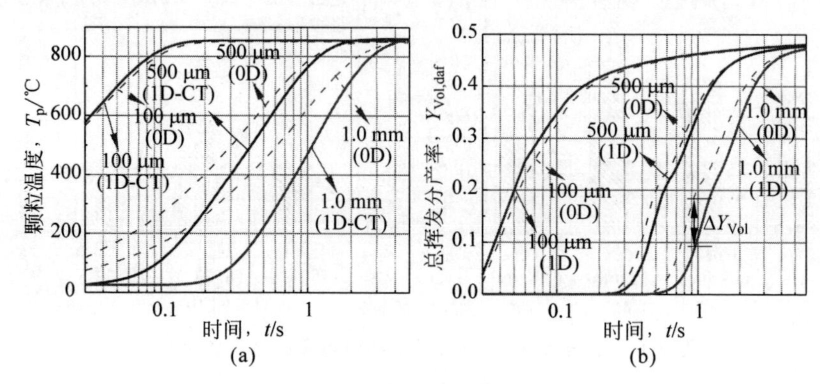

图 2.10 不同粒径下，两类颗粒模型预测结果比较（$T_{\mathrm{bed}}=850$℃）（前附彩图）

（a）颗粒温度曲线；（b）总挥发分产率

本书更关心的是燃料加热中的挥发分析出过程。为进一步定量描述两类模型间的差异，提出如下偏差数计算式表示两个计算结果间总挥发分产率的时间积分偏差：

$$\delta_{\mathrm{0D\text{-}1D}}=\frac{\displaystyle\int_{t=0}^{t_{\mathrm{dev}}}\left|Y_{\mathrm{Vol,daf,1D}}(t)-Y_{\mathrm{Vol,daf,0D}}(t)\right|\mathrm{d}t}{\displaystyle\int_{t=0}^{t_{\mathrm{dev}}}Y_{\mathrm{Vol,daf,1D}}(t)\mathrm{d}t}\approx\frac{\displaystyle\sum_{k=1}^{N_k}\left(\Delta t_{(k)}\left|Y_{\mathrm{Vol,daf,1D}(k)}-Y_{\mathrm{Vol,daf,0D}(k)}\right|\right)}{\displaystyle\sum_{k=1}^{N_k}\left(\Delta t_{(k)}Y_{\mathrm{Vol,daf,1D}(k)}\right)} \tag{2.29}$$

图 2.11 展示了不同床温下，计算偏差数 $\delta_{\mathrm{0D\text{-}1D}}$ 随粒径的变化关系。

该计算表明，当燃料颗粒尺寸小于某值时（传热模型转变粒径，简称转变粒径，$d_{\mathrm{tr,0D\text{-}1D}}$），计算偏差数小于 5%，0D 模型适用；但随粒径增大，两类模型的计算结果偏差快速增大，不可忽略。值得注意的是，该转变粒径还与床温有关。其他条件相同时，高温下 $\delta_{\mathrm{0D\text{-}1D}}$ 更大，且转变粒径 $d_{\mathrm{tr,0D\text{-}1D}}$ 向细颗粒方向移动，这同样可用 Bi 来解释。在含辐射传热条件下，颗粒表面的综合换热系数 h_{eff} 可表示为

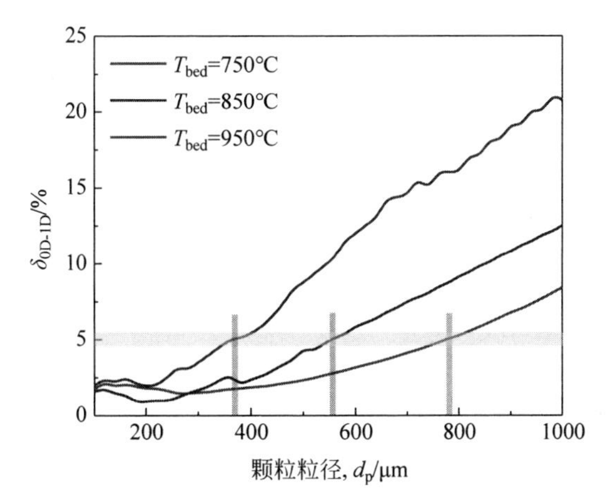

图 2.11　两类颗粒模型计算偏差数与粒径和温度的关系(前附彩图)

$$h_{eff}=h_{c,g}+h_{c,s}+\frac{\kappa_p\sigma(T_g^4-T_p^4)}{T_g-T_p} \tag{2.30}$$

T_g 越高,h_{eff} 越大,而颗粒内部的导热热阻(d_p/λ_p)随温度升高略有降低(λ_p 增大),即高温下 Bi 更大,意味着颗粒内部更趋向不均匀。从图 2.8(b)也可看出,随床温升高,相比于颗粒内部,颗粒表面的升温速率增幅更大。

结合图 2.11,在 CFB 燃烧温度范围内(750～950℃),转变粒径 $d_{tr,0D\text{-}1D}$ 与床温近似呈线性关系,通过比较 0D 与 1D 单颗粒模型的计算结果,拟合得到如下经验关系式:

$$d_{tr,0D\text{-}1D}(\mu m)=-2T_g(K)+2800 \tag{2.31}$$

对 CFB 锅炉而言,给煤粒径范围较宽(10^0～10^3 μm),上述转变粒径之下的给煤份额仍然可观。综合考虑计算精度和计算效率,在本书后续讨论及 CFB 燃烧整体模型中,采用 0D/1D 混合颗粒热解模型。即当原煤粒径大于 $d_{tr,0D\text{-}1D}$ 时,应用 1D 颗粒模型;而对于粒径小于或等于 $d_{tr,0D\text{-}1D}$ 的细煤颗粒,直接用 0D 等温颗粒模型求解。

2.2.3.2　挥发分析出和组成

图 2.12 展示了在鼓泡床条件下,各煤种热解后残留焦炭中的氢元素(H)含量与温度的关系。可以看出,热解温度越高,残留 H 含量越低,表明热解越充分,释放的挥发分物质越多。这与多数文献的表述一致[20,187]。

在本书实验条件下暂无法获得鼓泡床内燃料颗粒热解时的挥发分析出和残余焦炭的质量变化情况。因此,借鉴 Sadhukhan 等[176]的实验数据来

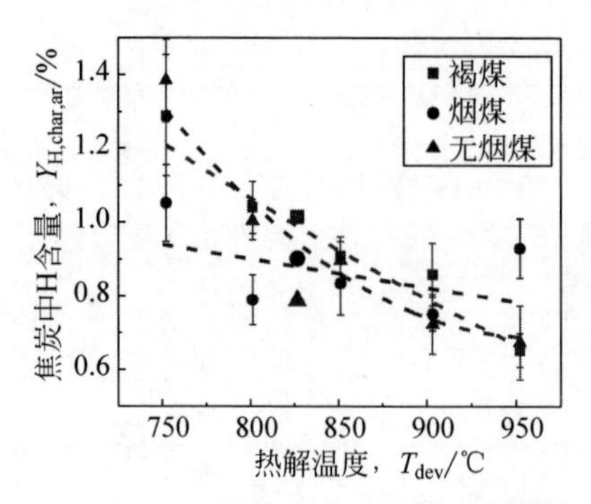

图 2.12 鼓泡床条件下，焦炭中残留 H 含量与热解温度关系（前附彩图）

验证单颗粒热解模型的准确性。Sadhukhan 等同样在鼓泡床条件下，测量了不同粒径次烟煤颗粒（0.92 mm、2.18 mm、3.0 mm、4.36 mm、6.0 mm）在不同温度下（700℃、850℃）热解时的质量变化，即总挥发分产率随时间的变化情况，具体实验细节可见相关文献。

图 2.13 比较了文献[176]中煤热解最终挥发分产率和热解时间的实验数据与本书模型的预测结果。图 2.14 则验证了煤颗粒热解过程中质量变化模拟的准确性。对大部分对比数据而言，本书提出的单颗粒热解模型能够较好地呈现实际鼓泡床内的燃料热解行为。然而，热解时间的预测值显著高于文献的实验结果，且两者偏差几乎保持一定值，与煤颗粒尺寸无关。一个可能的解释是本书和文献[176]关于热解时间的定义不同。Sadhukhan 等将挥发分火焰的熄灭时间视为热解终止时刻，但这之后挥发分仍会继续缓慢析出。另一种解释是不同燃料间物性参数的差异导致热扩散率不同，同样会对颗粒升温过程及挥发分析出产生较大影响（2.2.3.4 节）。

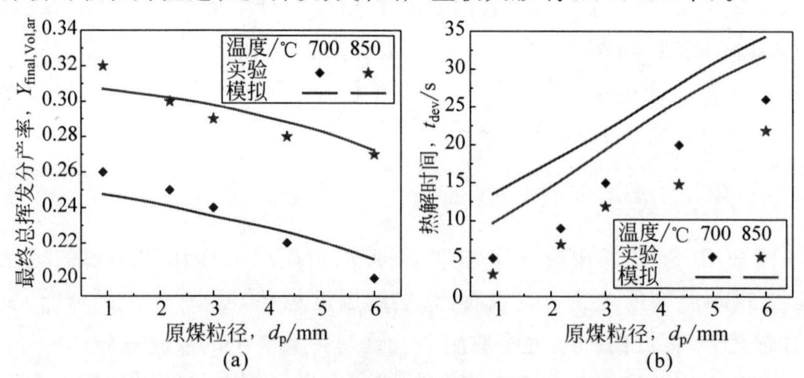

图 2.13 鼓泡床条件下，煤颗粒部分热解行为的模拟值和实验值比较（前附彩图）

(a) 最终挥发分产率（N_2 气氛）；(b) 热解时间（空气气氛）

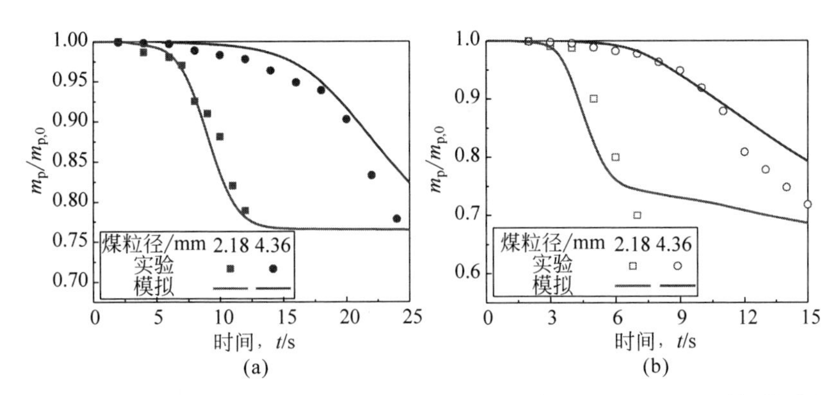

图 2.14　鼓泡床条件下，煤颗粒热解过程中质量变化的模拟值和实验值比较（前附彩图）

(a) 700℃；(b) 850℃

上述实验和模拟均表明，粒径越小的颗粒热解析出的挥发分总量越多。如 2.2.3.1 节所述，燃料颗粒的升温速率随粒径减小而增大，而 Yan 等[21]的实验证实，快速热解下的煤转化率略高于慢速温和热解，这可能是不同粒径燃料颗粒具有热解行为差异的主要原因。

图 2.15 和图 2.16 进一步展示了焦油（不考虑焦油二次热解）等几种主要挥发分气体最终产率随床温及燃料粒径变化的模型预测结果。计算显示，随着热解温度升高，所有挥发分气体的产率都增加，特别是对高挥发分褐煤热解时的 CO 析出而言[21-22,36,170]。但继续增加床温对脱挥发分影响逐渐减弱，高温区间内这些气体的产率几乎与温度无关甚至表现出反相关[21-22,172]。另外，不同煤种的挥发分组成区别较大。高挥发分褐煤热解释放的焦油很多，且其原煤中氧元素含量丰富（O_d=16.86%），CO 和 CO_2 的比例也较高；但高阶无烟煤在热解时几乎没有焦油产生，由于原煤氧含量很低（O_d=1.96%），其热解产物以碳氢化合物为主[36,171]。上述现象在文献中均有所体现。

当燃料颗粒粒径增加时，挥发分含量较高的褐煤和烟煤焦油产率有所降低，与文献结论一致[38,188]。与温度作用类似，粒径对焦油产率的影响只在小粒径范围内较为明显。Shen 等[38]在小型流化床反应器内对不同粒径的生物质颗粒热解时也发现，生物油产率仅在粒径为 0.3～1.5 mm 时随粒径的增加而降低，进一步增大粒径对生物油析出量几乎没有作用。

2.2.3.3　燃料氮分配

图 2.17 比较了实验获得的 $\theta_{N/C}$ 与原 CPD-NLG 模型的预测值（按

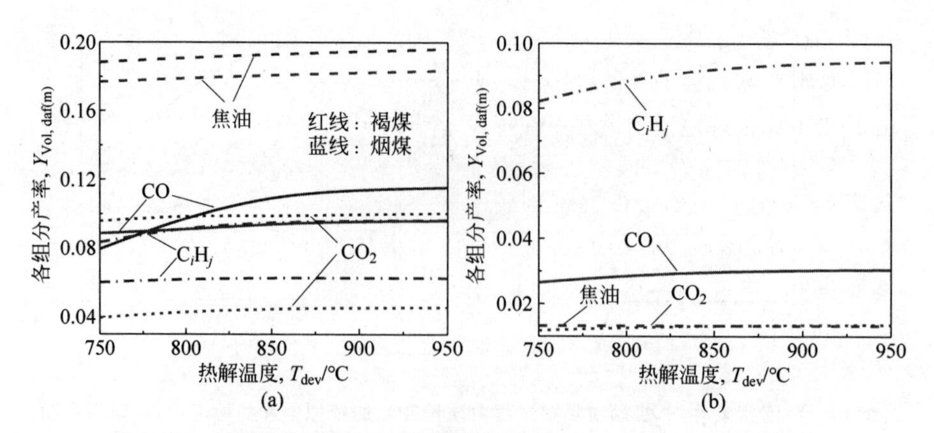

图 2.15　各挥发分组分产率与热解温度关系(d_p=1.0 mm)(前附彩图)

(a) 褐煤和烟煤；(b) 无烟煤

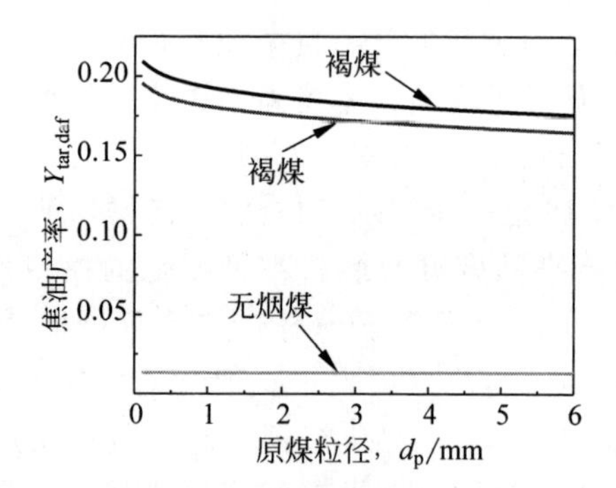

图 2.16　焦油产率与原煤粒径关系(T_{dev}=850℃)

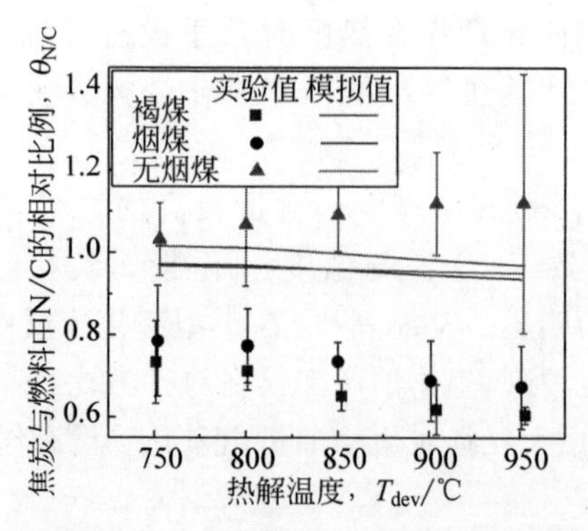

图 2.17　原 CPD-NLG 模型参数下，各煤种 $\theta_{N/C}$ 的模拟值和实验值比较(前附彩图)

(d_p：1.0～1.25 mm)

式(2.3)计算)。可见采用原模型统一动力学参数得到的挥发分氮析出份额与鼓泡床实验结果存在明显偏差,即原参数($A_N=18.4$,$E_N=25.1\ \mathrm{kJ\cdot mol^{-1}}$)不能很好地预测燃料氮在挥发分和焦炭间的分配。

NO_x 各前驱物生成量计算的准确与否,直接影响后续氮氧化物转化模拟及 CFB 燃烧最终 NO_x 排放预测结果的可靠性。本书认为热解过程中氮元素的迁移规律与煤种自身的理化性质相关,按照 2.2.1.2 节介绍的方法,根据鼓泡床实验结果拟合得到各煤种快速氮析出反应的动力学参数,即 A_N 和 E_N(表 2.6)。

表 2.6　各煤种快速氮析出反应的动力学参数

煤　　种	A_0	$E_a/\mathrm{kJ\cdot mol^{-1}}$	计算平均相对误差/%
褐煤	19.7	18.84	1.20
烟煤	17.0	18.84	1.49
无烟煤	0.1	41.86	2.51

修正参数后的模型预测结果如图 2.18 所示。可以看出,对本节实验的 3 种煤而言,$\theta_{N/C}$ 均不为 1,说明燃料氮在热解过程中并不是均匀分配在挥发分和焦炭中。氮元素的热解析出特性与煤种、温度和颗粒尺寸相关,特别是前两个因素。在本书实验中,$\theta_{N/C}$ 与煤阶呈正相关,即煤阶越低,氮元素越倾向于离开焦炭。

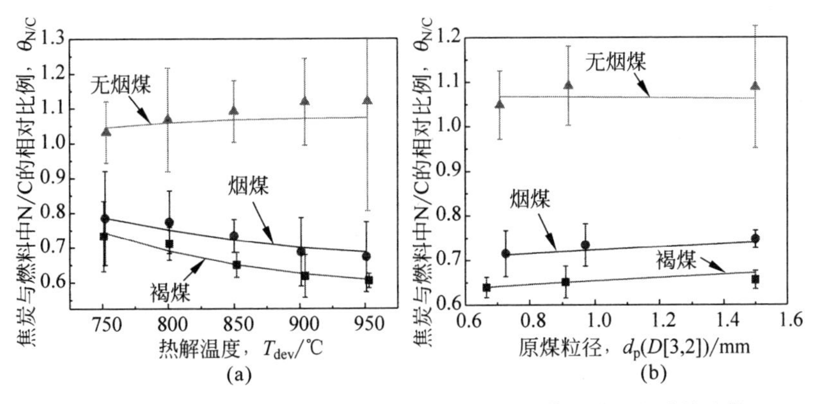

图 2.18　修正参数后,不同条件下各煤种 $\theta_{N/C}$ 模拟值和实验值比较

(a) 不同温度(d_p: 1.0~1.25 mm); (b) 不同粒径(T_{dev}=850℃)

随着热解温度升高,褐煤和烟煤的 $\theta_{N/C}$ 逐渐降低,挥发分氮的产率更高。粒径减小,颗粒升温加快,同样使热解程度加深,挥发分氮的析出量有所增加，但效果不如床温明显。然而，与这两种煤不同，煤化程度更高的无烟煤在各条件下的 $\theta_{N/C}$ 均大于 1，表明该煤热解时，氮元素倾向于在焦炭中富集。另外，随床温升高或煤粒径减小，无烟煤的 $\theta_{N/C}$ 反而略有增加，与另两种煤的趋势相反。这是因为，尽管总挥发分产率随温度升高有所增加，但氮析出反应的活化能更高，氮元素析出相对较慢，甚至不再产生挥发分氮，导致 $\theta_{N/C}$ 反向增加。由于无烟煤的挥发分含量很低（$V_{ar}=9.69\%$），当总给煤量不变时，温度等条件变化对其热解时各挥发分产物净析出量的影响不如褐煤或烟煤明显。

2.2.3.4　物性参数敏感性分析

燃料颗粒加热升温过程受其自身多个物理或化学性质影响，包括导热系数（λ_p）、比热容（c_p）、颗粒初始密度（ρ_p）和热解反应热（ΔH_{dev}）等。各参数的影响程度又有所区别。针对本书建立的鼓泡床单颗粒热解模型，以颗粒中心平均升温速率和氮元素分配系数 $\theta_{N/C}$ 为指标对各参数进行了敏感性分析（保持其余条件不变，各参数增减 25%），结果如图 2.19 所示。

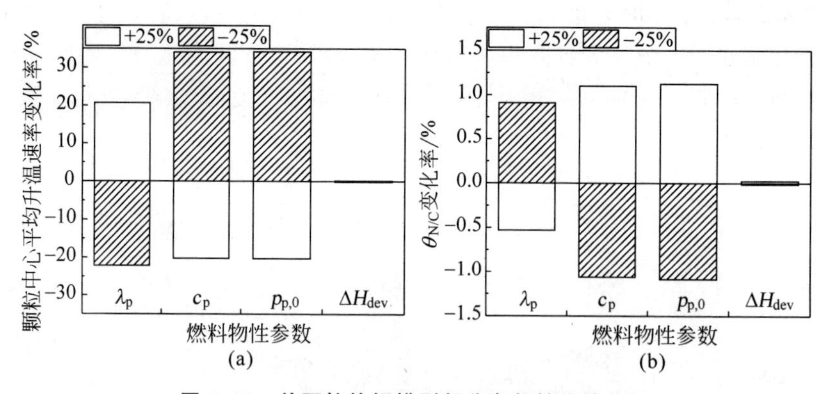

图 2.19　单颗粒热解模型部分参数敏感性分析

HP 烟煤，计算条件与表 2.3 中所列工况 2 一致

(a) 颗粒中心平均升温速率；(b) $\theta_{N/C}$

可以看出，颗粒升温过程及氮元素析出特性对热解反应热 ΔH_{dev} 相对不敏感。与燃料从外界获得的总输入热量相比（颗粒/气体对流＋辐射），因脱挥发分反应导致的颗粒热量损失非常小。故尽管该反应热的绝对值与燃料种类密切相关[186]，但其取值偏差不会对计算结果造成明显影响，在一些文献中甚至直接将反应热源项 $\mathrm{d}m_{Vol}/\mathrm{d}t \cdot \Delta H_{dev}$ 从能量方程中删去[189]。

然而，导热系数、比热容和密度，即热扩散率（$\alpha_p=\lambda_p/(\rho_p c_p)$）对颗粒加热过程有显著影响。因为不同燃料在孔隙结构、矿物杂质组成等方面的差异，热扩散率可能相差很大。当导热系数增加、比热容减小或颗粒密度降低时，α_p 增加，颗粒升温加快，会对燃料热解特性产生一定影响，如更多挥发分氮析出，这可能是不同种类燃料热解行为差异的原因之一。但从模型应用角度来说，很难对每台锅炉燃用的每种燃料进行物性测量，因此本书只选取了一套参数代入模型并进行验证（2.2.3.1 节），并未与煤种关联。另一方面，本书更关心的是燃料氮的热解析出行为，如图 2.19(b)所示，物性参数差异导致的 $\theta_{N/C}$ 变化幅度不超过 2%，在可接受范围之内。

2.3 均相反应

2.3.1 模型建立

本书采用计算程序 SENKIN 来模拟 CFB 锅炉内复杂燃烧条件下的均相反应行为。SENKIN 最初由美国桑迪亚国家实验室[190]的研究人员开发，用于模拟闭口系内气体均相反应过程，可得到各组分摩尔分数随时间的变化。借助 DASAC 求解器对非线性常微分方程组（包括刚性方程组）强大的求解能力，SENKIN 能够应对由成百上千种组分和基元反应组成的详细化学机理。

本书模型中的均相反应采用 Åbo Akademi 大学[51]建议的 ÅA 机理描述，硫的均相转化则参考 Glarborg 等[191]提出的动力学模型，共含有 86 种化学组分和 522 步基元反应。该机理包含了 H_2、CO、轻质碳氢化合物（C1～C4）和甲醇的燃烧，以及各含氮和含硫化学反应，如 NH_3、HCN 和 SO_2 的均相转化，基本涵盖了 CFB 燃烧条件下的主要均相反应路径，能够较好地预测分级燃烧、再燃及应用 SNCR 等工况下的 NO_x、SO_x 污染物排放情况。除上述基元反应外，2.2 节还介绍了焦油二次热解时会产生高碳类物质 C_{tar}（碳烟等），这里假设其为碳单质组分，与氧气反应生成 CO：

$$C_{tar} + 0.5O_2 \rightarrow CO \qquad R(2.1)$$

反应速率 R($kmol \cdot m^{-3} \cdot s^{-1}$)的计算与 Xu 等[131]的模拟中采用的焦油不完全燃烧动力学参数一致，有

$$R_{C_{tar}} = kC_{g,C_{tar}}C_{g,O_2}, \quad k = 3.8 \times 10^7 \exp(-6710/T) \qquad (2.32)$$

将该反应也并入上述 ÅA 机理中同步计算，故本书采用的均相机理共含 87 种化学组分和 523 步基元反应。借助 Ckinterpf 程序模块生成二进制

机理文件后可导入 SENKIN 计算。

由于外部热力学条件的不同,SENKIN 针对不同类型的化学动力学问题提供了多种解决方案,包括绝热系常压工况、绝热系常体积工况、绝热系体积随时间变化工况、常温常压工况、常温常体积工况、压力和温度随时间变化工况等。本书将 CFB 锅炉炉膛沿烟气流程细分为很多个平推流反应器(PFR)的串/并联(详见 4.2 节整体模型结构介绍),在每段 PFR 内认为温度、压力和气速保持不变,即采用常温常压计算模式。调用 SENKIN 程序时的输入参数有进口各组分摩尔分数 y_{in}、反应温度 T(K)、反应压力 p(Pa)和停留时间 t_τ(s)。计算输出为反应后各组分摩尔分数 y_{out}。

除纯气相反应外,已有很多学者发现在微尺度或中尺度燃烧中,OH、O、H 等活性自由基组分会在管壁表面重新组合或淬灭,从而显著影响火焰传播速度、熄灭极限等火焰特性。且随温度升高或管径减小,自由基淬灭作用愈发明显[192-194]。而流化床内存在大量固体床料,这些颗粒同样构成了自由基淬灭表面,大大降低了气氛中相关自由基的浓度,从而显著影响均相反应过程。Hayhurst 等[195-197]在鼓泡床实验中也发现,当低于某特征温度(900～1000℃)时,乳化相内的 CO、CH_4 等挥发分气体的燃烧速率很低甚至接近于 0(不燃烧);但在气泡相和密相床面之上的飞溅区等低颗粒浓度区,各可燃气体能够正常燃烧,这在一定程度上可归因于颗粒相内大量自由基被固体表面捕获,导致链式反应受阻。因此,CFB 燃烧条件下,颗粒表面自由基的重组/淬灭作用不可忽略,尤其是采用详细化学机理计算时。

本书考虑 O、OH、H 和 N 4 种自由基组分在颗粒表面的重组,有如下反应式:

$$O + O \xrightarrow{\text{Solid}} O_2 \tag{R(2.2)}$$

$$H + H \xrightarrow{\text{Solid}} H_2 \tag{R(2.3)}$$

$$N + N \xrightarrow{\text{Solid}} N_2 \tag{R(2.4)}$$

$$OH + OH \xrightarrow{\text{Solid}} H_2O + 0.5O_2 \tag{R(2.5)}$$

根据 Loeffler 等[198]的模型,上述反应同时受外扩散传质和自由基表面重组速率的限制,各自由基消耗速率可表示为

$$R_{(m)} = K_{g(m)} \gamma_{(m)} f_s \alpha_{S/V} C_{g(m)} \tag{2.33}$$

式中,f_s 表示床料表面的平均粗糙度,近似取为石英砂相关数值(2.4);K_g 为颗粒表面气体的传质速率,$m \cdot s^{-1}$,与第 4 章中相关的公式一致;γ 为固

体表面自由基表观重组系数；$\alpha_{S/V}$ 表示单位体积内气体-颗粒的碰撞截面面积，m^{-1}。将这 4 个反应式同样代入异相反应模块计算。

表观重组系数 γ 决定了某自由基组分扩散到颗粒表面后发生重组反应的概率，其与颗粒表面的性质和自由基自身的性质有关。Kim 等[199]给出了当温度为 300～1250 K 时，H、O 和 N 原子在玻璃珠表面的重组系数计算式，均用阿伦尼乌斯形式表示(假设 OH 自由基的 γ 与 O 自由基相等)：

$$\gamma_H = 1.9 \times 10^{-1} \exp(-4931/T) \tag{2.34}$$

$$\gamma_O = 2.0 \times 10^{-3} \exp(-2045/T) \tag{2.35}$$

$$\gamma_N = 1.9 \times 10^{-3} \exp(-1684/T) \tag{2.36}$$

CFB 锅炉颗粒相内(密相区乳化相和稀相区气泡射流核心外区域)的 $\alpha_{S/V}$ 可用下式计算：

$$\alpha_{S/V} = \frac{3}{2} \frac{M_s}{\rho_s \bar{d}_s} \frac{1}{V_{bed}(1-\sigma_{B/J})} \tag{2.37}$$

式中，V_{bed} 为某高度小室总体积，m^3；$\sigma_{B/J}$ 为气泡相或气体射流核心体积份额；$\bar{d}_s$ 表示该区域的平均床料粒度，m；M_s 为该区域的床料总质量，kg；ρ_s 为床料颗粒密度，$kg \cdot m^{-3}$。

气体相内(密相区气泡相和稀相区气泡射流核心)自由基的异相脱除路径主要有两条，一是通过相间传质进入颗粒相内反应，其受相间传质速率制约；二是扩散至气泡或射流核心边界面与颗粒接触反应。后者的 $\alpha_{S/V}$ 可表示为两相接触面积与气体相体积之比：

$$\alpha_{S/V} = \frac{S_{B/J}(1-\varepsilon_{s,s})}{V_{bed}\sigma_{B/J}} \tag{2.38}$$

式中，$S_{B/J}$ 表示当前区域气泡/射流核心边界面积，m^2。$\varepsilon_{s,s}$ 表示颗粒相内的空隙率，其在密相区乳化相内近似等于临界流化空隙率；在稀相区则用环核流动结构中的核心区空隙率代入计算。上述两相流动、传质行为及相关参数的计算将在第 4 章详细介绍。

2.3.2　敏感性分析

基于 PFR 模型，图 2.20 比较了相同条件下，在由前述 ÅA 详细化学机理和某文献中十步简化机理计算得到的 $NH_3 + HCN + NO + O_2$ 均相反应体系中，NO 和 N_2O 的排放浓度随温度及氧浓度变化的结果。可以看出，两种机理计算得到的 NO 和 N_2O 出口浓度差别很大，甚至呈现相反的变化趋势。进一步地，图 2.21 表明，CO、H_2、CH_4 等还原性气体的添加对氮氧化物的转化具有显著影响；而在多数均相简化机理中，这些气体不与含氮组分直接反应，作用很小。通常，详细机理比简化机理考虑了更多工况下的反应路径（自由基反应），其适用性和精度一般高于仅包含几步反应的简化机理。因此，对于炉内气氛复杂多变的 CFB 锅炉而言，采用详细化学机理计算对准确预测 NO_x 排放规律是十分必要的。

从图 1.9 可知，NH_3/HCN 还原 NO 或氧化生成 NO 的两条路径均需 OH 等含氧自由基启动，因此，氧气对含氮反应体系中 NO_x 排放浓度的影响具有两重性。上述计算也说明，在一定温度下，当氧含量从 0 开始逐渐增加时，NO 浓度先快速降低（促进 NO 还原为主），后逐渐升高（挥发分氮向 NO 转化逐渐突出），最低 NO 浓度点对应的氧含量为 1%～3%，与李楠[109]、王哲等[110]现场测试时观察到的 SNCR 系统最佳脱硝效率点对应的氧浓度一致。CO、H_2、CH_4 等其他还原性气体的引入改变了气氛中自由基的组成，从而对含氮反应和 NO_x 转化带来不同程度的影响（图 2.21）。此外，N_2O 各变化趋势与 NO 正好相反，表现出"此消彼长"的特点。

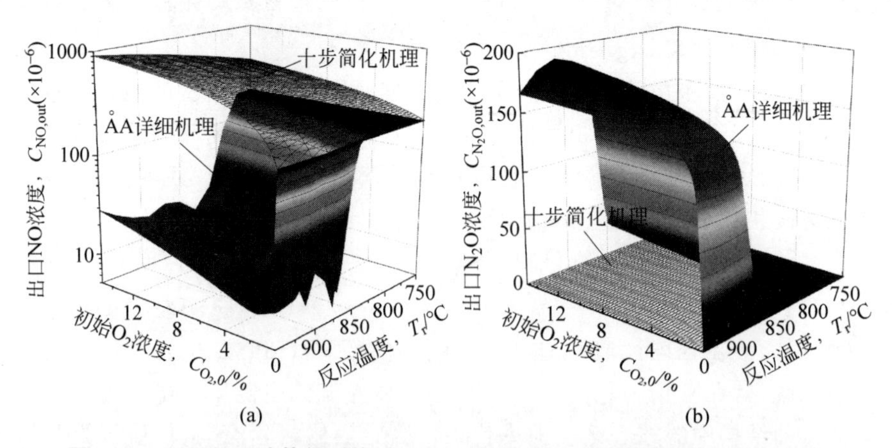

图 2.20 不同机理计算得到的 NO&N_2O 浓度随温度和氧量变化（前附彩图）

$t=0.5$ s，$C_{CO_2,0}=10\%$，$C_{H_2O,0}=5\%$，$C_{NH_3,0}=1000\times10^{-6}$，

$C_{HCN,0}=1000\times10^{-6}$，$C_{NO,0}=200\times10^{-6}$，平衡气为 N_2

(a) NO；(b) N_2O

2.3.1 节指出，流化床内大量固体床料的存在促进了自由基的淬灭和重组，而 O、OH、H 等自由基浓度的显著降低又必然对均相反应路径造成

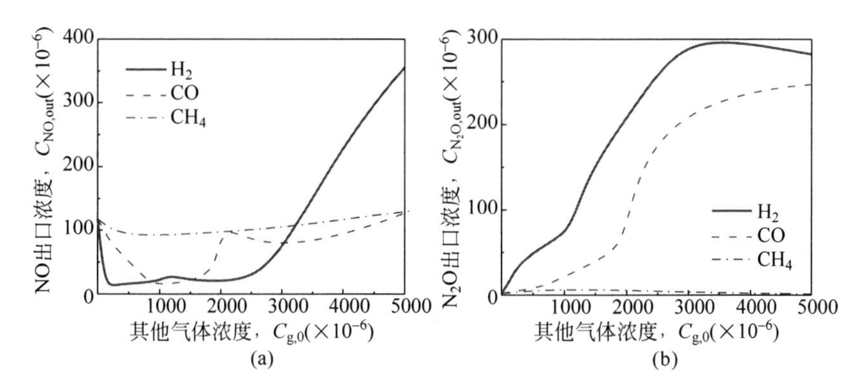

图 2.21　其他还原性气体对 NH_3+HCN+NO+O_2 均相反应体系的影响

$t=0.1$ s，$T_r=850$℃，$C_{CO_2,0}=10\%$，$C_{H_2O,0}=5\%$，$C_{O_2,0}=5\%$，$C_{NH_3,0}=1000\times10^{-6}$，

$C_{HCN,0}=1000\times10^{-6}$，$C_{NO,0}=200\times10^{-6}$，平衡气为 N_2

(a) NO；(b) N_2O

影响。图 2.22 和图 2.23 反映了颗粒表面自由基淬灭反应对流化床内氮氧化物生成和 CO 燃烧的影响(只考虑鼓泡床乳化相，忽略相间传质，$\gamma\times0.5$ 表示将各自由基表观重组系数减半，即降低自由基淬灭反应速率)。

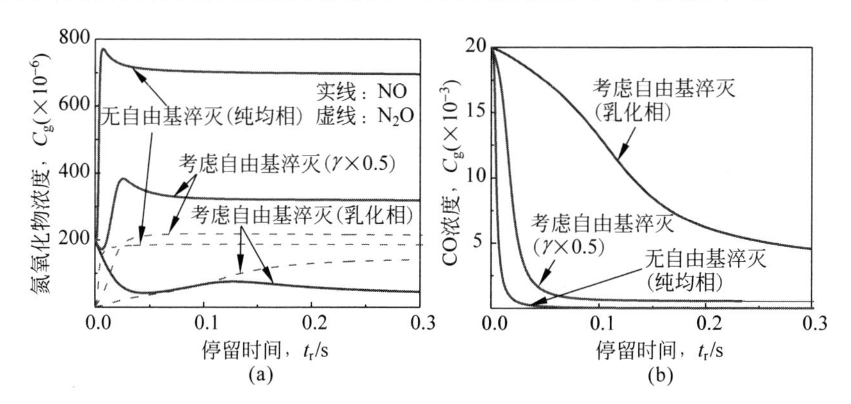

图 2.22　自由基淬灭反应对流化床内氮氧化物和 CO 转化的影响

$d_p=300$ μm，$T_r=850$℃，$C_{CO_2,0}=10\%$，$C_{H_2O,0}=5\%$，$C_{O_2,0}=5\%$，$C_{CO,0}=2\%$，

$C_{NH_3,0}=1000\times10^{-6}$，$C_{HCN,0}=1000\times10^{-6}$，$C_{NO,0}=200\times10^{-6}$

(a) NO&N_2O 浓度；(b) CO 浓度

计算结果表明，若不考虑自由基淬灭反应，则会使床内 O 等自由基浓度异常偏高(图 2.24)，导致氮氧化物生成量显著增加，而 CO 在很短时间内即燃烧殆尽。实际上，有研究者证实，流化床燃烧条件下的 CO 氧化速率

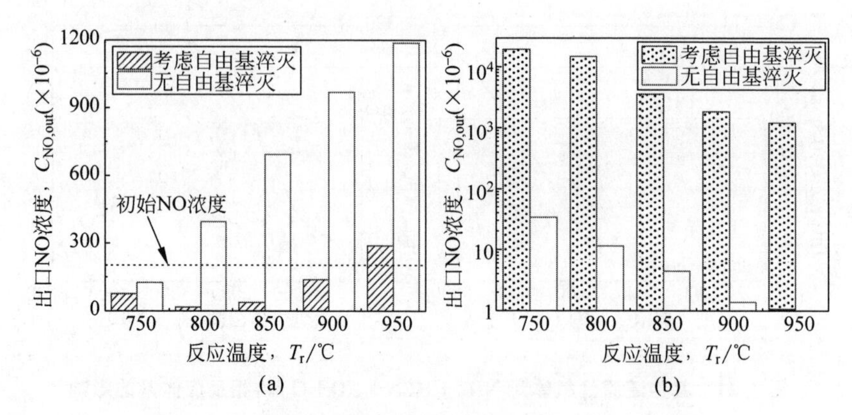

图 2.23　不同温度下，流化床内自由基淬灭反应的影响

$t_r=0.5$ s，其他条件同图 2.22

(a) NO 浓度；(b) CO 浓度

远低于纯气相，而 NO 排放浓度相对较低[198]；现场测试也发现不少 CFB 锅炉 CO 排放浓度较高，摩尔浓度甚至可达 $10^{-4}\sim10^{-3}$ 量级。这或许就与固体床料表面的自由基淬灭作用有关。因此，若采用详细化学机理对 CFB 燃烧建模，特别是在预测氮氧化物生成和排放时，就必须考虑颗粒表面的自由基淬灭效应。

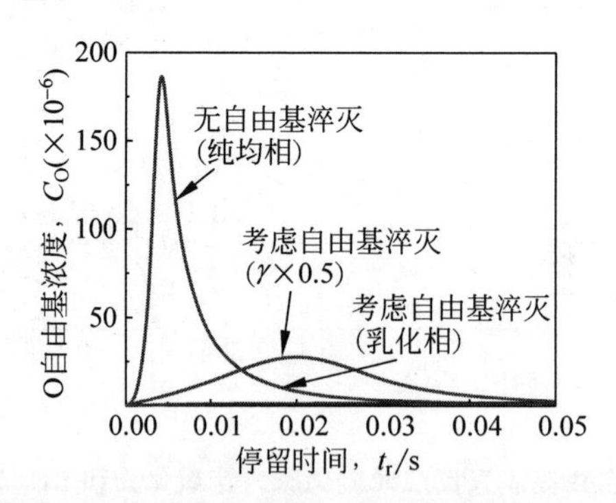

图 2.24　自由基淬灭反应对流化床内 O 自由基浓度的影响(条件同图 2.22)

图 2.25 展示了床料粒径对乳化相内均相氮转化和 CO 燃烧的影响。从计算结果上看，颗粒越细，CO 燃烧越慢；而 NO 排放随床料粒径减小先降低后升高，且转变点随温度升高向细颗粒方向偏移。床料粒径的降低，除会使乳化相的空隙率略有增加外，还会使床内固体颗粒总表面积显著增加，即单位体积内气体-颗粒碰撞截面面积 $\alpha_{S/V}$ 增大(式(2.37))，从而大大提

高了 O、OH 等自由基发生淬灭和重组的概率，降低床内自由基浓度，继而影响均相反应的进行。

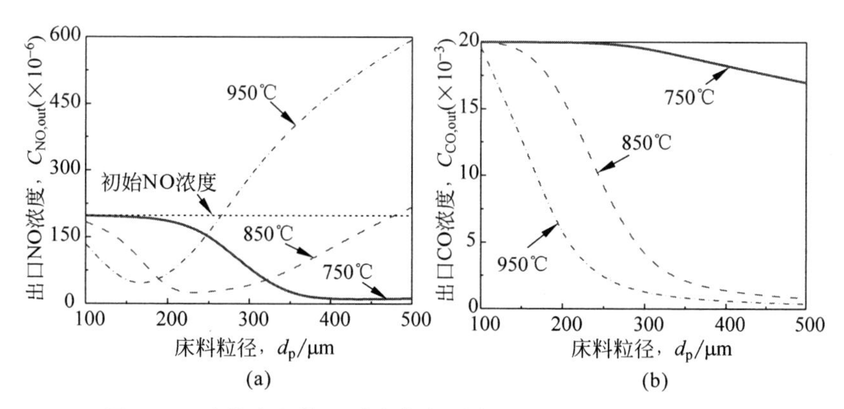

图 2.25　流化床条件下，床料粒径对含氮反应和 CO 燃烧的影响

t_r=0.5 s，其他条件同图 2.22

(a) NO 浓度；(b) CO 浓度

第3章 异相氮氧化物转化分析与建模

3.1 本章引论

循环流化床锅炉内存有大量固体床料颗粒，包括焦炭、脱硫石灰石和燃料燃尽后的灰分。焦炭能够直接还原烟气中的 NO_x，其反应性显著影响了 CFB 锅炉最终的 NO_x 排放水平，而不同种类的焦炭对 NO_x 的还原性有所区别。CaO 表面的各催化反应则建立了 CFB 炉内石灰石脱硫与 NO_x 排放两者间的关系。此外，灰分也对 CO 等气体还原 NO_x 具有一定的催化作用。

本章重点围绕焦炭、石灰石和灰分表面异相反应及氮氧化物转化规律展开描述。通过固定床实验，研究不同煤种制得的焦炭颗粒在不同条件下的燃烧反应性、气化反应性和对 NO 的还原性，分析焦炭氮的转化规律，并获得相关化学动力学参数。通过总结现有文献并补充部分固定床实验，确定石灰石和灰分表面的含氮催化反应体系。在此基础上，分别建立了单颗粒焦炭反应模型，以及单颗粒石灰石和灰分表面反应模型，作为异相反应源项嵌入本章循环流化床燃烧整体模型。

3.2 焦炭反应及焦炭氮转化

3.2.1 模型建立

3.2.1.1 化学方程和基本假设

如图 3.1 所示，考虑单颗粒焦炭在大空间内的燃烧行为。假设主流中各气体组分浓度均匀且在平衡状态下保持稳定。O_2、H_2O 等反应气体需先穿过焦炭周围一定厚度的传质边界层到达焦炭表面，然后经颗粒内部孔隙扩散到达各活性位点发生反应；同时，CO、CO_2 等产物气体逆向经孔隙扩散和边界层输运进入主流区域。本节涉及焦炭颗粒孔隙扩散的模型描述，气体外扩散作用的大小取决于焦炭所处环境，其计算方法将在 4.3 节结合 CFB 锅炉内不同区域的气固流动和传质特性予以介绍。

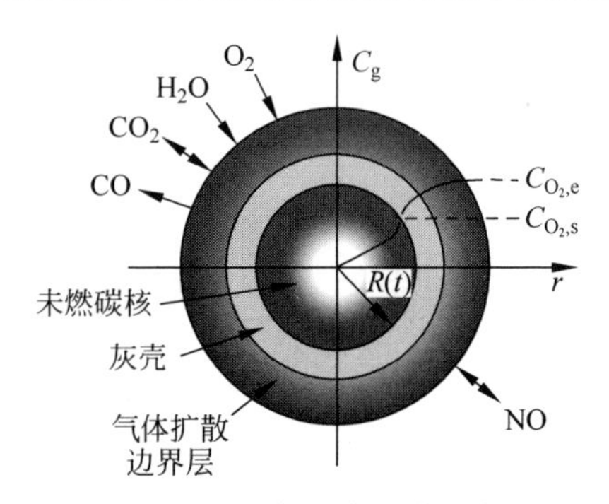

图 3.1　单颗粒焦炭燃烧示意图

本书的焦炭反应子模型包含如下 7 个总包反应（其中，式 R(3.6)涵盖 CO 对焦炭还原 NO 反应的影响，具体反应模式见 3.2.4.1 节）：

$$C + 0.5O_2 \longrightarrow CO \quad R(3.1)$$

$$C + O_2 \longrightarrow CO_2 \quad R(3.2)$$

$$C + CO_2 \longrightarrow 2CO \quad R(3.3)$$

$$C + H_2O \longrightarrow CO + H_2 \quad R(3.4)$$

$$N_{char} + 0.5O_2 \longrightarrow NO \quad R(3.5)$$

$$C + NO(+ CO) \longrightarrow N_2 + CO/CO_2 \quad R(3.6)$$

$$S_{char} + O_2 \longrightarrow SO_2 \quad R(3.7)$$

除上述表述外，该焦炭子模型还需满足以下假设：

(1) 焦炭颗粒为标准球形，各向同性；

(2) 系统处于准稳态；

(3) 颗粒温度始终均匀且等于环境温度，即忽略颗粒内外传热热阻，避免求解能量方程；

(4) 焦炭燃烧过程中颗粒外直径保持不变，而碳核逐渐缩小且灰壳中不含可燃物质，类似于缩核模型假设，但气体可深入碳核内部反应；

(5) 考虑碳核内部孔隙扩散、灰壳扩散和外边界层扩散 3 种气体传质阻力；

(6) 不考虑颗粒外的气体浓度空间分布；

(7) 在燃烧过程中，C、N、S 3 种元素的转化没有选择性，即同步燃烧，残留碳核中各元素的比例保持不变。

与2.2节介绍的燃料热解子模型类似，焦炭反应过程也可用0D或1D颗粒模型描述，同样也需平衡计算精度和求解效率。1D焦炭模型无疑更符合实际的物理和化学过程。以NO为例，其在颗粒内表面生成后，仍需经过一段距离(孔隙扩散)才能进入主流，在此过程中可能与碳或CO接触从而进一步转化为N_2。因此，最终离开焦炭表面的NO净生成量并不等于初始氧化生成量。欲描述NO在颗粒内部的沿程转化过程，并探究焦炭粒径对焦炭氮转化的影响，至少要建立在空间一维层面上。

然而，本书整体模型在调用SENKIN程序计算每段PFR内的组分浓度变化时，所有异相反应源项均需写入气体组分守恒方程，与均相反应同步求解(见4.2.3节)。假设将CFB锅炉划分为n个空间小室，每个小室内的焦炭再按粒径分为l个粒径档，而每个粒径档颗粒对应全反应周期又有m个年龄档，即炉内焦炭共存在$N=n\times l\times m$个状态。若所有焦炭颗粒的当前反应状态均用1D模型描述，就意味着SENKIN在每步迭代中仅针对焦炭反应就需求解N个偏微分方程组，该计算量对工程模拟而言是不可接受的。因此，必须对模型做适当简化。

进一步分析后认为，与焦炭燃烧和气化相关的反应(R(3.1)～R(3.4))是影响炉内气体浓度分布的主要因素。故可在气体平衡计算模块之外，先用1D颗粒模型计算得到每档焦炭颗粒焦炭氮向NO的净转化率$\alpha_{C,NO}$。而在SENKIN求解的过程中，采用0D颗粒模型描述焦炭燃烧过程，$\alpha_{C,NO}$保持不变，同时假设环境中的NO仅在焦炭外表面被还原，不进入颗粒内部。待气体平衡计算完成后，根据新得到的小室气氛更新每档焦炭颗粒的$\alpha_{C,NO}$，与新焦炭物料平衡结果一起代入下轮计算。第4章会对CFB燃烧整体模型的计算流程做更加详细的介绍。

该计算优化避免了因迭代求解导致的计算量急剧增加。实际上，很多CFB燃烧模拟都采用0D颗粒模型来描述焦炭燃烧过程，计算得到的炉内温度场和主要气体浓度场也与实测结果吻合良好[133,148,200]。另外，在后续介绍的固定床实验中，均利用0D焦炭颗粒模型拟合得到各反应动力学参数，从而保证焦炭燃烧、碳转化和对NO还原过程模拟的一致性和准确性。

3.2.1.2 0D单颗粒焦炭燃烧模型

若认为C与O_2(燃烧)、CO_2(气化)和H_2O(气化)反应相互独立，则有如下并列的反应速率方程：

$$R_{C\text{-}O_2}=k_{C\text{-}O_2}S_C/Y_{C,char}MW_C C_{g,\infty,O_2} \tag{3.1}$$

$$R_{\text{C-CO}_2} = k_{\text{C-CO}_2} S_{\text{C}} / Y_{\text{C,char}} \text{MW}_{\text{C}} C_{\text{g},\infty,\text{CO}_2} \tag{3.2}$$

$$R_{\text{C-H}_2\text{O}} = k_{\text{C-H}_2\text{O}} S_{\text{C}} / Y_{\text{C,char}} \text{MW}_{\text{C}} C_{\text{g},\infty,\text{H}_2\text{O}} \tag{3.3}$$

式中,$R_{\text{C-}(m)}$ 为单位质量碳与各气体反应时的碳消耗率,$\text{kg} \cdot \text{kg}^{-1} \cdot \text{s}^{-1}$(下标 m 指代各气体组分($O_2/CO_2/H_2O$),下标 C 表示焦炭颗粒);$k_{\text{C}}$ 为碳燃烧或气化的总表观反应速率系数,$\text{m} \cdot \text{s}^{-1}$;$S$ 为焦炭颗粒的比表面积,$\text{m}^2 \cdot \text{kg}^{-1}$,因为模型对应的是纯碳质量,故这里要除以焦炭中碳元素的质量分数 $Y_{\text{C,char}}$;MW 为摩尔质量,$\text{kg} \cdot \text{kmol}^{-1}$;$C_{\text{g},\infty}$ 为主流中相应气体的浓度,$\text{kmol} \cdot \text{m}^{-3}$。

如前所述,焦炭总反应速率还受到气体在外边界层和灰壳内扩散阻力的制约,特别是对 CFB 锅炉密相区等物料浓度较大的区域,以及大粒径颗粒而言,其燃烧受气体外扩散影响更大。因此,焦炭总表观反应速率控制方程为

$$\frac{1}{k_{\text{C-}(m)}} = \frac{1}{k_{\text{inC-}(m)}} + \frac{1}{K_{\text{g}(m)}} + \frac{1}{K_{\text{g,A}(m)}} \tag{3.4}$$

式中,k_{inC} 为碳核表观反应速率系数,$\text{m} \cdot \text{s}^{-1}$;$K_{\text{g}}$ 为颗粒表面气体传质系数,$\text{m} \cdot \text{s}^{-1}$,可与 Sh 关联(见 4.3 节);$K_{\text{g,A}}$ 为气体在灰壳中的传质系数,$\text{m} \cdot \text{s}^{-1}$,借鉴如下形式[201]:

$$K_{\text{g,A}(m)} = \frac{D_{\text{g,A}(m)}}{\delta_{\text{A}}(1 - 2\delta_{\text{A}}/d_{\text{C},0})} \tag{3.5}$$

式中,δ_{A} 为灰壳厚度(下标 A 表示灰壳),m;$d_{\text{C},0}$ 为焦炭初始粒径,m;$D_{\text{g,A}}$ 为灰层内气体的有效扩散系数,$\text{m}^2 \cdot \text{s}^{-1}$,本书采用下列公式计算[202]:

$$D_{\text{g,A}(m)} = \frac{\theta_{\text{A}}}{\tau_{\text{A}}} \left(\frac{1}{D_{\text{g}(m)}} + \frac{1}{D_{\text{k,A}(m)}} \right)^{-1} \tag{3.6}$$

式中,θ 和 τ 分别表示颗粒的孔隙率和弯曲因子,后者近似取为孔隙率的倒数;D_{g} 为相应气体的分子扩散系数,$\text{m}^2 \cdot \text{s}^{-1}$;$D_{\text{k,A}}$ 表示气体在灰层中的克努森扩散系数(Knudsen diffusion coefficient),$\text{m}^2 \cdot \text{s}^{-1}$,有

$$D_{\text{k,A}} = \frac{2}{3} \cdot \frac{2\theta_{\text{A}}}{S_{\text{A}}\rho_{\text{A}}} \sqrt{\frac{8RT_{\text{C}}}{\pi \text{MW}_{\text{g}(m)}}} \tag{3.7}$$

式中,ρ_{A} 表示灰颗粒密度,$\text{kg} \cdot \text{m}^{-3}$;$T_{\text{C}}$ 为颗粒温度,K。

根据分形孔隙焦炭燃烧模型[203],碳核的表观反应速率为

$$k_{\text{inC-}(m)} = 3k_{\text{intr}(m)} \left(\frac{\coth\zeta_{(m)}}{\zeta_{(m)}} - \frac{1}{\zeta_{(m)}^2} \right) \tag{3.8}$$

$$\zeta_{(m)}=\frac{1}{2}\left[\frac{d_{IC}^{2}\rho_{C}S_{C}k_{intr(m)}}{D_{e(m)}}\right]^{1/2} \tag{3.9}$$

式中，k_{intr} 为碳核的本征反应系数，$m \cdot s^{-1}$；d_{IC} 为碳核直径，m；D_e 为气体在颗粒内部的有效扩散系数，$m^2 \cdot s^{-1}$，有

$$D_{e(m)}=\tau_{C}\left(\frac{T_{C}}{MW_{(m)}}\right)^{1/2}\frac{2\theta_{C}^{5/3}}{S_{C}\rho_{C}}\exp(-D_{f}) \tag{3.10}$$

式中，D_f 为表征焦炭孔隙结构的分形维数，取为 1.3[203]。

焦炭的本征反应系数可用阿伦尼乌斯公式表达：

$$k_{intr(m)}=A_{C\text{-}(m)}\exp\left(-\frac{E_{C\text{-}(m)}}{RT_{C}}\right) \tag{3.11}$$

式中，指前因子 $A_{C\text{-}(m)}$ 和活化能 $E_{C\text{-}(m)}$ 与焦炭种类有关，除 $C+H_2O$ 的气化反应动力学参数需根据文献[204]确定外，$C+O_2$ 和 $C+CO_2$ 的反应参数均通过本书的固定床实验获得。

基于前述模型假设，在焦炭燃烧过程中，可反应碳核尺寸(d_{IC})不断减小，灰壳增厚，有

$$d_{IC}=d_{C,0}(1.0-X_{C})^{1/3} \tag{3.12}$$

式中，X_C 为碳转化率，通过时间推进求得，即 k 时刻的碳转化率为

$$X_{C(k)}=X_{C(k-1)}-\Delta t\cdot(d_{IC(k-1)/d_{C},0})^{3}\sum_{m=O_{2},CO_{2},H_{2}O}R_{C\text{-}(m,k)} \tag{3.13}$$

式中，$\sum R_C$ 为式(3.1) ~ 式(3.3) 叠加后的总碳消耗速率。

碳与氧气燃烧后产物中的 CO 与 CO_2 之比(CO/CO_2)，即竞争反应 R(3.1)与 R(3.2)的相对大小，与氧浓度和温度有关，本书采用如下关联式计算：

$$\eta_{C\text{-}O_{2}}=k_{\eta}\exp(-n_{O_{2}}C_{g,O_{2}})+k_{\eta,0} \tag{3.14}$$

式中，k_η 和 $k_{\eta,0}$ 均利用阿伦尼乌斯公式与温度关联，n 为氧浓度系数，这些动力学参数与煤种有关，同样根据本书固定床实验结果确定。

焦炭燃烧或气化反应中 O_2、CO_2、CO 和 H_2O 的生成(+)或消耗(−)速率分别为($kmol \cdot kg^{-1} \cdot s^{-1}$)：

$$R_{CO}=\frac{R_{C\text{-}O_{2}}}{MW_{C}}\frac{\eta_{C\text{-}O_{2}}}{\eta_{C\text{-}O_{2}}+1}+2\frac{R_{C\text{-}CO_{2}}}{MW_{C}}+\frac{R_{C\text{-}H_{2}O}}{MW_{C}} \tag{3.15}$$

$$R_{CO_{2}}=\frac{R_{C\text{-}O_{2}}}{MW_{C}}\frac{1}{\eta_{C\text{-}O_{2}}+1}-\frac{R_{C\text{-}CO_{2}}}{MW_{C}} \tag{3.16}$$

$$R_{H_2O}=-\frac{R_{C\text{-}H_2O}}{MW_C} \tag{3.17}$$

$$R_{O_2}=-0.5(R_{CO}+R_{H_2O})-R_{CO_2} \tag{3.18}$$

$$R_{SO_2}=-\alpha_{S/C}\sum R_C \tag{3.19}$$

式中，$\alpha_{S/C}$ 表示焦炭中硫元素与碳元素的摩尔比(假设硫、碳同步转化)。

焦炭表面对外部 NO 气体的还原速率为($kmol\cdot kg^{-1}\cdot s^{-1}$)：

$$R_{NO}=-k_{C\text{-}NO}\cdot 6/(Y_{C,char}\rho_C d_{IC}) \tag{3.20}$$

式中，$k_{C\text{-}NO}$ 为 NO 在焦炭表面的还原反应速率，$kmol\cdot m^{-2}\cdot s^{-1}$，其与 CO 和 NO 浓度有关。

3.2.1.3　1D 单颗粒焦炭反应模型

为描述焦炭内 NO 的生成和还原过程，获得焦炭氮向 NO 转化的净转化率，需借助 1D 单颗粒模型求解焦炭内部各气体组分的浓度场。根据准稳态假设，在焦炭反应过程中，颗粒内部始终满足如下组分守恒方程：

$$D_{e(m)}\left(\frac{d^2C_{g(m)}}{dr^2}+\frac{2}{r}\frac{dC_{g(m)}}{dr}\right)+R_{(m)}=0 \tag{3.21}$$

边界条件为

$$\begin{cases}\left.\dfrac{dC_{g(m)}}{dr}\right|_{r=0}=0\\[2ex] \left.D_{e(m)}\dfrac{dC_{g(m)}}{dr}\right|_{r=r_C}=(K_{g(m)}^{-1}+K_{g,A(m)}^{-1})^{-1}(C_{g,\infty(m)}-C_{g,0(m)})\end{cases} \tag{3.22}$$

式中，$C_{g,0}$ 为焦炭表面(最外层网格点)的气体浓度，$kmol\cdot m^{-3}$；$R_{(m)}$ 为气体 m 的总化学反应生成速率，$kmol\cdot m^{-3}\cdot s^{-1}$。共考虑 O_2、CO、CO_2 和 NO 4 种气体的组分守恒，N_2(CFB 燃烧模型)或 Ar(固定床反应器模型)作为平衡气。其中，NO 的生成量或还原量通常较小，不会对前 3 种主要气体的平衡计算产生明显影响，故在 O_2、CO 和 CO_2 组分守恒方程中不考虑含氮化学反应源项，以提高计算的收敛性。另外，本书假设焦炭氮转化和焦炭对周围环境中的 NO 还原两个过程相互独立，故 1D 模型中的 $C_{g,\infty,NO}$ 取为 0。

应用 IMSL 数学库中的 BVPFD 函数求解式(3.21)组成的边值问题非线性常微分方程组。该求解器在进行有限差分时采用自适应非均匀网格，以使局部误差在任何地方都近似相同。具体原理可参考 IMSL 相关帮助文档。

焦炭颗粒表面 NO 等气体的净生成量可由边界节点上的气体浓度梯度表示，继而得到焦炭氮向 NO 转化的净转化率：

$$X_{\text{C-NO}}=\frac{D_{\text{e,NO}}\left.\dfrac{\mathrm{d}C_{\text{g,NO}}}{\mathrm{d}r}\right|_{r=r_{\text{C}}}}{\alpha_{\text{N/C}}\left(D_{\text{e,CO}}\left.\dfrac{\mathrm{d}C_{\text{g,CO}}}{\mathrm{d}r}\right|_{r=r_{\text{C}}}+D_{\text{e,CO}_2}\left.\dfrac{\mathrm{d}C_{\text{g,CO}_2}}{\mathrm{d}r}\right|_{r=r_{\text{C}}}\right)} \tag{3.23}$$

式中，$\alpha_{\text{N/C}}$ 表示焦炭中氮元素与碳元素的摩尔比（假设氮、碳同步氧化）。

3.2.2　焦炭反应固定床实验

3.2.2.1　实验系统

本书搭建的固定床气固反应实验系统如图 3.2 所示，包括配气系统、反应系统和测量系统 3 个部分。下面分别对各个系统的组成和关键仪器做简单介绍。

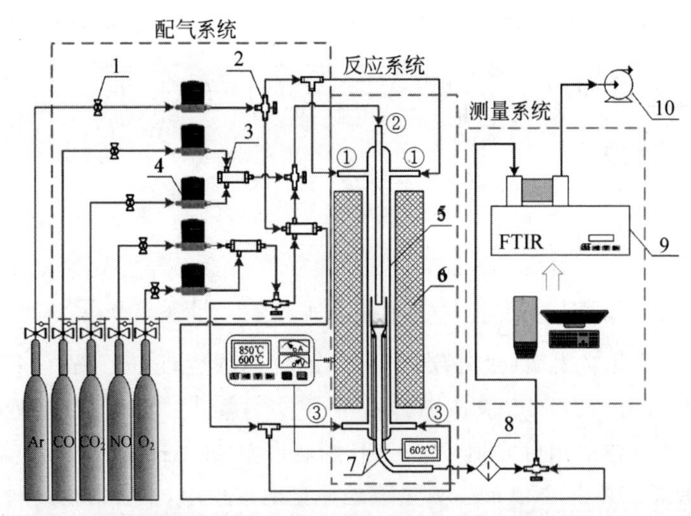

1—两通球阀；2—三通球阀；3—混气室；4—质量流量计；5—石英玻璃反应器；6—管式炉；7—热电偶；8—过滤器；9—傅里叶变换红外光谱分析仪（Fourier transform infrared spectroscopy，FTIR）；10—排气装置

图 3.2　固定床气固反应实验系统

配气系统中使用质量流量计（型号：D07-19B）对各气体流量进行计量和控制。测量原理基于毛细管传热温差量热法，当气体组分变化时，比热容、密度等物性参数也会随之改变，导致质量流量计内部测量信号产生相应

变化。因此，对不同组成、不同浓度的来流气体，均应进行流量标定。本书实验前，利用 W-NK 型高精度湿式流量计对各质量流量计进行了标定，部分标定曲线如图 3.3 所示。

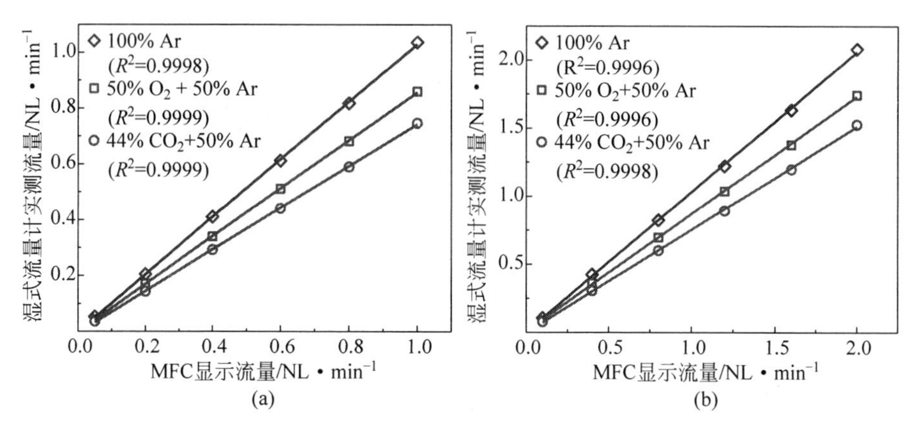

图 3.3　质量流量计标定曲线

(a) 量程为 1 NL·min^{-1} Ar；(b) 量程为 2 NL·min^{-1} Ar

反应系统的核心组件为一根石英玻璃反应器，总长约为 1200 mm，置于管式高温电阻炉内，电阻炉型号与 2.2 节鼓泡床实验相同。反应器分为内管和外管，内管内径为 16 mm；外管内径为 30 mm。内管上部恒温区位置嵌有石英玻璃烧结板，上垫耐高温石英棉并压实，以托放床料，避免焦炭等细颗粒在烧结板上烧结或堵塞孔隙；在床料之上再铺设一层石英棉夹住，防止内外套管安装时部分颗粒因气流及静电飞出(图 3.4(a))。气体通过烧结板后，通流面积随即减小，以缩短加热段内产物气的停留时间。内管下部外层为中空腔室，方便插入热电偶测温。反应管内共插入两根热电偶，一根外接数据采集卡记录实时温度；另一根直连电阻炉温控仪表，使恒温控制更加稳定。

反应器共设有 3 组气体入口，惰性载气 Ar、还原剂 CO(CO_2)、氧化剂 NO(O_2)分别从①、②、③号口进入。三路进气的混气点位于物料上方 4～5 cm 处，以尽可能降低气体均相反应的影响(如 CO 均相氧化)，烧结板后缩口段的设计原因也是如此。①、③号进气口正面对冲布置，保证反应器内没有流动死区；②号进气管的出口设计为四面小孔径向喷吹(图 3.4(b))，使该路气体流向与外部气流垂直，以促进各路气体混合均匀。

反应气和产物气浓度通过 FTIR 测量，待测气体组分有 CO、CO_2、NO、

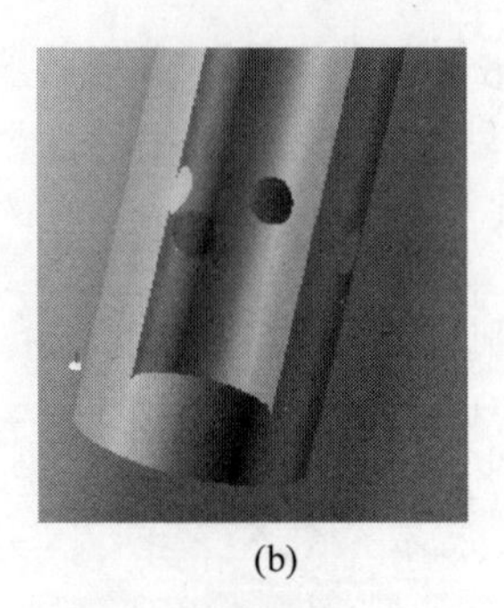

(a)　　(b)

图 3.4　固定床反应器的局部结构放大图

(a) 反应床层局部实体结构；(b) ②号进气口设计

NO_2、N_2O 和 SO_2。FTIR 基于分子振动偶极矩变化对红外光谱选择性吸收的原理，利用迈克尔逊干涉仪将两束具有一定光程差的红外光相互干涉，当干涉光穿过气体介质时，入射光强度随气体浓度和透射光路长度按指数衰减，即遵循 Lambert-Beer 定律。因为不同气体和同一气体对不同波长的红外光吸收系数不同，通过建立气体浓度和特征波数下红外吸收率的关系，即可对相应气体浓度进行测量。图 3.5 展示了 1000～3000 cm^{-1} 波数范围内部分气体的红外光谱图。

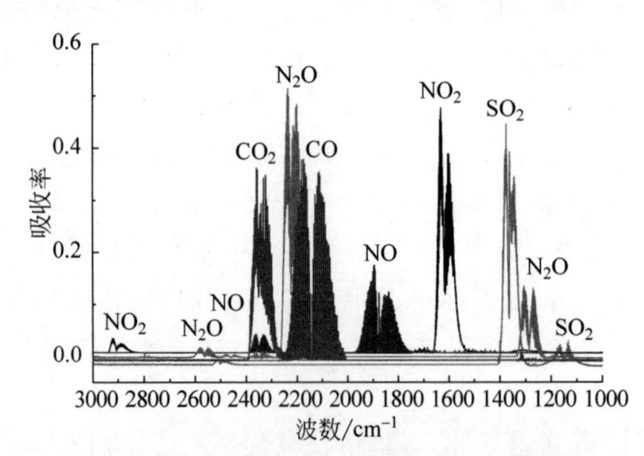

图 3.5　部分气体的红外吸收光谱(前附彩图)

采集浓度：NO-1000×10^{-6}；NO_2-300×10^{-6}；N_2O-400×10^{-6}；SO_2-450×10^{-6}；CO-1000×10^{-6}；CO_2-300×10^{-6}

本书实验中使用 Antaris IGS 型 FTIR 气体分析仪，配置中红外光源与 MCT 检测器。该检测器具有灵敏度高、响应速度快的优点，但需注入液氮在低温下工作。气体池的容积为 200 mL，光程为 2 m，光谱范围为 370～

6000 cm^{-1}，在 0.5 cm^{-1} 分辨率下能够以 5 Hz 的扫描速度对光谱进行采集和分析，可实时对动态或稳态下的烟气成分做定量分析。

实验前需先借助配气系统对仪器进行标定。将单组分标准浓度气体与纯 Ar 气按不同流量比混合后配置不同浓度的混合气体，以 2 L·min^{-1} 的流量通入 FTIR 气体池，扣除背景影响后得到该气体浓度下的红外谱图。所有谱图采集完毕后，对全标定样本进行偏最小二乘法回归建模，得到每种组分浓度与特征波数下吸收率的标定曲线。因为吸收率与浓度间可能呈现强非线性关系，实际标定时通常需要多点标定并选择合适的多项式阶数。另外，标定过程中的一个关键是确定每种气体的特征吸收峰位置，吸收强度不能过高呈现全吸收（如高浓度 CO_2 在 2300 cm^{-1} 左右的吸收峰），也不能过低以避免受到背景噪声的较大干扰；同时应尽量避免与其他组分的特征峰重合，特别是避免和 H_2O 的特征峰重合。基于上述原则，本书采用的 FTIR 各气体标定方法如表 3.1 所示。

表 3.1　本书实验所用 FTIR 标定方法

气体组分	标定范围	特征峰位置/cm^{-1}	干扰项	标定阶数
NO	0～1000×10^{-6}	1832.5～1831.0；1850.6～1848.7；1854.5～1852.2；1877.0～1872.6；1941.2～1937.4	H_2O，NO_2，CO_2	3
NO_2	0～1000×10^{-6}	1588.8～1583.8；1599.7～1597.5	H_2O	3
N_2O	0～1000×10^{-6}	2178.6～2177.5；2188.6～2187.7；2202.2～2201.1	H_2O，CO_2	3
SO_2	0～2000×10^{-6}	1335.6～1333.3；1357.2～1355.7；1377.0～1375.7；1385.0～1382.6；	H_2O	3
CO（低量程）	0～2%	2100.0～2098.0；2104.4～2102.1；2112.6～2110.6；2120.6～2118.7；2128.4～2126.8	H_2O，CO_2，N_2O	3
CO（高量程）	2%～100%	2026.1～2024.3；2021.9～2019.8；2014.7～2010.8；2005.1～2002.5	H_2O	3
CO_2（低量程）	0～1%	656.1～658.5；675.2～673.9；678.3～677.1；681.6～680.1；684.7～683.4；695.9～694.7	H_2O	2
CO_2（高量程）	1%～44%	793.2～791.1；767.1～765.7；764.0～762.7；761.0～759.8；726.0～724.4；3662.4～3660.7	H_2O	4

3.2.2.2 焦炭制备和表征

文献中多采用惰性气氛下管式炉(固定床)制焦以进行后续研究[71,205-206],也可利用马弗炉[207]、平焰燃烧器[66]、流化床[208]、热天平[209]等手段制焦。然而,因为热解条件的差异,不同制焦方法对煤焦反应性可能存在较大影响。下面首先对马弗炉、固定床和鼓泡床3种方法制得焦炭的燃烧反应性作简单比较,热解温度均设为900℃。

对比实验选用某地褐煤,其元素和工业分析数据见表3.2。考虑到后续热重分析实验对样品粒径的要求,原煤颗粒筛分粒径取100~180 μm。

表3.2 制焦方法对比实验所用的煤样煤质分析

燃　料	工业分析/%				元素分析/%				
	M_{ar}	A_{ar}	V_{ar}	FC_{ar}	C_{ar}	H_{ar}	O_{ar}	N_{ar}	S_{ar}
褐煤	9.1	28.6	21.9	40.4	46.1	3.5	11.1	0.6	1.0

(1) 马弗炉制焦:参考国标《煤的工业分析方法》(GB/T 212—2008)中挥发分测定的过程。当马弗炉升至指定热解终温后,将带有一定量煤样的带盖瓷坩埚放入炉内,恒温热解1 h后,取出坩埚,带盖在空气中冷却至室温。

(2) 固定床制焦:与鼓泡床装置类似,反应管内通入少量Ar气保持惰性气氛,将载有一定量煤样的镂空金属吊篮放入炉内置于烧结板上方(颗粒不流化),在恒温区热解1 h后,取出吊篮并迅速置于Ar气中冷却至室温。

(3) 鼓泡床制焦:与2.2.2.3节介绍的给料步骤相似,但取样方法有所不同。在鼓泡床上部另有一路带阀门出口,与一小型水冷分离器相连。原煤恒温热解1 h后,关闭给料口阀门,逐渐增大底部Ar气流量至合适值,利用煤焦颗粒与石英砂床料(200~355 μm)在密度、粒径等物性上的差异,通过气力分选的方式使细焦炭被气流夹带出实验段,进入分离器内冷却和分离。

利用低温N_2吸附法对各样品的孔隙结构进行测定,结果如表3.3所示。其中,孔径划分遵循国际纯粹与应用化学联合会(IUPAC)的分类标准,孔隙参数均根据密度泛函模型计算(下同)。煤焦燃烧反应性测试在Mettler-Toledo TGA/DSC1/1600HT型同步热重分析(thermogravimetric analysis,TGA)仪上进行。样品用量为8.2~8.8 mg,反应气氛为合成空气,气体流量为100 mL·min^{-1}。采用程序升温法测量,以$\beta=$20℃/min的升温速率从室温加热到850℃。获得的碳转化率随时间变化的曲线如图3.6所示。其中,煤焦的着火温度定义为热重曲线上的开始失重点切线与最大反应速率点切线的交点所对应的温度。

表 3.3　制焦方法对煤焦孔隙结构的影响

制焦方法	比表面积/ $m^2 \cdot g^{-1}$	微孔份额/% (<2 nm)	介孔份额/% (2～50 nm)	大孔份额/% (>50 nm)
马弗炉	88.3	87.65	12.21	0.14
固定床	45.8	97.32	2.29	0.39
鼓泡床	65.3	90.25	9.60	0.15

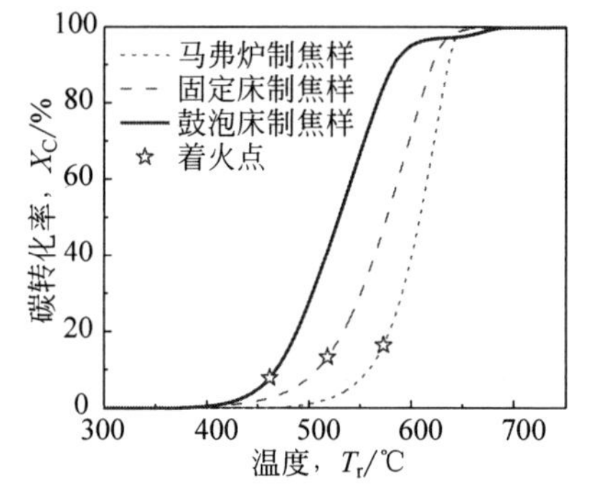

图 3.6　制焦方法对煤焦燃烧反应性的影响(TGA 实验)

可以看出，制焦方法对焦炭孔隙结构及其燃烧反应性影响很大。在相同热解温度下，鼓泡床、固定床和马弗炉制得焦样的反应性依次降低。这可能有以下两个方面原因。①热解升温速率不同。3 类加热装置内的实际热传递过程存在较大差异：马弗炉中主要依靠热辐射加热煤样；固定床中包括热辐射和热对流两种作用；而在鼓泡床内，除辐射和对流外，颗粒间的接触导热也是重要路径之一，且床层温度分布更加均匀。因此，马弗炉、固定床和鼓泡床内煤样的实际升温速率依次增大。吕帅等[210]也在实验中发现随升温速率的增加，印尼褐煤焦的综合燃烧性能显著增强，与图 3.6 的趋势一致。②热解气氛不同。当以马弗炉制焦时，煤样置于带盖坩埚内，虽然挥发分会将盖顶开少许，并可能有微细颗粒沾附在盖的表面形成通道，但总体来看坩埚内的气体与外界的流动性较差，因此热解释放的挥发分气体如 CO_2、CO、CH_4 等不能及时排出，相当于在“还原性”气氛下制焦；同时可能有少许空气进入坩埚，煤焦存在少量氧化的可能。而在固定床和鼓泡床内，煤样始终处于惰性气流中。段伦博等[211]就发现，在 CO_2 气氛下制得的煤焦中，芳香族和烷基官能团含量比在惰性气氛下高，而具有高反应活性的羟基官能团含量较少，其燃烧反应性也较差。

考虑到本书研究对象(CFB),后续实验所用焦样均在鼓泡床条件下制备,制备方法与2.2.2.3节所述一致(大焦炭颗粒的终端沉降速度与石英砂重叠,无法采用气力分选方式),热解温度统一为850℃。这样获得的焦炭反应动力学参数更适用于CFB燃烧模型。本节共研究了3种煤焦的反应性:无烟煤焦(WH)、烟煤焦(HP)和褐煤焦(SC),与后续模拟的商业CFB锅炉所用煤种一致。焦样的工业分析和元素分析结果见表3.4。

表3.4　焦炭反应性实验中所用焦样的工业分析和元素分析结果

焦样	平均粒径,$D[3,2]/\mu m$	工业分析/%			元素分析/%				
		A_d	V_d	FC_d	C_d	H_d	O_d	N_d	S_d
无烟煤焦	277.2	26.74	3.46	67.55	70.25	0.67	0	0.19	1.46
烟煤焦	302.6	49.83	2.63	44.14	47.46	0.70	0	0.70	1.70
褐煤焦	245.0	23.85	4.51	70.65	72.91	0.64	0.54	0.82	0.25

对各煤焦及燃尽后灰颗粒的密度、比表面积和孔隙率进行了测量,结果如表3.5所示。这也是单颗粒焦炭模型的必要输入参数之一。

表3.5　焦炭反应性实验中所用焦样密度和孔隙参数

焦样	真密度/$kg \cdot m^{-3}$		颗粒密度/$kg \cdot m^{-3}$		比表面积/$m^2 \cdot g^{-1}$		孔隙率	
	原焦	灰分	原焦	灰分	原焦	灰分	原焦	灰分
无烟煤焦	2093.2	2790.2	2053.5	2772.7	2.445	0.494	0.019	0.006
烟煤焦	2144.1	2566.7	2039.0	2488.5	5.208	1.253	0.049	0.031
褐煤焦	2095.8	2426.2	1806.6	2297.9	3.063	2.921	0.138	0.053

值得注意的是,焦炭燃烧过程中的孔隙结构可能发生变化,如图3.7所示。与初始焦炭相比,3种煤灰分的比表面积均随燃烧温度升高呈下降趋势,其中,烟煤和无烟煤的灰分比表面积明显低于原煤焦,但褐煤灰分的平均比表面积与焦炭相差不大。褐煤和无烟煤灰分的颗粒孔隙率明显低于原煤焦,且随燃烧温度升高逐渐降低,变化趋势正好与烟煤相反。

焦炭在不同温度下表观燃烧反应性的差异,除化学动力学因素外,可能也与其孔隙结构变化有关。但在建立反应模型时,为简化计算,采用缩核模型假设,即认为反应过程中碳核的孔隙结构保持不变,各参数均与初始焦样相等,灰壳内不含任何可燃物质。这样最终拟合实验数据得到的化学动力学参数其实也包含了孔隙结构变化带来的影响,尽管不完全等同于本征动力学参数,但对模型的预测结果影响不大。

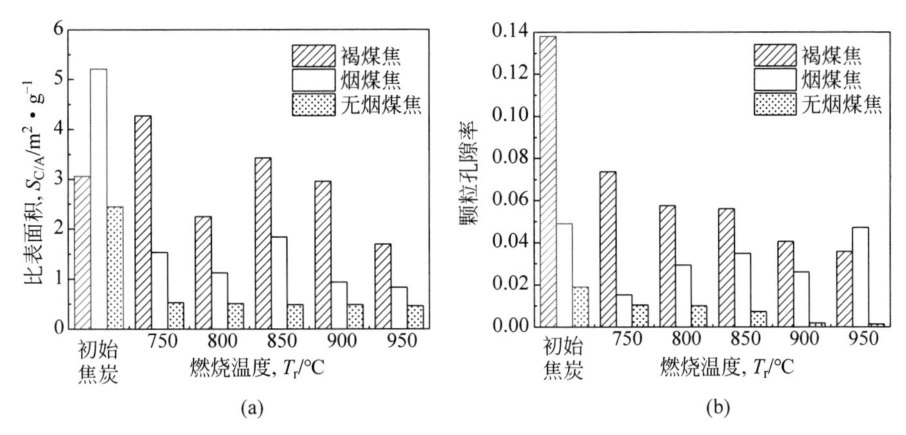

图3.7　焦炭(红色)与燃尽后灰分(黑色)孔隙结构对比(前附彩图)

(a) 比表面积；(b) 颗粒孔隙率

3.2.2.3　实验方法

根据气固反应性的强弱、反应物过量与否，以及单颗粒模型的复杂程度，本书设计了不同的固定床实验方案，对各焦炭反应动力学进行了研究，主要用到稳态实验和瞬态实验两种方法。

1. 稳态实验(C+NO(+CO)反应)

应用管式微分反应器的实验思想研究焦炭表面NO还原反应动力学。将少许细焦炭颗粒称重记录后，均匀铺洒在垫有耐高温石英棉的管内烧结板上，形成很薄的反应层(认为气体浓度阶跃变化)。假设焦炭颗粒不相互影响，即接近大空间内的单颗粒反应行为。在床温和入口气体组分不变的前提下，反应器出口浓度能够在较长时间内保持稳定，可利用稳态模型求得相关反应的动力学参数(3.2.3.1节)。

其中，焦炭用量的选取是关键实验参数之一。当温度较高时，焦炭对NO的还原性突出，若单次放置焦炭量过多，NO转化率过大，反应会由化学动力学控制转为扩散控制，导致高温下反应速率的增速变缓，表观上看反应活化能变大，如图3.8所示。为避免气体外扩散速率的限制对本征动力学参数测定的干扰，需要控制单次实验的焦炭量，以最大转化率不超过60%为宜。然而，焦炭质量也不能过低，否则低温下的反应速率可能很低，使得NO浓度的变化量低于测量分辨率；且有可能不满足焦炭过量假设

(稳态阶段的碳转化率不超过 10%)。

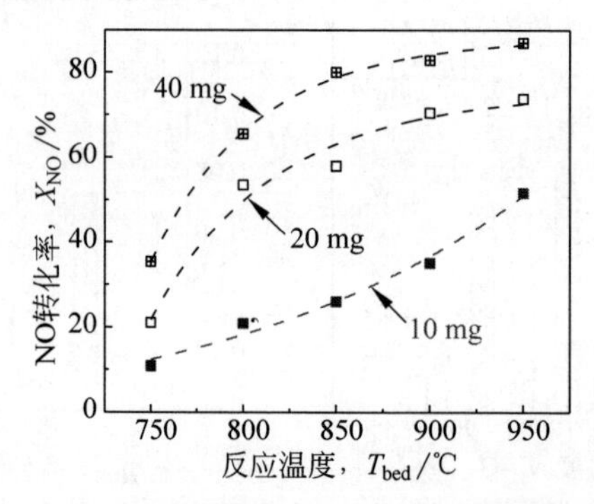

图 3.8 不同焦炭质量下，NO 转化率随温度的变化

SC 褐煤焦，$C_{NO,0}=300\times10^{-6}$

对 NO 异相还原反应性的研究分两部分进行。首先，反应气只含有 NO，探究纯焦炭对其的还原作用，即二元体系。其次，通入不同浓度的 CO，研究 CO 对 NO 还原的影响。对每种煤焦样品，该部分实验共设计了 5×(5+9)=70 组工况，见表 3.6，每组实验均重复 3 次及以上(下同)。反应器按 3.2.2.1 节所述安置，在 Ar 气氛下升温至指定温度后，根据预设浓度通入反应气。待出口气体浓度稳定 2 min 后记录平均数据(图 3.9)，结束本组实验。稳态条件下不要求 FTIR 的采样频率过高，扫描周期设为 13.28 s。

表 3.6 C+NO(+CO)反应性实验工况设计

内　　容	符号/单位	值
设定床温	T_{bed}/℃	750,800,850,900,950
反应器入口流量	Q_r/L·min^{-1}	1
焦炭质量	m_C/mg	WH：100；HP：50；SC：10
C+NO 实验入口气体浓度	$C_{g,0}/\times10^{-6}$	NO：100,200,300,450,600
C+NO+CO 实验入口气体浓度	$C_{g,0}/\times10^{-6}$	NO：300,450,600； CO：1000,4000,8000
稳定测量时间	t_r/min	2
FTIR 扫描周期	t_{FTIR}/s	13.28

2. 瞬态实验(焦炭燃烧和 CO_2 气化反应)

在含氧气氛下燃烧及 CO_2 气化反应中，固体反应物(焦炭)消耗明显，反应气(O_2 与 CO_2)和产物气(CO 与 CO_2)的转化率较大且随反应进行不

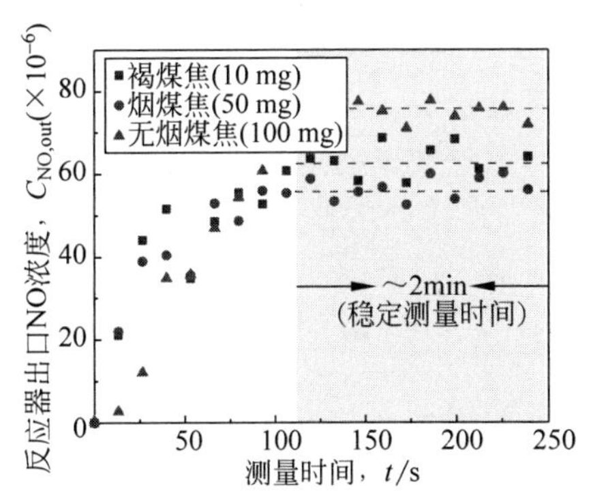

图 3.9　FTIR 测量反应器出口 NO 浓度随时间变化

$T_{bed}=850℃, C_{NO,0}=100\times 10^{-6}$

断变化。因此，需要在烧结板上堆放足够质量的焦炭颗粒(燃尽时间较长)，构成管式积分反应器。床层内沿轴向通常存在明显的浓度梯度，可利用瞬态模型求得相关反应动力学参数(3.2.3.2 节)。不过，碳燃烧和碳气化反应也存在一些细节上的差异。例如，在 $C+O_2$ 反应中，床层上部燃烧生成的 CO_2、NO 等气体产物会继续与下面的焦炭反应，而气化主要产物 CO 在本体系内不会进一步转化。

瞬态实验步骤与稳态操作类似，区别在于 FTIR 会连续测量反应器出口的气体组成，直至浓度无明显变化(焦炭燃尽)。对每种煤焦样品，焦炭燃烧和气化反应实验环节各设计了 5 组不同温度工况，见表 3.7。其中，因焦炭反应中碳颗粒的直径会逐渐缩小，颗粒堆积高度在反应结束后通常有所降低。为简化计算，取反应前后的平均床高作为一维积分反应器模型的输入参数之一，即假设反应过程中床高保持不变。

表 3.7　焦炭燃烧和气化反应性实验工况设计

内　　容	符号/单位	值	
设定床温	T_{bed}/℃	750,800,850,900,950	
反应器入口流量(室温)	Q_g/L·min^{-1}	3	
焦炭质量	m_C/mg	$C+O_2$：	WH：2000；HP：1500；SC：1000
		$C+CO_2$：	WH：1500；HP：1200；SC：500
料层高度	H_{bed}/mm	$C+O_2$：	WH：11.1；HP：12.9；SC：13.6
		$C+CO_2$：	WH：7.9；HP：11.1；SC：6.5
入口反应气浓度	$C_{g,0}$/%	O_2：	10
		CO_2：	10
FTIR 扫描周期	t_{FTIR}/s		6.64

瞬态测量的关键是设置 FTIR 的扫描次数和气体流量。扫描次数越多，光谱质量越高，结果越稳定，但单点周期越长。气体流量越大，气体池混合越快，响应时间越短，测量数据越接近瞬态；但流量增加时反应管内的阻力也增大，内外套管磨口连接处的漏气概率增加，因此气体流量也不能过大。本书实验中的反应器入口流量设置为 3.0 L·min^{-1}，则 200 mL 气体池内的气体停留时间约为 4.0 s，FTIR 的扫描周期设定略大于该值(6.64 s)。

3.2.3 固定床反应器模型

针对不同的固定床实验，本书建立了相应的反应器模型以获取化学动力学参数。同样地，反应器模型也分为稳态模型和瞬态模型两类。

3.2.3.1 零维微分反应器模型(稳态)

对照上述稳态实验特征，认为反应过程中的反应气浓度(NO/CO_2)不变，总摩尔流量也无明显变化，即床内气速不变，则有：

$$U_{sg}A_{bed}(C_{g(m),out}-C_{g(m),0})=m_{bed,C}R_{(m)} \tag{3.24}$$

式中，A_{bed} 为固定床横截面积，m^2；U_{sg} 为床层表观气速，m·s^{-1}，稳态下即恒等于床面入口气速 $U_{sg,0}$；$C_{g,0}$ 和 $C_{g,out}$ 分别表示固定床的进出口气体浓度，kmol·m^{-3}；$m_{bed,C}$ 为床内焦炭颗粒质量，kg；$R_{(m)}$ 为单位质量焦炭反应气体生成速率，kmol·kg·s^{-1}，根据 3.2.1 节所述模型计算，反应式中的浓度取入口气体浓度。

假设遵从理想气体状态方程，则气体摩尔浓度可表示为

$$C_{g(m)}=y_{(m)}C_g=y_{(m)}\frac{P}{RT} \tag{3.25}$$

式中，$y_{(m)}$ 表示相应的气体摩尔分数，有 $\sum y_{(m)}=1$，Ar 作为平衡气体；P 为床内压力，Pa，稳态下认为恒等于固定床出口压力 P_0(默认为大气压力)。$C_{g,0}$、$U_{g,0}$ 和 P_0 均为模型输入参数。

若用进口气体转化率 $X_{(m)}$ 表示，则式(3.24)可改写为

$$X_{(m)}=\frac{C_{g(m),0}-C_{g(m),out}}{C_{g(m),0}}=\frac{y_{(m),0}-y_{(m),out}}{y_{(m),0}}=-\frac{RT}{y_{(m),0}P}\frac{m_{bed,C}R_{(m)}}{U_{sg}A_{bed}} \tag{3.26}$$

3.2.3.2 一维积分反应器模型(瞬态)

因为实验在恒温炉内进行，通过改进控温方案，使焦炭燃烧时的床温波

动不超过±8℃,可近似认为整个床层温度均匀且保持不变,从而避免求解能量方程。同时,忽略细管径下的径向浓度梯度,仅考虑轴向浓度变化,即将整个过程视为多孔填充床内的平推流过程。组分守恒方程如下(O_2/CO/CO_2/SO_2/NO):

$$\varepsilon_{\text{bed}} \frac{\partial C_{\text{g}(m)}}{\partial t} = -\frac{\partial (U_{\text{sg}} C_{\text{g}(m)})}{\partial z} + \frac{\partial}{\partial z}\left(D_{\text{g},z} \frac{\partial C_{\text{g}(m)}}{\partial z}\right) + \rho_{\text{bed,C}} R_{(m)} \tag{3.27}$$

边界条件为

$$\begin{cases} C_{\text{g}(m)} = C_{\text{g}(m),0}, & U_{\text{sg}} = U_{\text{sg},0}, \quad z = 0 \\ \dfrac{\partial C_{\text{g}(m)}}{\partial z} = 0, & P = P_0, \quad z = H_{\text{bed}} \end{cases} \tag{3.28}$$

式中,t 为时间,s; z 为轴向距离,m; ε_{bed} 为床层空隙率,可通过床料质量、颗粒密度和床高推算; $D_{\text{g,z}}$ 为气体轴向扩散速度,$\text{m}^2 \cdot \text{s}^{-1}$,这里直接用分子扩散速度代替; $\rho_{\text{bed,C}}$ 为床层当前时刻的碳密度,$\text{kg} \cdot \text{m}^{-3}$。

同样借助理想气体状态方程求浓度 C_{g},即式(3.25)。其中,床内各点处的压力 P 可根据厄贡方程计算,即模型的动量方程为

$$\frac{\partial P}{\partial z} = -150 \frac{\mu (1-\varepsilon_{\text{bed}})^2}{d_{\text{p}}^2 \varepsilon_{\text{bed}}^3} U_{\text{sg}} - 1.75 \frac{1-\varepsilon_{\text{bed}}}{d_{\text{p}} \varepsilon_{\text{bed}}^3} \rho_{\text{g}} U_{\text{sg}}^2 \tag{3.29}$$

式中,d_{p} 为平均床料粒径,m(根据 3.2.1.1 节模型的假设(4),反应过程中颗粒外径 d_{p} 保持不变); ρ_{g} 表示气体平均密度,$\text{kg} \cdot \text{m}^{-3}$,其与气体组成有关,$\rho_{\text{g}} = \sum_m (C_{\text{g}(m)} \text{MW}_{(m)})$。

对上述一维非稳态固定床模型方程,空间对流项采用一阶迎风格式差分离散,扩散项采用中心差分格式,时间项离散采用显示欧拉格式。空间网格尺寸与焦炭颗粒粒径一致,时间步长则参照 CFL 稳定性判据确定(CFL 数设置为 0.2),以避免计算发散。

另外,将瞬态计算结果与固定床实验结果进行对比时需注意,FTIR 气体池内的气体完全更新需要一定时间,测量得到的浓度时间序列上的单点数据是该扫描周期内气体混合浓度的时均值,而非通常意义上的瞬时浓度。这里假设产物气进入气体池后迅速扩散,则经时间 Δt 后气体池内的浓度为

$$C_{\text{g,FTIR}}(t+\Delta t) = Q_{\text{g,e}} \Delta t \frac{C_{\text{g,out}}(t+\Delta t) - C_{\text{g,FTIR}}(t)}{V_{\text{FTIR}}} + C_{\text{g,FTIR}}(t) \tag{3.30}$$

式中，$Q_{g,e}$ 为环境条件下的气体流量，$m^3 \cdot s^{-1}$；V_{FTIR} 表示气体池容积，m^3。模型对比数据为 $C_{g,FTIR}$ 在一个扫描周期 t_{FTIR} 内的时均值。

图 3.10(a)和图 3.10(b)分别展示了某燃烧工况下，O_2 和 NO 的气体浓度空间分布(与气流方向一致)随时间变化的模拟结果。可以看出，在开始一段时间内，床内不同位置的反应状态很不均匀：表层反应迅速，消耗大量反应气体，使得下层焦炭无法接触足够的 O_2；但上层燃烧生成的 NO 气体可被下面的焦炭进一步还原，故初始时刻的 NO 浓度表现出沿床高先增加后降低的非单调趋势。随着反应进行，上层焦炭逐渐燃烧殆尽或进入灰壳扩散控制阶段，燃烧缓慢，从而更多的 O_2 有机会深入床底部反应，到后期 NO 生成量也减少且浓度沿床高单调降低。这也进一步说明，在管式积分反应器中，反应器出口气体组成是整个料层积分的结果。

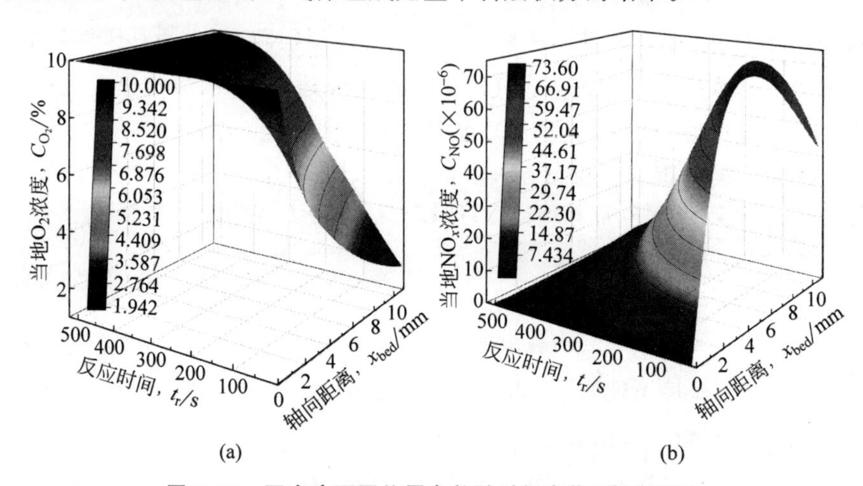

图 3.10 固定床不同位置参数随时间变化(前附彩图)

(a) O_2 浓度；(b) NO 浓度

1500 mg 烟煤焦，$T_{bed}=850℃$，$C_{O_2,0}=10\%$

3.2.4 实验与模拟结果讨论

3.2.4.1 C+NO(+CO)反应性

1. 实验结果

首先在不通入 CO 的情况下探究纯焦炭对 NO 的还原作用。图 3.11 展示了 3 种煤焦在不同温度或入口 NO 浓度下，NO 转化率的变化情况。可以看出，随着反应器入口 NO 浓度的增加，X_{NO} 呈非线性降低，且低温下该趋势更加明显，表明 NO 的反应阶数应小于 1。然而，不少文献中(表 1.1)将焦炭直接还原 NO 的反应描述为关于 NO 的一阶反应形式，即 $R_{NO}=-k_{C\text{-}NO}C_{NO}$。如果该动力学模型正确，则转化率应不随 NO 浓度变化(见式(3.31))，这与本书的实验结果不符。

$$X_{NO}=-\frac{m_{bed,C}R_{NO}}{U_{sg,0}A_{bed}C_{NO,0}}=\frac{m_{bed,C}k_{C\text{-}NO}}{U_{sg,0}A_{bed}}\Rightarrow\frac{dX_{NO}}{dC_{NO,0}}=0 \tag{3.31}$$

从另一个角度看，将式(3.26)中的 X_{NO} 对 $C_{NO,0}$ 求导可得

$$\frac{dX_{NO}}{dC_{NO,0}}=-\frac{1}{C_{NO,0}}\left(\frac{dC_{NO,out}}{dC_{NO,0}}-\frac{C_{NO,out}}{C_{NO,0}}\right) \tag{3.32}$$

结合式(3.20)和式(3.24)可知，$dC_{NO,out}/dC_{NO,0}$ 近似等于 1，而 $C_{NO,out}$ 始终小于 $C_{NO,0}$，因此 $dX_{NO}/dC_{NO,0}<0$ 恒成立。也就是说，NO 入口浓度增加，X_{NO} 恒减小，这也符合勒夏特列原理。

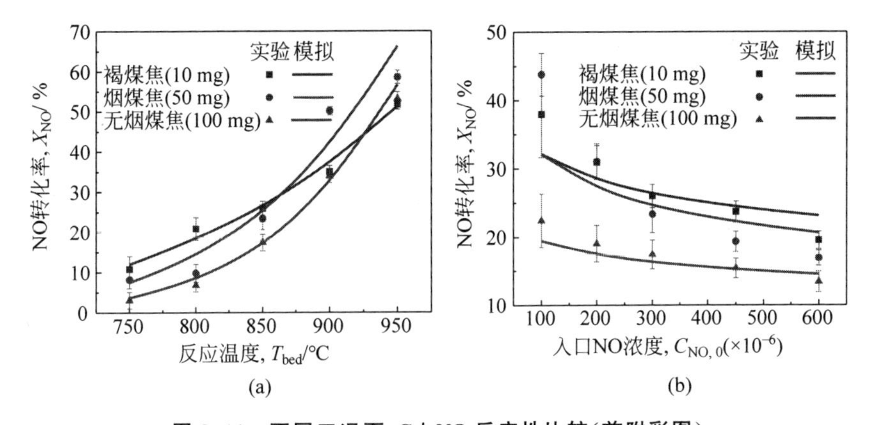

图 3.11 不同工况下，C+NO 反应性比较(前附彩图)

(a) 不同温度($C_{NO,0}=300\times10^{-6}$)；(b) 不同 NO 浓度($T_{bed}=850$℃)

图 3.12 进一步给出了 C+NO 反应体系“氧平衡”的衡算结果，即入口 NO 中的氧元素在各产物间的分配情况。在大多数工况下，氧平衡校验误差在±10%以内，证明了测量系统的可靠性。另外，在本章所有工况的测量结果中，N_2O 浓度均低于检出限，表明这 3 种煤焦反应过程中无 N_2O 生成。

实验结果表明，NO 被还原后有相当比例的 CO_2 生成，也就是说该体系下的反应式 R(1.4)并不全面。图 3.13 进一步显示，温度升高，反应产物中的 CO/CO_2 增大；而随入口 NO 浓度增加，还原产物中的 CO 比例有所降低。

朗格缪尔吸附理论可定性解释上述实验现象。该理论认为气体反应物分子首先在焦炭表面吸附、解离，形成表面复合物，经表面反应后产物分子

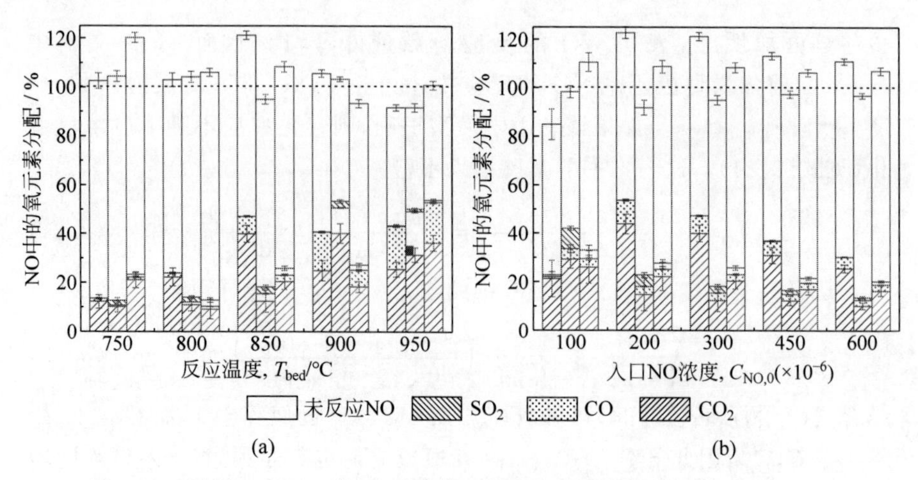

图 3.12　不同工况下,C+NO 反应体系氧平衡的衡算结果比较(前附彩图)

从左到右：褐煤焦、烟煤焦、无烟煤焦

(a) 不同温度($C_{NO,0}=300\times10^{-6}$)；(b) 不同 NO 浓度($T_{bed}=850$℃)

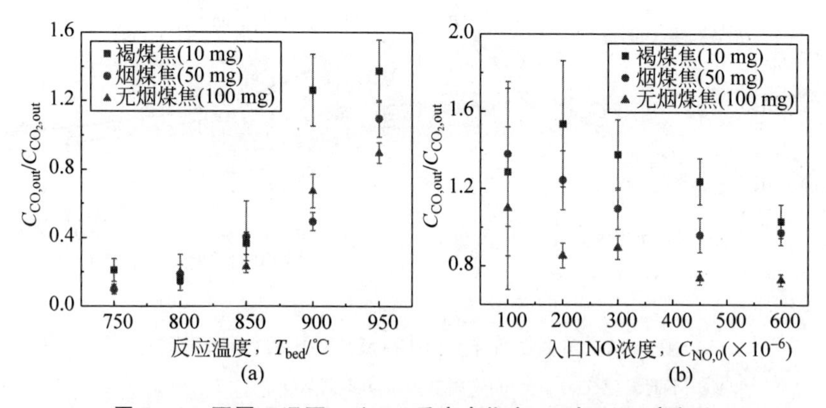

图 3.13　不同工况下,C+NO 反应产物中 CO 与 CO_2 摩尔比

(a) 不同温度($C_{NO,0}=300\times10^{-6}$)；(b) 不同 NO 浓度($T_{bed}=950$℃)

再解析离开。考虑最简单的表面反应原理,在无 CO 的情况下,NO 在焦炭表面的还原经历如下 3 步基元反应：

$$NO + C^* \xrightarrow{k_1} 0.5N_2 + C(O) \qquad R(3.8)$$

$$NO + C(O) \xrightarrow{k_2} 0.5N_2 + CO_2 \qquad R(3.9)$$

$$C(O) \xrightarrow{k_3} CO \qquad R(3.10)$$

根据准稳态假设，焦炭表面C(O)的浓度保持不变，则有：

$$\frac{\mathrm{d}[C(\mathrm{O})]}{\mathrm{d}t}=R_1-R_2-R_3=0 \tag{3.33}$$

即

$$k_1\theta_\mathrm{S}C_\mathrm{NO}-k_2\theta_\mathrm{O}C_\mathrm{NO}-k_3\theta_\mathrm{O}=0 \tag{3.34}$$

式中，θ_O 和 θ_S 分别表示被氧原子(C(O))占据的活性位份额和表面未被占据的活性位份额，两者之和应等于1，即 $\theta_\mathrm{O}+\theta_\mathrm{S}=1$。

联立求解以上各式，得到在不含CO的条件下，NO反应速率(kmol·$\mathrm{m}^{-2}\cdot\mathrm{s}^{-1}$)和产物中的$CO/CO_2$分别为

$$-R_\mathrm{NO}=R_1+R_2=\frac{k_1k_3+2k_1k_2C_\mathrm{NO}}{k_3+(k_1+k_2)C_\mathrm{NO}}C_\mathrm{NO} \tag{3.35}$$

$$\eta_{\mathrm{CO/CO_2}}=\frac{R_\mathrm{CO}}{R_{\mathrm{CO_2}}}=\frac{R_3}{R_2}=\frac{k_3}{k_2C_\mathrm{NO}} \tag{3.36}$$

定义函数 $f=-R_\mathrm{NO}/C_\mathrm{NO}$，将 f 对 C_NO 求导，有：

$$\frac{\mathrm{d}f}{\mathrm{d}C_\mathrm{NO}}=\frac{k_1k_3(k_2-k_1)}{[k_3+(k_1+k_2)C_\mathrm{NO}]^2} \tag{3.37}$$

由式(3.37)可知，当 $k_2<k_1$，即NO在焦炭表面解离吸附生成C(O)的速率恒大于C(O)与NO进一步反应消耗的速率时，NO的还原转化率始终随NO浓度的增加而降低。从反应产物上看，反应R(3.10)的活化能较大，即较低温度下表面复合物C(O)直接解吸离开是比较困难的，而随着温度升高，若 k_3 的增加幅度大于 k_2(k_3/k_2 增大)，则生成的CO越多，$\eta_{\mathrm{CO/CO_2}}$ 越大。此外，从式(3.36)还可看出，在相同温度下(k_3 和 k_2 不变)，NO浓度越高，$\eta_{\mathrm{CO/CO_2}}$ 越小，与图3.13(b)所示现象一致。

当反应气氛中加入CO后，情况变得复杂，如图3.14所示。与无CO条件下的实验结果相比，当反应温度较低时，CO能够显著促进焦炭对NO的还原。随着温度升高，该促进作用先增强后减弱(转变温度称为CO温度拐点)，高温下的NO转化率甚至有所降低，表观上看此时CO抑制了焦炭对NO的还原。CO浓度越高，该促进或抑制作用越明显。

从产物组成上看，随着CO浓度升高，CO_2 生成量显著增加，在高CO浓度($C_{\mathrm{CO},0}=8000\times10^{-6}$)下，NO消耗量和 CO_2 生成量大致相当(图3.15)。可以认为，在加入CO后，NO的还原机理发生变化，大部分NO优先被环境中的CO还原，此时焦炭表面起到类似催化的作用，而其与NO的直接还原反应不再突出。

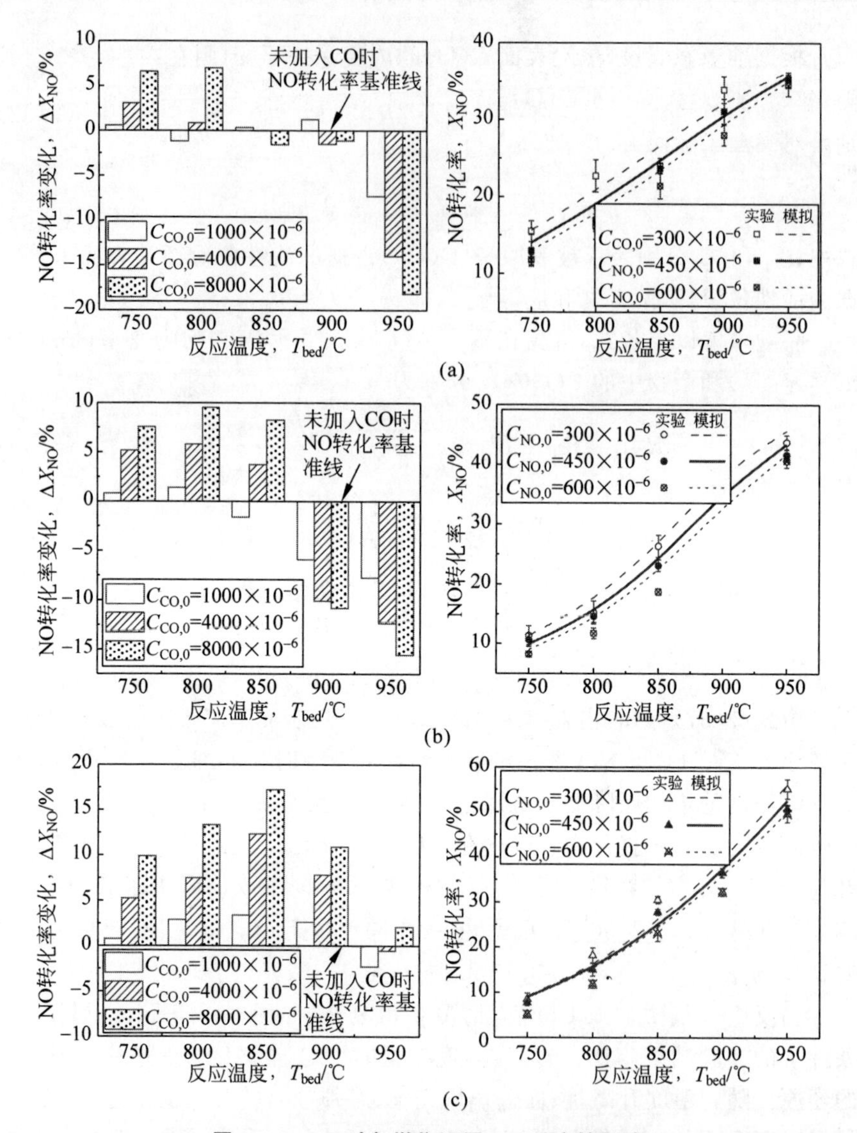

图 3.14　CO 对各煤焦还原 NO 反应性影响

(a) 褐煤焦；(b) 烟煤焦；(c) 无烟煤焦

左图：加入 CO 前后 NO 转化率的变化，$C_{NO,0}=450\times10^{-6}$；

右图：NO 浓度的影响，$C_{CO,0}=4000\times10^{-6}$

尽管不少学者已发现，当温度升高时 CO 对焦炭还原 NO 的促进作用减弱乃至消失[71,208,212]，但鲜有报道 CO 在高温下反而抑制了 NO 的还原，这与 CO 作为一种典型还原性气体的认知相悖。不过从表观结果来看，在

CO 加入前后，NO 转化率并未出现量级上的差异。因此在一些模型文献中，忽略 CO 对焦炭-NO 反应的作用，模拟结果也能与实测值吻合较好，特别是对高温工况而言。

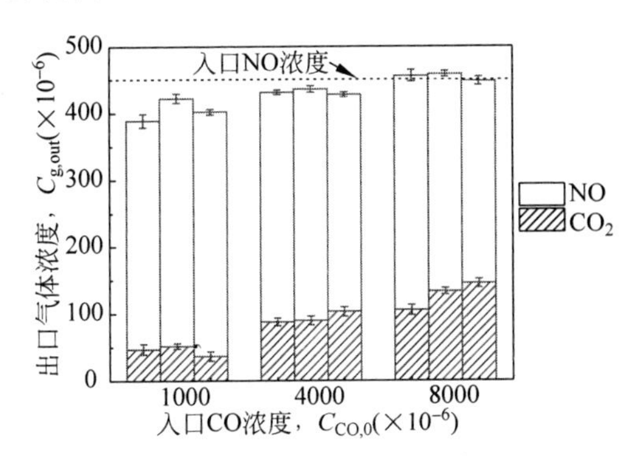

图 3.15　C+NO+CO 体系反应器出口 NO 和 CO_2 浓度随入口 CO 浓度变化

$C_{NO,0}=450\times10^{-6}$，$T_{bed}=850$℃

从左到右：褐煤焦、烟煤焦、无烟煤焦

假设当气氛中含有大量 CO 时，焦炭表面还会发生如下基元反应：

$$CO + C(O) \xrightarrow{k_4} C^* + CO_2 \qquad R(3.11)$$

$$CO + C^* \underset{k_{-5}}{\overset{k_5}{\rightleftharpoons}} C(CO) \qquad R(3.12)$$

假设表面反应速率较慢，而 CO 在焦炭表面的吸附和解吸速率较快，此时反应 R(3.12)趋于平衡，即正反应速率 k_5 等于逆反应速率 k_{-5}，有：

$$R_5 = k_5\theta_S C_{CO} - k_{-5}\theta_{CO} = 0 \Rightarrow \theta_{CO} = K_{CO}C_{CO}\theta_S \tag{3.38}$$

式中，K_{CO} 为 CO 在焦炭表面的吸附速率常数。

根据准稳态假设，有：

$$\frac{d[C(O)]}{dt} = R_1 - R_2 - R_3 - R_4 = 0 \tag{3.39}$$

联立 $\theta_O+\theta_{CO}+\theta_S=1$，并令 $\alpha=k_3+k_4C_{CO}$，$\beta=1+K_{CO}C_{CO}$，得到含 CO 气氛下的 NO 反应速率($kmol\cdot m^{-2}\cdot s^{-1}$)为

$$-R_{NO} = R_1 + R_2 = \frac{\alpha k_1 + 2k_1k_2C_{NO}}{\alpha\beta + (k_1+\beta k_2)C_{NO}}C_{NO} \tag{3.40}$$

分析式(3.40)可知，当 β 增加时，R_{NO} 减小，此时 CO 在焦炭表面的吸附能增大，更多活性位点被 CO 占据，阻碍了 NO 进一步与焦炭反应。而当 α 增加，即在反应 R(3.11)的加持下，更多原先被氧原子占据的活性位点(C(O))

释放,更加便于NO继续吸附反应,同时CO_2生成量明显增加。因此,CO对NO还原速率的影响存在“促进-抑制”两重性质,其取决于焦炭表面CO吸附速率(占据活性位点)和C(O)消耗速率(释放活性位点)的相对大小。

上述讨论了不同温度和气体浓度对焦炭表面NO还原反应的影响。对比不同种类煤焦还可看出,同等条件下,褐煤焦对NO的还原性大致是烟煤焦的5倍、无烟煤焦的10倍,这与Zhang等[17]的实验结论相似,即煤阶越高,C+NO的反应性越低。当气氛中不含CO时,低阶煤焦还原产物中CO的相对含量略高一些,特别是在高温下(图3.13)。此外,硫含量较高的烟煤焦和无烟煤焦,在与NO反应过程中还有少量SO_2生成,即焦炭硫也能被NO氧化。

加入CO后,3种煤焦表面的NO还原效果随温度均呈现非单调变化(图3.14)。褐煤焦、烟煤焦和无烟煤焦的CO温度拐点分别在750~800℃、800~850℃和850~900℃,拐点温度与煤阶正相关。在流化床常规燃烧温度范围内(750~950℃),大部分工况下CO都能促进无烟煤焦对NO的还原;但对褐煤焦而言,中高温下CO对焦炭表面NO的还原无影响,甚至表现出抑制作用。

如1.2.3节所述,不同种类煤焦对NO还原反应性差异很大,而CFB燃烧NO_x排放浓度又对该反应十分敏感(5.2.3节)。目前尚无法根据煤焦理化性质(如元素含量、矿物质组成等)直接关联得到相关的反应动力学参数,为保证最终NO_x排放预测结果的准确性,最好的方法就是针对各燃料单独进行动力学实验定参。

2. 反应动力学

上面借助朗格缪尔吸附理论对焦炭表面NO还原过程中的一些现象做了简单定性解释,实际上的表面反应过程更加复杂。然而,若直接应用这套反应机理,则需引入大量未知动力学参数,在有限的实验数据量下未必能够得到较好的拟合结果,且模型的鲁棒性和适用性较差。因此,本书依然用两步平行反应,C+NO和NO+CO(碳表面催化)来描述焦炭-NO的反应动力学。

在C+NO+CO反应体系中,最重要的是NO还原量,而CO消耗量和反应产物($CO/CO_2/N_2$)生成量对实际CFB燃烧气氛的影响很小,可以忽略不计。因此,这里只考虑NO反应速率表达式:

$$k_{\text{C-NO}} = k_1 C_{\text{NO}}^{n_{\text{NO},1}} + (k_2 - k_3) C_{\text{NO}}^{n_{\text{NO},2}} C_{\text{CO}}^{n_{\text{CO}}} \tag{3.41}$$

反应速率 k_1、k_2 和 k_3 均用阿伦尼乌斯形式表达，即 $k=A_{C\text{-}NO}\exp[-E_{C\text{-}NO}/(RT)]$。根据本书实验结果并基于0D微分反应器模型，拟合得到3种典型煤焦的NO还原反应动力学参数，列于表3.8。该动力学模型的预测效果见图3.11、图3.14和图3.16，计算偏差在±20%以内。

表3.8 3种典型煤焦表面的NO还原反应动力学参数

反应	C+NO	NO+CO(碳表面催化)	
	k_1	k_2	k_3
褐煤焦			
$A_{C\text{-}NO}$	84.0	4.38×10^{-1}	6.09×10^{-1}
$E_{C\text{-}NO}/R/K$	9878	2263	2637
n_{NO}/n_{CO}	0.82/—	0.43/0.57	
烟煤焦			
$A_{C\text{-}NO}$	630.3	2.90×10^{-4}	2.95×10^{2}
$E_{C\text{-}NO}/R/K$	14 531	1000	16 700
n_{NO}/n_{CO}	0.75/—	0.46/0.25	
无烟煤焦			
$A_{C\text{-}NO}$	1.28×10^{4}	1.33×10^{7}	1.73×10^{7}
$E_{C\text{-}NO}/R/K$	18 047	11 365	11 680
n_{NO}/n_{CO}	0.84/—	1.0/0.75	

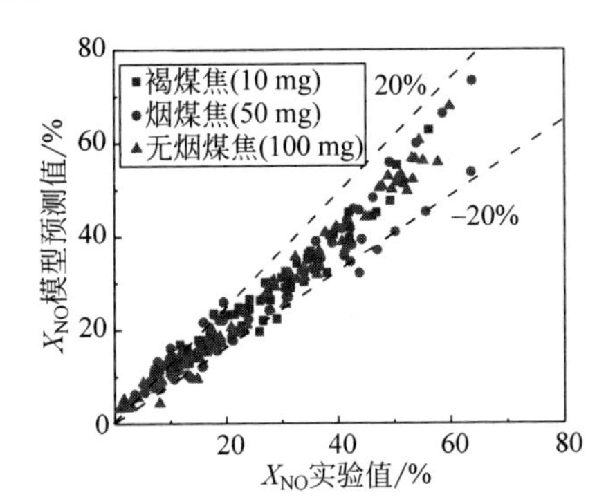

图3.16 焦炭表面NO还原反应动力学模型误差

3.2.4.2 $C+CO_2$ 气化反应性

应用一维积分反应器模型计算不同温度下固定床内 $C+CO_2$ 气化反应

过程,并拟合得到各煤焦 CO_2 气化反应动力学参数($k_{C\text{-}CO_2}$)。实验和模拟结果对比见图 3.17。总体上看,相比于 O_2 的燃烧反应性(见 3.2.4.3 节),中低温下的焦炭气化反应性较弱,特别是对烟煤焦和无烟煤焦而言。因此,很多 CFB 模型研究不考虑该反应也不会对最终模拟结果带来较大影响。然而,当温度高于 850℃时,褐煤焦与 CO_2 的气化反应性较强,生成大量 CO,显著改变了焦炭周围气氛,此时该反应不宜忽略。

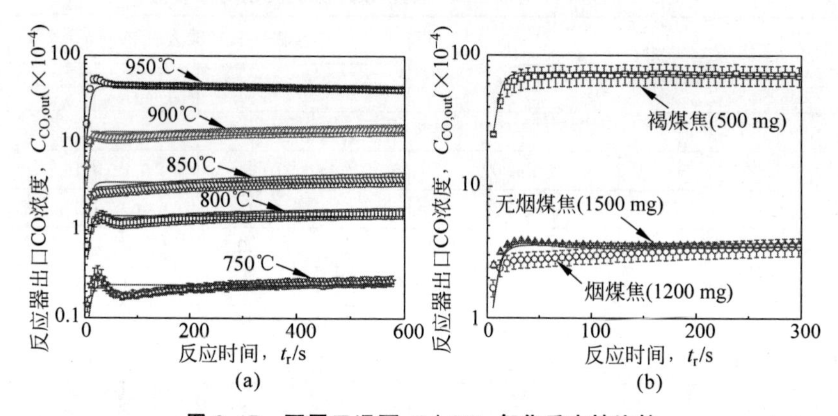

图 3.17 不同工况下,C+CO_2 气化反应性比较

(a) 不同温度(烟煤焦);(b) 不同煤焦(T_{bed}=850℃)

空心:实验结果;实线:模拟结果

采用阿伦尼乌斯形式对不同温度下的反应速率系数进行变换,得到反应 R(3.3)的指前因子与活化能,如图 3.18 所示。各煤焦气化反应动力学参数列于表 3.9。

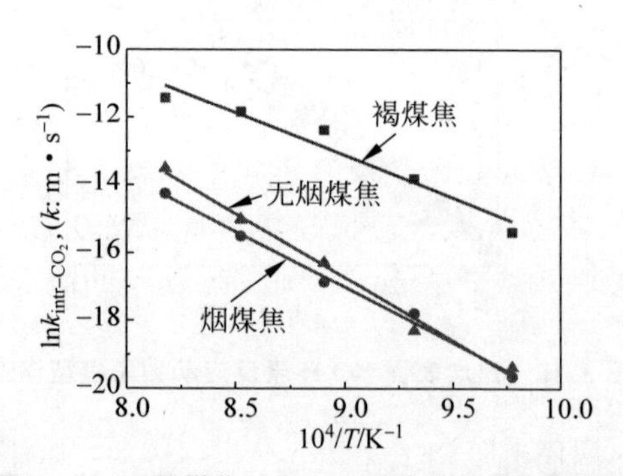

图 3.18 不同煤焦 C+CO_2 反应动力学参数拟合

表 3.9　3 种典型煤焦 $C+CO_2$ 气化反应动力学参数

煤焦种类	指前因子/$m\cdot s^{-1}$	活化能/$kJ\cdot mol^{-1}$	相关系数(R^2)
褐煤焦	1.25×10^4	208	0.9515
烟煤焦	5.95×10^6	273	0.9932
无烟煤焦	2.40×10^7	311	0.9898

3.2.4.3　$C+O_2$ 燃烧反应性

应用 1D 积分反应器模型对不同温度下的焦炭燃烧反应过程进行模拟，并拟合得到各煤焦炭的表观燃烧反应速率($k_{C\text{-}O_2}$)和燃烧产物 CO/CO_2 分配相关的动力学参数(k_η, $k_{\eta0}$ 和 n_{O_2})。实验和模拟结果对比见图 3.19 和图 3.20。

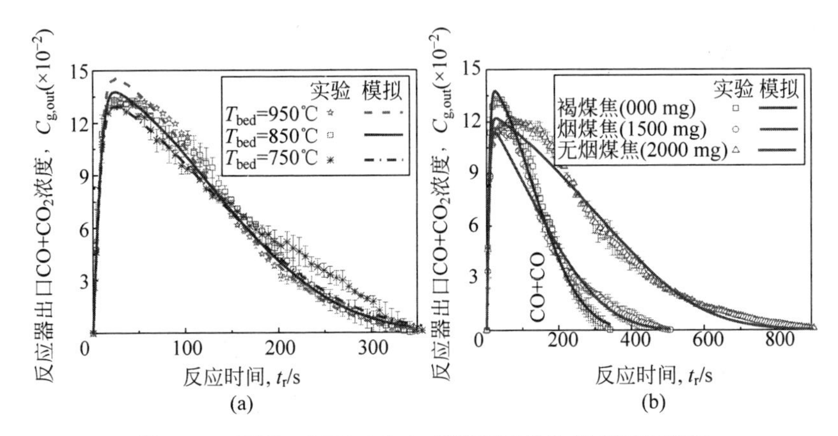

图 3.19　不同工况下，$C+O_2$ 燃烧反应性比较(前附彩图)

(a) 不同温度(褐煤焦)；(b) 不同煤焦(T_{bed}=850℃)

图 3.19 表明，本书模型能够较好地反映焦炭燃烧全过程中的碳质量变化，包括对灰壳扩散、颗粒孔隙扩散等影响的处理。与 NO 还原及 CO_2 气化反应一致，褐煤焦的燃烧反应性也显著大于烟煤焦与无烟煤焦。从燃烧产物上看，温度越低、氧浓度越低，CO 生成量通常越大，即在不充分燃烧条件下，碳更倾向于反应生成 CO。

然而，CO/CO_2 产物比例的模拟结果与实验偏差较大，如图 3.20 所示。对该固定床反应体系而言，出口 CO 浓度先迅速升高，维持一较短时间后再迅速降低，而到燃烧后期 CO 产物比例又缓慢增加，与对应的床整体氧浓度水平随时间逐渐升高不一致。可能的原因有碳燃烧产物分配与氧浓度间的

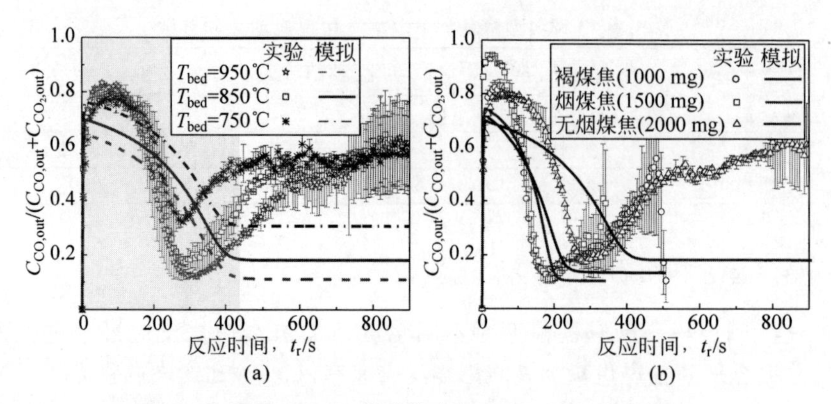

图 3.20 不同工况下，碳燃烧产物中 CO 比例(前附彩图)

(a) 不同温度(无烟煤焦)；(b) 不同煤焦(T_{bed}=850℃)

非单调关系，或在初始和燃尽阶段焦炭燃烧机理发生明显变化等，具体原因有待进一步研究。不过从另一角度看，燃烧后期的碳转化率已经很高，CO/CO_2 的比例变化对周围气氛的影响较小。因此，本书在对相关动力学参数拟合时也主要关注 10%～90%碳转化率阶段，如图 3.20(a)的阴影区域所示。

同样采用阿伦尼乌斯形式对不同温度下的 $k_{C\text{-}O_2}$、k_η 和 $k_{\eta 0}$ 进行变换，得到各煤焦的相关动力学参数，见表 3.10。同时图 3.21 展示了对不同煤焦 $C+O_2$ 反应速率系数($k_{C\text{-}O_2}$)的拟合结果。

表 3.10 3 种典型煤焦 $C+O_2$ 燃烧反应动力学参数

反　　应	$C+O_2$	CO/CO_2 产物分配($\eta_{C\text{-}O_2}$)	
	$k_{C\text{-}O_2}$	k_η	$k_{\eta,0}$
褐煤焦			
$A_{C\text{-}O_2}$	3.73×10^{-2}	6.40×10^{4}	4.55×10^{-3}
$E_{C\text{-}O_2}/R$/K	4190	−8721	−3624
n_{O_2}	—	30 000	
烟煤焦			
$A_{C\text{-}O_2}$	2.89×10^{-2}	2.04×10^{-5}	6.31×10^{-4}
$E_{C\text{-}O_2}/R$/K	5219	−34 657	−6176
n_{O_2}	—	30 000	
无烟煤焦			
$A_{C\text{-}O_2}$	1.78×10^{-3}	1.37×10^{-8}	1.91×10^{-4}
$E_{C\text{-}O_2}/R$/K	1700	−41 050	−7922
n_{O_2}	—	30 000	

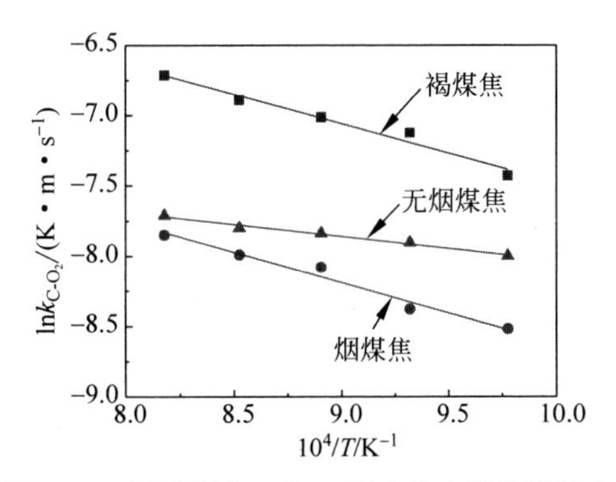

图 3.21　不同煤焦 $C+O_2$ 反应动力学参数拟合

3.2.4.4　有氧条件下焦炭氮转化

上述瞬态焦炭燃烧实验同时测量了固定床出口的 NO_x 浓度变化。图 3.22 显示除 NO 外，在燃烧中后期还有少量 NO_2 生成，约占总 NO_x 排放量的 15%～20%。这部分 NO_2 可能是焦炭氮燃烧直接生成，也可能是初始生成的 NO 被进一步氧化或催化氧化导致。考虑到这部分 NO_2 较少，为简化模型，将其统一并入 NO。

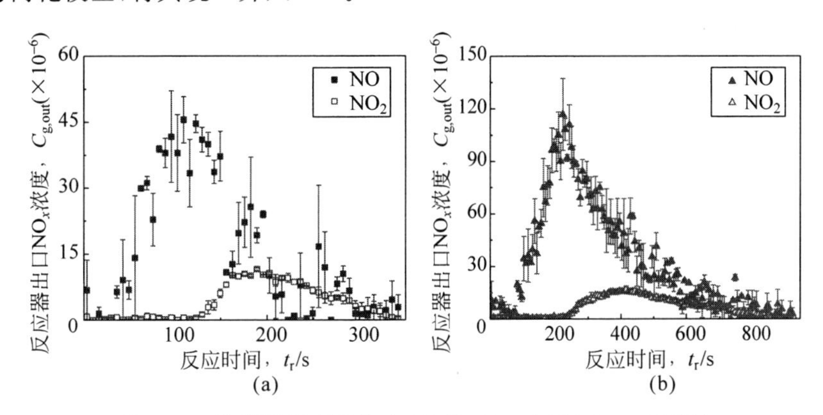

图 3.22　焦炭氮燃烧产物中 NO 和 NO_2 含量(T_{bed}=850℃)

(a) 褐煤焦；(b) 无烟煤焦

图 3.23 展示了不同工况下，焦炭燃烧过程中的 NO_x 排放浓度变化情况。将 3.2.1.3 节建立的 1D 单颗粒焦炭氮转化子模型代入 1D 积分反应器模型，并应用前述实验获得的各煤焦表面 NO 还原反应动力学参数，得到固定床出口 NO_x 浓度随时间变化的模拟结果。需说明的是，与 3.2.4.1

节～3.2.4.3节主要根据实验结果拟合得到动力学参数不同，本节模拟所需的参数均已通过前述讨论确定，无自由参数。

由图3.23可知，总体上看，模拟与实验吻合良好。不过对于燃烧起始阶段，实验中固定床出口的 NO_x 浓度很低，过一段时间后再逐渐升高到峰值；而模拟显示一开始 NO_x 排放浓度就比较高，与碳燃烧产物 $CO+CO_2$ 变化规律一致，其后出现的 NO_x 峰值浓度则低于实验值。该偏差可能的原因是在本模型中假设氮和碳同步转化，即氮碳比保持不变；而在实际焦炭初始燃烧阶段，氮转化要略滞后于碳，从而导致 NO_x 排放峰值被推迟和降低。

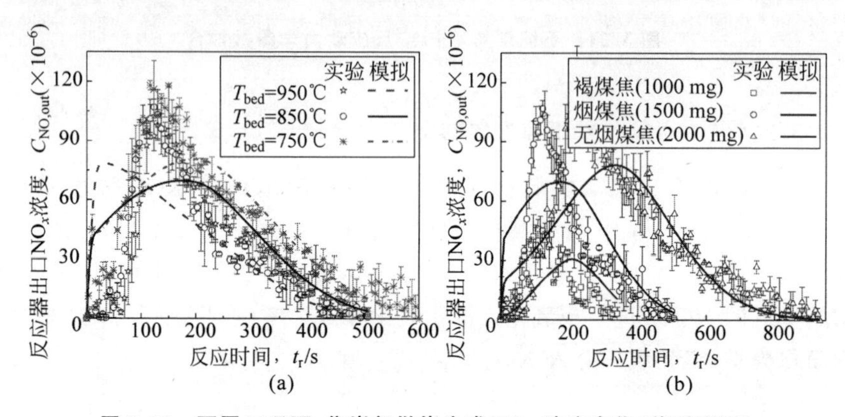

图3.23 不同工况下，焦炭氮燃烧生成 NO_x 浓度变化(前附彩图)

(a) 不同温度(烟煤焦)；(b) 不同煤焦(T_{bed}=850℃)

将全反应周期内的 NO_x 累积排放量与原始焦炭氮含量相比，得到该固定床反应体系下的焦炭氮向 NO_x 转化的净转化率(X_{NO})随反应温度的变化规律，如图3.24所示。

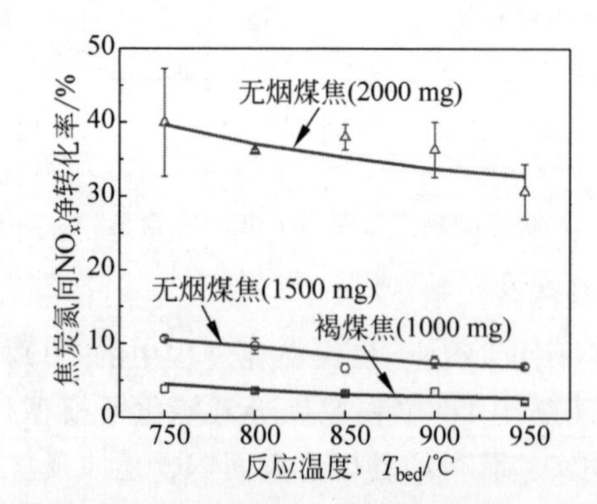

图3.24 固定床反应体系中，焦炭氮向 NO_x 转化的净转化率随反应温度的变化规律

空心点：实验结果；实线：模拟结果

可以看出，在温度为750～950℃时，随着温度升高，X_{NO} 有所降低，这与挥发分氮的转化规律正好相反。而褐煤、烟煤、无烟煤的 X_{NO} 依次升高，该结论也同样体现在 Jan 等[64]的实验中，即煤阶越高，该体系内的焦炭氮最终更倾向于以 NO 形式离开。

需要说明的是，图 3.24 仅代表对应固定床实验条件下的焦炭氮向 NO_x 转化的转化率，考虑到上层燃烧生成的 NO_x 会继续与下层焦炭反应。同样的焦样在不同反应体系下呈现的 X_{NO} 及其变化规律都可能有所区别。为消除后续 NO_x 还原反应的影响，图 3.25 和图 3.26 展示了不同条件下，单颗粒焦炭燃烧时（初始时刻，$t=0$）焦炭氮向 NO 转化的净转化率的模拟结果。

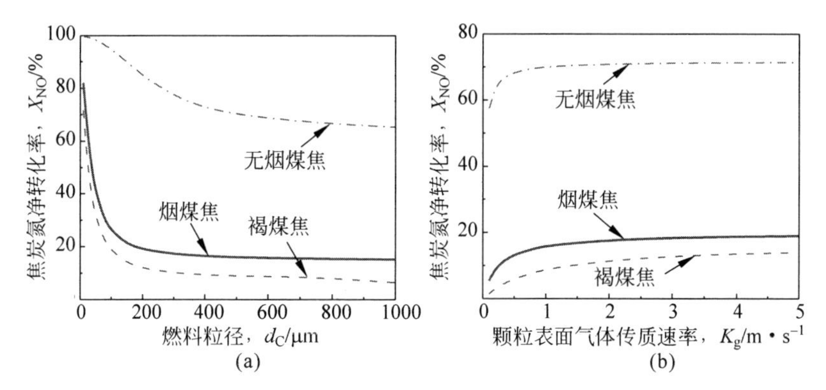

图 3.25 单颗粒焦炭燃烧初始时刻，X_{NO} 随粒径及气体外传质速率变化

(a) 不同粒径（$K_g=1\ m\cdot s^{-1}$）；(b) 不同传质速率（$d_C=0.5$ mm）

$T_r=850℃$，$C_{O_2,0}=10\%$

图 3.25 显示随着粒径增加或颗粒表面气体传质阻力增大，单颗粒焦炭氮向 NO 转化的净转化率逐渐降低，也就是说，NO 在颗粒内部停留时间越长，被还原的可能性就越大，最终向周围环境释放的 NO 就越少。从图 3.26 可以看出，总体上 X_{NO} 随氧浓度增加而升高。然而，温度变化对焦炭氮转化的影响比较复杂。在 750～950℃范围内，低氧条件下 X_{NO} 随温度升高大致呈增加趋势；但在氧气充足时，X_{NO} 却呈现相反的规律。这与不同环境下碳燃烧产物 CO/CO_2 的比例变化，以及 CO 对 NO 还原影响的两重性有关。这也印证了文献中不同条件下焦炭氮转化规律的复杂性（图 1.12 和图 1.13）。

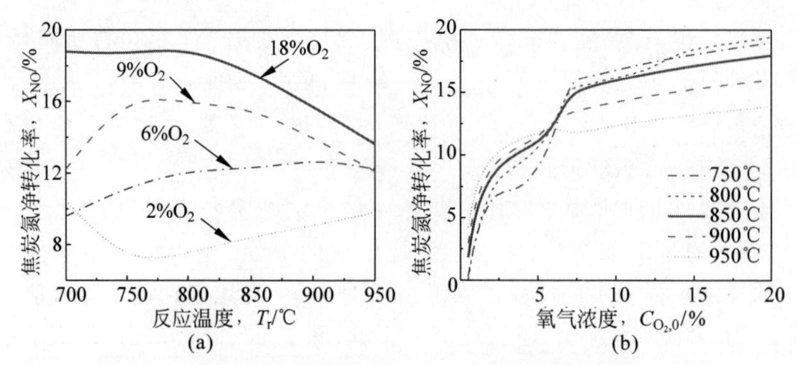

图 3.26 单颗粒焦炭燃烧初始时刻，X_{NO} 随温度及氧浓度变化

(a) 不同温度；(b) 不同氧浓度

烟煤焦，$d_C=0.5$ mm，$K_g=1\ \mathrm{m\cdot s^{-1}}$

3.3 石灰石和灰分表面反应

3.3.1 石灰石表面反应

3.3.1.1 脱硫反应

假设石灰石颗粒投入炉内后迅速煅烧转化为 CaO 颗粒，随后与烟气中的 SO_2 接触引发固硫反应：

$$CaO + SO_2 + 0.5O_2 \longrightarrow CaSO_4 \qquad R(3.13)$$

本书应用如下经验公式计算脱硫反应速率[161]：

$$X_{CaO} = \left(a_1 \frac{C_{g,s,SO_2} - C_{SO_2,0}}{C_{SO_2,0}} + a_2\left(\frac{d_L}{d_{L,0}}\right)^{-a_3}\right) \cdot \left(1 - \exp\left(-a_4\left(\frac{d_L}{d_{L,0}}\right)^{-a_5} \cdot C_{g,0,SO_2}^{a_6} t\right)\right) \qquad (3.42)$$

式中，X_{CaO} 为脱硫石灰石钙转化率；$C_{SO_2,0}$（$5.4262\times10^{-6}\ \mathrm{kmol\cdot m^{-3}}$）和 $d_{L,0}$（1 μm）分别表示特征 SO_2 浓度和特征粒径；$a_1 \sim a_6$ 为根据大容量 TGA 实验结果拟合得到的经验脱硫反应参数；下标 L 表示石灰颗粒。

$C_{g,0}$ 表示颗粒表面气体浓度，其受气体外边界层的传质速率和颗粒自身气固反应速率的双重影响。对于 CaO 脱硫反应，有：

$$R_{SO_2} = K_{g,SO_2}(C_{g,\infty,SO_2} - C_{g,0,SO_2})\pi d_L^2 = n_{CaO}\frac{\mathrm{d}X_{CaO}}{\mathrm{d}t} \qquad (3.43)$$

式中，R_{SO_2} 表示单颗粒石灰固硫反应速率，$\mathrm{kmol\cdot s^{-1}}$；$d_L$ 为石灰石粒径，

m；n_{CaO} 为纯煅烧石灰石颗粒内 CaO 摩尔数，kmol，$n_{CaO(j)}=\pi/6\cdot d_L^3\rho_{L,CaO}/MW_{CaO}$，$\rho_{L,CaO}$ 为纯 CaO 颗粒密度，$kg\cdot m^{-3}$。气体外扩散阻力对后文介绍的石灰石与灰分表面其他异相反应也具有一定影响，均按类似方法描述。

对 CFB 锅炉而言，颗粒浓相内（如密相区乳化相）还原性气体（CO、H_2 等）的浓度通常较高。已有不少研究表明脱硫产物硫酸钙在还原性气氛下的分解反应突出[75,213-214]（反应 R(3.14) 和 R(3.15)），其可能对最终的炉内脱硫效果带来复杂影响。然而，该反应在很多文献介绍的 CFB 燃烧模型中常常被忽略。

$$CaSO_4+CO\longrightarrow CaO+SO_2+CO_2 \qquad R(3.14)$$

$$CaSO_4+H_2\longrightarrow CaO+SO_2+H_2O \qquad R(3.15)$$

Luis 等[215]基于晶粒模型提出了如下计算式来描述纯 $CaSO_4$ 颗粒在 CO 或 H_2 中的转化率 X_{CaSO_4}：

$$X_{CaSO_4}=1-\left[1-\frac{k_{CO(H_2)}C_{g,0,CO(H_2)}S_{CaSO_4}}{3}t\right]^3 \tag{3.44}$$

式中，S_{CaSO_4} 为硫酸钙颗粒的比表面积（$0.2\ m^2\cdot g^{-1}$）。$k_{CO(H_2)}$ 表示 $CaSO_4$ 在相应气体中的本征分解反应速率：

$$k_{CO}=7.9\times10^4\exp\left(-\frac{29\,108}{T}\right),\quad k_{H_2}=6.1\times10^6\exp\left(-\frac{34\,640}{T}\right) \tag{3.45}$$

在脱硫过程中，通常在颗粒表面形成一层致密的 $CaSO_4$ 产物层，包裹住未反应的 CaO 内核，因此这部分硫化的石灰颗粒在表观上仍可视为纯 $CaSO_4$ 颗粒，即式(3.44)依然适用。假设 CaO 的脱硫反应和 $CaSO_4$ 的分解反应进程相互独立，则实际脱硫石灰石的钙转化率可表示为

$$X_{CaO}=\left[1-\frac{(k_{CO}C_{g,0,CO}+k_{H_2}C_{g,0,H_2})S_{CaSO_4}}{3}t_r\right]^3X_{CaO,old} \tag{3.46}$$

式中，$X_{CaO,old}$ 表示仅考虑脱硫反应得到的 CaO 转化率；t_r 为反应时间，s。

3.3.1.2 含氮催化反应

如 1.2.4 节所述，CaO 对众多含氮反应具有显著催化活性，是 CFB 锅炉炉内石灰石脱硫导致 NO_x 排放浓度升高的重要原因之一。本书共考虑 4 类 CaO 颗粒表面含氮催化反应，包括 NH_3 的氧化、HCN 的水解、CO 的

氧化，以及 CO 催化还原 NO。

表 3.11 列出了本书模型中用到的相关反应动力学参数。其中，$R_{CaO\text{-}(m)}$ 表示 CaO 催化相关气体反应速率，$kmol \cdot s^{-1}$。由于 $CaSO_4$ 对上述反应的催化活性远低于 CaO[88,216]；而随着脱硫反应进行，$CaSO_4$ 产物层逐渐包裹住石灰颗粒并堵塞孔隙，阻碍了 CaO 与各类气体的接触，脱硫/催化反应性均逐渐降低直至接近于 0。因此，针对脱硫过程中石灰颗粒催化反应性的变化，提出如下有效反应表面积：

$$S_{CaO,e}=\frac{MW_{CaO}(X_{CaO,max}-X_{CaO})}{X_{CaO}MW_{CaSO_4}+(1-X_{CaO})MW_{CaO}}S_{CaO,0} \qquad (3.47)$$

式中，$S_{CaO,e}$ 和 $S_{CaO,0}$ 分别表示石灰颗粒有效反应比表面积和初始比表面积，$m^2 \cdot g^{-1}$；$X_{CaO,max}$ 表示给定粒径下的最大钙转化率。X_{CaO} 越大，$S_{CaO,e}$ 越小，石灰颗粒的催化反应性越低，当达到最大钙转化率后，$CaSO_4$ 产物层将 CaO 完全包裹，各催化反应速率为 0。

表 3.11　CaO 表面催化反应动力学

反　　应		反应速率	研究者
R(3.16)	$NH_3+O_2+NO \xrightarrow{CaO} NO+N_2+H_2O$（反应体系）	$R_{CaO\text{-}NH_3}=k_1\eta_{NH_3}m_L S_{CaO,e}\theta_{O_2}\theta_{NH_3}$， $k_1=3.08\times10^{-5}\exp(-10\,492/T)$ $R_{CaO\text{-}NO}=R_{CaO\text{-}NH_3}\frac{k_2\theta_{O_2}-\theta_{NO}}{k_2\theta_{O_2}+\theta_{NO}}$， $k_2=2.19\times10^{-2}\exp(-5206/T)$ $\theta_{(m)}=\frac{K_{ad(m)}C_{g,0(m)}}{1+K_{ad(m)}C_{g,0(m)}}$， $(m=O_2,NH_3,NO)$	Fu 等，2014[77]
R(3.17)	$HCN+H_2O \xrightarrow{CaO} NH_3+CO$	假设与 NH_3 催化氧化速率相等	—
R(3.18)	$NO+CO \xrightarrow{CaO} 0.5N_2+CO_2$	$R_{CaO\text{-}NO/CO}=2km_L S_{CaO,e}\theta_{NO}\theta_{CO}$ $k=8.52\times10^5\exp(-21\,776/T)$ $\theta_{(m)}=\frac{K_{ad(m)}\eta_{(m)}C_{g,0(m)}}{1+K_{ad,NO}\eta_{NO}C_{g,0,NO}+K_{ad,CO}\eta_{CO}C_{g,0,CO}}$	Ke 等，2020[217]
R(3.19)	$CO+0.5O_2 \xrightarrow{CaO} CO_2$	$R_{CaO\text{-}CO}=km_L S_{CaO,e}C_{CO}^{0.55}C_{O_2}^{0.47}C_{H_2O}^{-0.3}$ $k=5.23\exp(-12\,629/T)$	Yao 等，1973[218]

R(3.16)和 R(3.18)反应速率计算式中的 $\theta_{(m)}$ 为朗缪尔吸附理论中各气体占据 CaO 表面的活性位份额，其与气体吸附速率常数 K_{ad} 有关。借鉴相关文献研究[77]，本书中 CaO 表面的 O_2 吸附速率常数取为 $1.98\times10^4\ m^3\cdot kmol^{-1}$，而认为 NH_3、NO 和 CO 的 K_{ad} 相等，均取为 $6.25\times10^4\ m^3\cdot kmol^{-1}$。另外，颗粒内部气体扩散阻力的大小用有效系数 $\eta_{(m)}$ 表征[77]：

$$\eta_{(m)}=\frac{1}{\phi_{L(m)}}\left[\frac{1}{\tanh(3\phi_{L(m)})}-\frac{1}{3\phi_{L(m)}}\right] \tag{3.48}$$

$$\phi_{L(m)}=\frac{d_L}{6}\sqrt{\frac{\rho_L s_{CaO,e}R_{CaO\text{-}(m)}}{D_{e(m)}}} \tag{3.49}$$

式中，参数 ϕ_L 为球形颗粒的蒂勒模数(Thiele modulus)；ρ_L 为石灰颗粒密度，$kg\cdot m^{-3}$；$D_{e(m)}$ 为相关气体在颗粒内部的有效扩散系数，$m^2\cdot s^{-1}$，与式(3.6)的计算方法一致。

由于 SNCR 脱硝技术的广泛应用，较多学者关注到脱硫石灰石对 NH_3+O_2+NO 反应体系的催化作用。对于另一种重要挥发分氮组成 HCN，Schäfer 等[80]发现在流化床燃烧条件下，其能够与 CaO 结合生成中间产物 $CaCN_2$，继而与 H_2O 等反应转化为 NH_3 释放，表观上看 CaO 促进了 HCN 水解反应的发生，即反应 R(3.17)。遗憾的是，暂时未从文献中找到可用的化学动力学参数，而考虑到 HCN 的剧毒性，本书在目前条件下也无法开展相关动力学实验。故这里假设 CaO 催化 HCN 水解反应速率与催化 NH_3 氧化速率相等，即用反应 R(3.16)的动力学参数代替。

一些文献中讨论了煤灰的催化反应性，认为灰分中的 CaO 成分对 NO+CO 还原反应的催化作用明显[74]。因此，有理由怀疑石灰石煅烧后形成的 CaO 颗粒同样对反应 R(3.19)有催化作用。考虑到 CFB 锅炉内部分区域的 CO 浓度很高，密相区内甚至可达 $10^{-2}\sim10^{-1}$ 量级[41]，CFB 燃烧条件下 CO 对 NO 的还原作用值得关注。然而，Dam-Johansen 等[83]发现反应 R(3.19)受其他气体影响很大，特别是 O_2 和 CO_2 两种主要气体的抑制作用明显。NO 还原速率大致与 CO_2 浓度的 0.7 次方成反比，且只有当 CO 浓度大于两倍氧气浓度时，该反应才明显。根据 Dam-Johansen 等的实验结果，对反应速率 $R_{CaO\text{-}NO/CO}$ 作如下修正：

$$R'_{CaO\text{-}NO/CO}=\begin{cases}R_{CaO\text{-}NO/CO}C_{g,CO_2}^{-0.7}, & C_{g,O_2}<0.5C_{g,CO}\\0, & C_{g,O_2}\geqslant0.5C_{g,CO}\end{cases} \tag{3.50}$$

3.3.2 灰分表面催化反应

大量研究表明，Fe_2O_3、MgO、Al_2O_3 等金属氧化物能够不同程度地催化 CO 还原 NO，尤其是 Fe_2O_3 等铁基氧化物[219-221]，而这些物质也是煤灰的重要组成之一。也就是说，煤灰对如下 NO 还原反应同样具有催化作用，需包含在 CFB 燃烧含氮反应体系之中：

$$NO + CO \xrightarrow{\text{煤灰}} 0.5N_2 + CO_2 \tag{R(3.20)}$$

不同煤种燃烧后的灰成分差别很大，对 NO+CO 的催化反应性也各不相同。有学者[74]利用固定床实验台研究了文峰煤、海拉尔煤、准东煤、府谷煤和大同煤 5 种煤灰在 750～950℃条件下的反应动力学。本书建模时根据目标煤种的灰分组成，从这 5 种煤灰中挑选组成相似的一种，以其实验结果为基础得到 NO+CO 催化反应的动力学参数。

需要注意的是，该研究是以料层体积为基础建立的动力学模型，即单位体积灰分的催化反应速率(kmol・m^3・s^{-1})，所得动力学参数与其固定床结构、床层空隙率等有关，严格来说是体系参数。而实际 CFB 内的灰分呈悬浮流化状态，颗粒浓度很低，分布状态与固定床完全不同。为与 CFB 模型相匹配，本书以颗粒表面积为底对该动力学表达式做了适当修改，即

$$R_{\text{Ash-NO/CO}} = km_{\text{Ash}} S_{\text{Ash}} C_{g,0,CO} C_{g,0,NO} \tag{3.51}$$

采用阿伦尼乌斯公式表示化学反应速率 k，并根据前人的实验数据[74]拟合得到指前因子和表观活化能，结果列于表 3.12。与反应 R(3.19)类似，认为高浓度 CO_2 和 O_2 对灰分催化 NO+CO 反应同样具有抑制作用，修正系数同式(3.50)。

表 3.12 无氧条件下，5 种典型煤灰催化 NO+CO 的反应动力学参数

煤灰种类	指前因子/m^4・$kmol^{-1}$・s^{-1}	活化能/kJ・$kmol^{-1}$	拟合偏差，R^2
文峰煤灰	1.92×10^6	1.19×10^5	0.9658
海拉尔煤灰	6.50×10^4	7.38×10^4	0.9595
准东煤灰	2.25×10^5	8.17×10^4	0.9603
府谷煤灰	6.76×10^4	7.33×10^4	0.9950
大同煤灰	1.41×10^7	1.28×10^5	0.9223

第 4 章　循环流化床燃烧整体数学模型

4.1　本章引论

如绪论所述，为更好地了解各操作参数对循环流化床燃烧 NO_x 排放浓度的影响规律，深入探究背后的物理机制，有必要对该系统建立完备的数学模型。本书第 2 章、第 3 章对 CFB 燃烧条件下的燃料热解、均相反应、焦炭反应、石灰石和灰分表面反应等化学过程进行了详细分析与建模，这些均作为反应子模型嵌入 CFB 燃烧整体数学模型。对 CFB 锅炉而言，NO_x 排放问题不单纯是化学问题，气固两相流动特性的改变会影响活性颗粒分布和炉内传热传质过程，强化或削弱局部还原性气氛，从而在不同程度上改变各化学反应速率，使最终的 NO_x 排放浓度发生变化。气固流动搭建了分离器效率等参数与污染物排放间联系的桥梁，而 CFB 锅炉内流态的多态性也可能使 NO_x 排放规律呈现复杂的非线性特征。

本章对 CFB 燃烧数学模型的整体框架和求解步骤作完整介绍。该模型属于稳态模型，不涉及锅炉启停、变负荷等动态过程，炉内各区域物理状态量（以下简称状态量）的时均值能够在长时间内保持不变，从而可根据各守恒规律建立锅炉质量平衡（包括固体颗粒和气体组分）、能量平衡、化学反应平衡等。在对模型结构和基本方程作总体介绍后，重点对 CFB 锅炉炉内不同区域的气固流态进行分析，据此建立分区流动子模型和传质子模型。通过本章建立的数学模型，能够预测非特定常规燃煤 CFB 锅炉在稳定运行工况下的燃烧和污染物排放情况，为第 5 章探索 NO_x 原始低排放控制策略奠定基础。

4.2　模型整体结构和基本方程

4.2.1　循环流化床锅炉流态分析

CFB 锅炉内的固含率通常呈现上稀下浓的 S 型分布，且认为底部密相区鼓泡流态化、上部稀相区快速流态化等多种流态并存[40,123]。根据锅炉结构、气固流动状态、气体混合及传质特性等差异，炉内从下到上可进一步细分为布风板作用区、充分发展鼓泡床区、飞溅区、上部稀相区和分离器5个部分(部分锅炉还带有外置换热床)，其中充分发展鼓泡床区和布风板作用区合称密相区，如图4.1(a)所示。

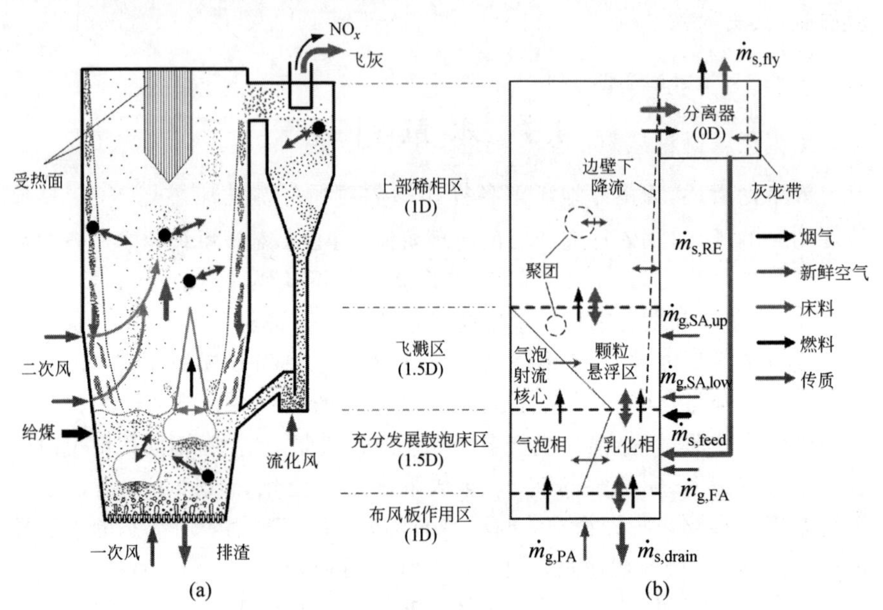

图4.1　常规CFB锅炉炉膛结构和CFB燃烧数学模型示意图(前附彩图)

(a) CFB锅炉炉膛结构；(b) CFB燃烧数学模型

4.2.1.1　布风板作用区

炉膛最下部靠近布风板的区域称为布风板作用区。一次风经布风板上风帽进入床层瞬间会形成初始气泡或初始射流。初始气泡或射流从风帽脱离后不断合并、生长，向上达到一定高度后形成稳定气泡，进入充分发展段。不同于喷动床中的喷射流可穿透整个床层且作为床层“搅动”的主要动力，鼓泡床中的初始射流不穿透密相区，仅限于布风板控制区内，之后的气泡行为受风帽影响较小。

很多模型研究将该区域与下文介绍的充分发展区合并，统一用经典鼓泡床理论描述，即不考虑气体分布器作用和初始气泡生长。然而，该作用区内的初始气泡或射流尺寸通常小于稳定气泡，且形态受周围压力脉动的影响不断变化，气固边界较为模糊，气体相和颗粒相间的传质阻力远不如典型气泡与乳化相间明显。尽管布风板作用距离有限(0.1～0.2 m)，但其对鼓泡床内的燃烧过程、初始污染物生成，特别是大焦炭颗粒燃尽有显著影响(见 5.2.3 节模型敏感性分析)，故本书将其单独划分建模。

根据上述分析，认为布风板作用区内的气固均匀混合，忽略相间传质阻力，只考虑轴向浓度变化，适合用 1D 模型描述。该区域高度定义为风帽射流深度，其受风帽结构及分布、床料和气体性质、流化条件等因素影响。

4.2.1.2　充分发展鼓泡床区

当流化风速超过临界流化速度时，一部分“多余”气体将以气泡的形式通过床层。由于气泡聚并及压力变化，小气泡在上升过程中不断长大并逐渐加速，当超过上述布风板作用区后，气泡边界变得清晰，床层也随之分为气泡相和乳化相。在鼓泡床中，气泡行为在床层的传递特性方面起决定性作用，其与流化条件和床料性质等有关。一方面，气泡的存在造成部分反应气体经气泡短路通过床层，对化学反应不利；但另一方面，气泡引起的强烈搅混也增强了颗粒间接触，传热性能突出[222]。

这里还有一个问题需要说明。实际 CFB 锅炉在满负荷运行时，炉膛下部风速可达 4～6 $m \cdot s^{-1}$，有部分学者认为在高气速下，密相区可能呈现湍动流态化或快速流态化，类似于 Geldart A 类颗粒的流化状态。本书认为，由于宽筛分给煤，相当一部分粗颗粒不能被烟气夹带向上，密相区的颗粒尺寸通常在 10^2～10^3 μm 量级，颗粒密度在 2500 $kg \cdot m^{-3}$ 左右，属于典型的 Geldart B 类颗粒。Leckner 等[223-224]的中试试验表明，随着风速增加，密相区床压波动的频率特征保持不变，且从炉底布风板至密相床面的床压降始终呈线性变化。也就是说，即使在很高的风速下，只要床存量足够，由 Geldart B 类颗粒构成的炉底密相区就始终处于鼓泡流态化，而非湍动床或快速床。因此，本书在各工况下统一用鼓泡床模型来描述炉底密相区是合适的。然而，高温高气速下的密相区流化状态确实与小型化工反应器中的典型鼓泡床有所区别，特别是气泡形状很不规则，更似一个瞬时空隙区。但为了建模方便，本书依然用规则球形来描述各气泡行为。

Cui 等[225]在用河沙(Geldart B 类颗粒)进行流化实验时发现，较高气速下，气泡相内的空隙率约等于 1，即非常接近纯气相状态。故本书建模时将该区域划分为两条平行流动的气体通路：不含颗粒的气泡相和近似处于临界流化状态的乳化相。在求解物料平衡时，因气泡相不含颗粒并忽略固体相间的传递作用，可当作 1D 处理。在求解能量平衡时，由于气泡搅混，鼓泡床内的温度分布非常均匀，且一般 CFB 锅炉密相区内不会敷设埋管，只有和四周水冷壁的换热，故也用 1D 模型描述。然而，考虑到两相在气氛上差异显著，且存在明显的气体相间传质阻力，在求解化学反应和气体平衡时，将其视为两个带气体交换的平推流反应器并联，即分区模型思想(1.5D)，其中，气泡相通路内只存在均相反应。对密相区的建模详见 4.3.1 节。

4.2.1.3 飞溅区

密相床面之上，即 S 型物料浓度分布曲线的中间段，颗粒浓度迅速衰减。该区域的质量平衡和气固混合情况比较复杂，给煤口、石灰石给料口、返料口和二次风口一般都分布在这里，而在密相区被“限制”反应的大量挥发分气体在此处得以剧烈燃烧放热。不少文章也将飞溅区及其上区域统称为稀相区或自由空域，表现出相似的气固流动特性，如环核流动结构和颗粒团聚(见 4.2.1.4 节)。这里重点关注飞溅区内客观存在但又经常被现有模型研究忽略的两类气体混合现象：一是密相床面气泡破裂及其内部富氧气体与周围气体的混合；二是二次风的穿透作用及其与主流的混合，如图 4.2 所示。这两种射流对飞溅区内氧化-还原气氛的形成和后续反应具有重要影响。

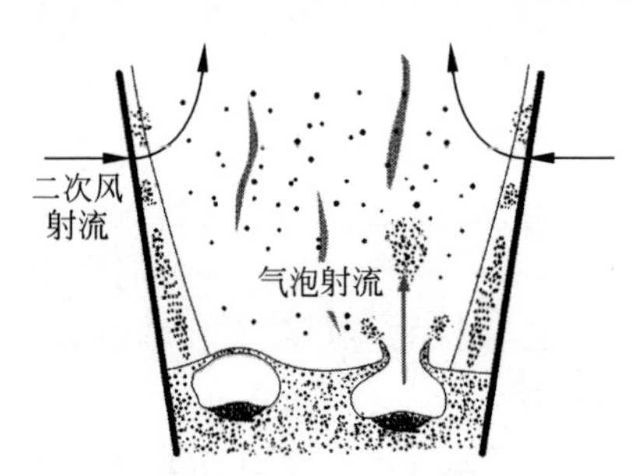

图 4.2 CFB 锅炉飞溅区流动结构

气泡在密相床面破裂后，其内部富氧气体也随之喷出，此即由气泡破裂引起的床层表面射流(简称气泡射流)。然而，这部分气体并不会迅速与周围贫氧气氛完全混合均匀，而是沿一定高度缓慢衰减和扩散。表观上看，鼓泡床内的两相流动在床面之上得到延伸。这一点在 Lyngfelt 等[43]的热态实验中也得到证实，发现飞溅区存在明显的 CO 和 O_2 浓度波动，即在一定高度处“氧化-还原”气氛交替变化。由气泡射流引起的气体混合过程实际上非常复杂，特别是下降颗粒流与上升射流接触后形成很多气体漩涡，且宏观流动与气体分子扩散同时存在[226]。为简化建模，本书假设床面上稳定存在多股相伴平行射流，从而借鉴平行射流相关概念来描述气泡射流过程，以反映气泡相气体在飞溅区的延迟混合。与充分发展鼓泡床区类似，飞溅区在求解化学反应和气体平衡时也分为射流核心区(纯气相)和颗粒悬浮区(颗粒相)两个平行气流通路，即 1.5D 模型描述，与密相区结构平滑过渡。

目前，CFB 锅炉满负荷下的二次风率一般在 40%以上，二次风从前后墙多个位置给入。尽管二次风喷口通常设计为水平向下倾斜，但由于飞溅区颗粒悬浮浓度较高，射流轨迹仍显著向上、向内偏移，射流浓度沿轴线不断衰减，最终与主流完全混合。二次风穿透能力及其质量扩散，对燃烧和炉内还原性气氛的构建具有重要影响。然而，严格来说，二次风射流至少是 2D 问题(若考虑受限空间影响则需用 3D 模型解释)，如何在 1D 模型上描述该交叉射流过程，以及二次风扩散影响，是本书建模时需考虑的关键问题之一。对飞溅区气体混合的模型描述详见 4.3.2 节。

4.2.1.4　上部稀相区

通过炉膛上部压差折算，大尺度商业 CFB 锅炉上部的稀相区固含率通常只有 0.001～0.002，在如此稀的颗粒浓度下能否形成快速流态化，即能否形成典型聚团并存在强烈的固体轴向返混，目前学术界仍存争议[123,224]。

如图 4.3 所示，对近 20 台商业 CFB 锅炉稳定运行时的炉内温度分布情况进行了统计，其中返料阀处的循环灰温度能够更好地反映炉膛出口的平均温度，特别是采用绝热分离器时。发现高负荷下炉内轴向温度分布基本均匀，甚至出现温度倒挂(上部稀相区的温度略高于密相区，见图中实心点)。

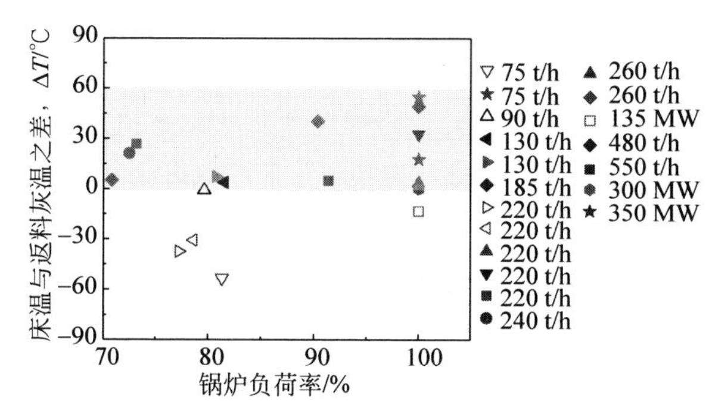

图 4.3　不同 CFB 锅炉返料阀灰温与炉底床温的偏差(前附彩图)

由于 CFB 锅炉给煤口和二次风口一般在炉膛下部渐扩段，且给煤粒度远大于煤粉炉，燃料燃烧反应热多在炉膛中下部释放；而出于防磨考虑，炉膛下部一般不布置炉内受热面且在水冷壁表面敷设耐火浇注料，双面水冷壁、过热器和再热器等则多布置在炉膛上部，即锅炉吸热量集中在上部稀相区，导致吸放热空间分布不匹配。因此，出现如图 4.3 所示的均匀温度分布最有可能的原因就是存在强烈的固体轴向返混，依靠床料自身携带显热将温度“拉匀”。内循环床料一方面将下部“热源”传递给上部，使炉膛底部不容易超温（即使增加入炉煤粒度）；另一方面将上部“冷源”传递到下部，使炉膛上部的烟温不会显著降低（即使增加受热面积）。而显著的颗粒上升、下降流必然由颗粒团聚引起，说明大尺度 CFB 锅炉炉膛的稀相区仍处于快速流态化。除工程现象外，张翼等[130]在 10～20 cm 管径实验台上进行了详细的流态转变实验研究，表明 80～200 μm 石英砂颗粒在对应实际 CFB 锅炉流化风速、床压等条件下，可以形成快速床。因此，本书应用快速床相关模型来描述稀相区气固流动行为是合适的，同时还重点关注了环核流动结构和颗粒团聚特征。

实验和数值模拟研究均表明，由于聚团沉降和边壁效应，靠近炉壁处形成了很浓的颗粒团向下流动，聚团下落过程中在主流曳力作用下破碎重新进入中心向上运动，构成强烈的炉内循环，并形成中心稀、边壁浓的环核流动结构[227-228]。很多 CFB 模型据此将稀相区划分为颗粒浓相（边壁区）和颗粒稀相（核心区）两个区，与鼓泡床中的两相模型相对应，也采用两个平推流反应器并联计算，即环核 1.5D 模型。然而，与炉膛的横向尺寸相比，边壁区的厚度很小（周星龙等[229]在 330 MW 亚临界 CFB 锅炉上的测量结果显示只有 10～18 cm），加上边壁黏滞阻力的作用，边壁区内的气体流速较低，烟气通流量占整体烟气量比例很小。因此，从均相反应和气体平衡角度来说，1.5D 和 1D 模型的计算结果相差不大，但前者的计算量大大增加。故本书仍用 1D 模型描述上部稀相区的气体流动和均相反应过程。

然而，从固体颗粒的空间分布来看，大量颗粒聚集在边壁区，或以聚团形式在核心区流动。边壁流和聚团的存在限制了气体扩散，从而显著影响了焦炭等活性颗粒的异相反应过程。若采用与布风板作用区一样的均匀分布模型假设和统一的气固反应速率显然是不合适的。本书将稀相区颗粒按其流动状态划分为边壁区、聚团和主流中单颗粒 3 类，考虑各自的传质特性，分别计算异相化学反应速率，并按质量份额叠加后代入 SENKIN 建立气体平衡。对上部稀相区气固流动结构和传质特性的模型描述详见 4.3.2 节。

4.2.1.5 分离器

现有 CFB 锅炉，特别是大型商业 CFB 锅炉普遍采用旋风分离器，即借助离心力将颗粒从气流中分离出来。气体切向进入分离器，在外侧旋转向下一定距离后再在中心转折向上，从中心筒离开；而大部分固体颗粒则以灰龙带的形式贴壁旋转向下流入料腿，最后经返料阀返回炉膛，只有极少数细颗粒在中心气流的携带下以飞灰形式离开。李少华[230]在其博士学位论文中对分离器结构和内部流场做了详细研究和建模描述，本书不再赘述。需要说明的是，灰龙带对气固反应的影响与前述稀相区边壁下降流的作用类似，但考虑到分离器内的强旋流，认为中心区没有稳定聚团存在，则分离器内的固体颗粒可划分为灰龙带和中心单颗粒两类。分离器的相关计算详见 4.3.2.5 节。

4.2.2　模型结构和参数

基于 4.2.1 节的分析，模型建立时将 CFB 锅炉划分为 5 个部分，应用不同的气固流动和传质模型，如图 4.1(b)所示。同时，对锅炉结构进行简化抽象，保留炉膛、旋风分离器、外置床这几个主要部件，并将炉膛沿高度方向划分为若干个小室(分离器或外置床为单一小室)。对物料平衡和能量平衡而言，采用带返混的 1D 模型描述，忽略颗粒横向扩散和径向温度分布，各小室内具有均一的温度、压力、气速、颗粒浓度等状态量。而对于气体平衡，如 4.2.1.2 节和 4.2.1.3 节所述，将充分发展鼓泡床区和飞溅区划分为两个并联气流通路：气泡相/气泡射流核心区(纯气相)和乳化相/颗粒悬浮区(颗粒相)，即 1.5D 模型描述。

采用非均匀轴向网格划分，炉膛中下部，特别是密相区的小室较密，以捕捉该区域颗粒浓度等状态量的变化梯度；而上部稀相区的流动则趋于均匀，反应温和，小室尺寸可以相对大一些，以提高计算效率。根据各锅炉结构，本书模型中内置的小室划分参数在表 4.1 中列出。其中，HP-135、SC-350 和 USC-550 代表 3 台不同的 CFB 锅炉，作为本书模拟对象，将在 5.2.1 节详细介绍。

表 4.1　模型内置小室结构参数

空　间		布风板作用区	充分发展鼓泡床区	飞溅区	上部稀相区
小室编号		N_{bot}～N_{ad}	N_{ad}-1～N_{Sbed}	N_{Sbed}-1～N_{spl}	N_{spl}-1～2
小室高度，ΔH_i/m	HP-135	<0.25	<0.25	0.6	4.0
	SC-350 USC-550*	<0.25	<0.25	0.8	6.0
PFR 子空间停留时间，Δt_{i_sub}/ms		10	10	30	80

注：* 表示 USC-550 CFB 锅炉分离器下部另布置有整体式外置换热床(integrated recycle heat exchanger，INTREX)，小室编号可做相应调整(2-分离器；1-INTREX)。

值得注意的是，在模型迭代计算过程中，布风板作用区、密相区和飞溅区的高度可能发生变化，导致相应区域单个小室的高度 ΔH_i 甚至小室个数 n 改变，即动网格问题。本书中，除分离器和 INTREX 小室按编号直接赋值外，其余均按线性插值方法完成新、旧小室赋值。

由于计算效率的限制，小室个数有限，单个小室的高度在 $10^{-1} \sim 10^{0}$ m (表 4.1)。然而，大部分区域气体浓度的轴向空间变化相比于固体浓度分布更加明显，且化学反应时间尺度远小于物料平衡时间。若依然采用物料和能量平衡中的小室划分，会显著降低气体平衡计算精度。本书采用"多重网格法"处理该问题，即除分离器小室外，将每个小室单元进一步划分为若干个平推流反应器(PFR)串联，在每一段 PFR 内应用 SENKIN 程序求解化学反应过程，如图 4.4 所示。

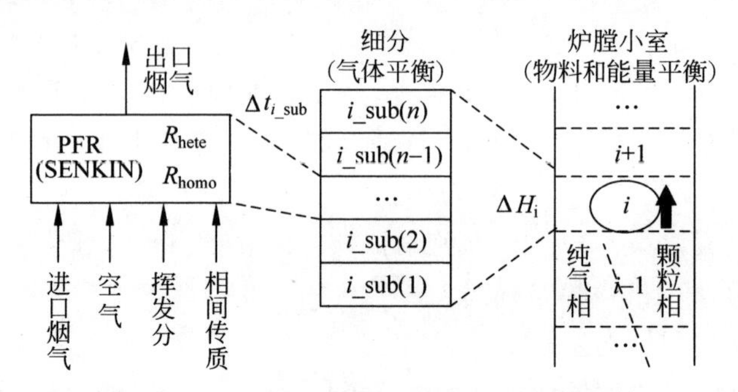

图 4.4　CFB 锅炉模型气体平衡计算网格划分

根据给料粒径范围和炉内停留时间，将各固体颗粒(灰分、石灰、原煤和焦炭)划分为若干个粒径档和年龄档。容易理解，流化床内大部分随时间推进的物理和化学过程，如颗粒磨耗、脱硫反应、原煤热解、焦炭燃烧等，其变化速率均呈非线性下降。在初始阶段变化较快，时间步长宜取小；在稳定阶段变化较慢且近似为线性，为提高计算效率可采用大时间步长。基于此，本书模型中的颗粒年龄档划分遵循如下指数分布规律：

$$t_k = \mathrm{Sp1} \cdot k \cdot \exp\left[-\frac{\ln(N_t \cdot \mathrm{Sp1}/L_t)}{N_t - 1}(k-1)\right] \tag{4.1}$$

式中，Sp1 为首时间步长，s；L_t 为总时间，s；同时限制最大时间步长不能超过 Sp2，s；N_t 为总时间步数(年龄档数)，在 Sp1、Sp2 和 L_t 指定后可随之确定。本书模型内置的各固体颗粒年龄和粒径档划分分别见表 4.2 和表 4.3。

表4.2　模型内置各固体颗粒年龄划分参数

颗　粒	总时长，L_t/s	首时间步长，Sp1/s	尾(最大)时间步长，SpMax/s	总年龄档，N_t
灰分	6×3600	1000	4390	9
灰分示踪颗粒	6×3600	10	4793	23
石灰和石灰示踪颗粒	6×3600	10	4793	23
原煤	27	0.05	4.4	24
焦炭	800	2	142	24

表4.3　模型内置各固体颗粒粒径划分参数

灰分，原煤和焦炭/mm($N_{j,A}=14$)	USC-550	0.005，0.01，0.02，0.03，0.06，0.09，0.13，0.16，0.2，0.5，1.0，3.0，4.0，8.0
	HP-135	0.03，0.06，0.09，0.125，0.16，0.2，0.25，0.3，0.5，1.0，2.0，3.0，5.0，8.0
	SC-350	0.03，0.06，0.09，0.125，0.16，0.2，0.25，0.3，0.5，1.0，2.0，3.5，6.0，10.0
石灰/μm($N_{j,L}=10$)	HP-135	10，20，30，60，100，150，200，300，500，1000
	SC-350	10，20，30，100，200，400，600，800，1000，1500
	USC-550	5，10，20，30，60，90，130，200，500，1000

4.2.3　基本平衡方程

本书CFB整体模型主要包括物料平衡(气固流动)、气体平衡(化学反应)和能量平衡(传热)3部分。接下来对各部分基本守恒方程和通用计算式作简单介绍，对各区域典型气固流动结构和传质特性的模型描述将在4.3节详细展开。

4.2.3.1　物料平衡

各小室(i)内的每类颗粒都按粒径(j)和年龄(k)划档，包括灰分(A)、石灰(L)、原煤(F)和焦炭(C)颗粒。在稳态条件下，每档颗粒都遵循如下质量守恒方程：

$$\dot{m}_{s,feed(i,j,k=1)}+\dot{m}_{s,RE(i,j,k)}-\dot{m}_{s,drain(i=N_{bot},j,k)}-\dot{m}_{s,fly(i=1,j,k)}+\dot{m}_{s,up(i+1,j,k)}+\dot{m}_{s,down(i-1,j,k)}-\dot{m}_{s,up(i,j,k)}-\dot{m}_{s,down(i,j,k)}(+\dot{m}_{s,shift(i,j,k)})\cdot(\pm\dot{m}_{s,r(i,j,k)})+\dot{m}_{s(k-1)\to(k)}-\dot{m}_{s(k)\to(k+1)}=0 \tag{4.2}$$

式中，$\dot{m}_s$ 表示固体颗粒质量流率，$kg \cdot s^{-1}$；下标 feed、RE、drain、fly、shift、up、down 和 r 分别代表因给料、返料、排渣、飞灰逃逸、磨耗、上升、下降和化学反应导致的质量变化；等号左边最后两项表示因停留时间延长（年龄衰退）导致的年龄退档。其中化学反应项主要涉及燃料热解（F－）、焦炭燃烧（C－）、CaO 硫化（L＋）和 $CaSO_4$ 还原分解（L－）这 4 类反应，具体计算方法已在第 2 章和第 3 章给出。

对煤和焦炭颗粒而言，其在总床料中的质量占比很小，可认为其随灰分等主要床料一起流动。同时，煤热解及焦炭燃烧过程较短，其磨耗作用可以忽略。故煤和焦炭颗粒的质量守恒方程可改用下式表示：

$$\begin{aligned}&\dot{m}_{F(C),feed(i,j,k)} - \dot{m}_{fly,F(C)(i,j,k)} + f_{F(C)(i,j,k)} \cdot \\&[W_{s,RE} - W_{s,drain} - W_{s,up(i)}\xi_{(i,j)} - W_{s,down(i)}] + f_{F(C)(i+1,j,k)} \cdot \\&W_{s,up(i+1)}\xi_{(i+1,j)} + f_{F(C)(i-1,j,k)}W_{s,down(i-1)} + \dot{m}_{F(C),(k-1)\to(k)} - \\&\dot{m}_{F(C),(k)\to(k+1)} - \dot{m}_{s,r(i,j,k)} = 0\end{aligned} \tag{4.3}$$

式中，$f_{F(C)}$ 表示煤或焦炭颗粒与对应档床料的相对质量比；W_{RE}、W_{drain}、W_{up} 和 W_{down} 分别表示各小室返料、排渣、上升或下降的总质量流率，$kg \cdot s^{-1}$，在灰和石灰石平衡计算完成后作为已知量代入煤或焦炭平衡方程组；ξ 为分层系数，表征不同颗粒的分层特性。

每档颗粒入炉质量流率 $\dot{m}_{s,feed(i,j,k=0)}$ 的确定涉及给料空间分配和初始粒径分布两方面问题。各类颗粒的初始质量流率分配方法或原则在表 4.4 给出。

表 4.4　每档颗粒初始质量流率分配方法

颗粒	初始粒径分布，$y_{feed(j,k=1)}$	给料空间分配，$\varphi_{feed(i,k=1)}$
灰分	初始灰分粒径分布（PAPSD），通过“静态燃烧＋冷态振筛磨耗（SCCS）”实验方法获得[231-232]	在焦炭质量平衡中，最后年龄档的不同粒径碳颗粒在炉内空间分布
原煤	实际入炉粒径（无烟煤或烟煤）或 PAPSD（褐煤）[233]	给煤口小室
焦炭	PAPSD	在原煤质量平衡中，最后年龄档的不同粒径煤颗粒在炉内空间分布
石灰	石灰石入炉粒度	石灰石给料口小室（若从返料阀给入则分配在返料口小室）

从分离器逃逸的细颗粒质量流率 $\dot{m}_{s,fly}$ 可用如下经验公式计算：

$$\dot{m}_{\mathrm{s,fly}(i=1,j,k)}=\dot{m}_{\mathrm{s,up}(i=2,j,k)}(1-\eta_{\mathrm{cyc}(j)}) \tag{4.4}$$

$$\eta_{\mathrm{cyc}(j)}=1.0-\exp\left[-0.693(d_{\mathrm{p}(j)}/d_{50})^{\frac{1.894}{\ln(d_{99}/d_{50})}}\right] \tag{4.5}$$

式中，$\eta_{\mathrm{cyc}(j)}$ 表示粒径档为 j 颗粒的分级分离效率；d_{50} 和 d_{99} 分别表示分离器的切割粒径和临界粒径，m，是表征分离器性能的重要输入参数。

如 1.3.5 节所述，磨耗导致的颗粒粒径变化会影响 CFB 锅炉床质量。磨耗包括两种机制：一种是表面磨损（$\dot{m}_{\mathrm{abra}}$），使颗粒球形度增加，表面更加光滑但尺寸变化较小，这一阶段会产生大量细颗粒（$\dot{m}_{\mathrm{fines}}$）；另一种是破碎（$\dot{m}_{\mathrm{redu}}$），即一个颗粒破裂成若干个子颗粒，总颗粒数量明显增加且形状和尺寸不再均一。因此，质量流率项 $\dot{m}_{\mathrm{s,shift}}$ 由 4 部分组成：

$$\dot{m}_{\mathrm{s,shift}(i,j,k)}=\dot{m}_{\mathrm{fines}(i,j,k)}-\dot{m}_{\mathrm{abra}(i,j,k)}+\dot{m}_{\mathrm{redu}(i,j+1,k)}-\dot{m}_{\mathrm{redu}(i,j,k)} \tag{4.6}$$

图 4.5(a)展示了 CFB 内灰颗粒的磨耗退档过程。值得注意的是，当颗粒粒径减小到一定程度后，其表面磨损或破碎作用很弱甚至可以忽略[234]，将对应粒径定义为临界磨损粒径（d_{criA}）和临界破碎粒径（d_{criF}），且通常 $d_{\mathrm{criF}}<d_{\mathrm{criA}}$。也就是说，当 $d_{\mathrm{p}}>d_{\mathrm{criA}}$ 时，$\dot{m}_{\mathrm{abra}}>0$ 且 $\dot{m}_{\mathrm{redu}}>0$；当 $d_{\mathrm{criA}}\leqslant d_{\mathrm{p}}<d_{\mathrm{criF}}$ 时，$\dot{m}_{\mathrm{abra}}=0$ 而 $\dot{m}_{\mathrm{redu}}>0$；当 $d_{\mathrm{p}}\leqslant d_{\mathrm{criF}}$ 时，$\dot{m}_{\mathrm{abra}}=0$ 且 $\dot{m}_{\mathrm{redu}}=0$。

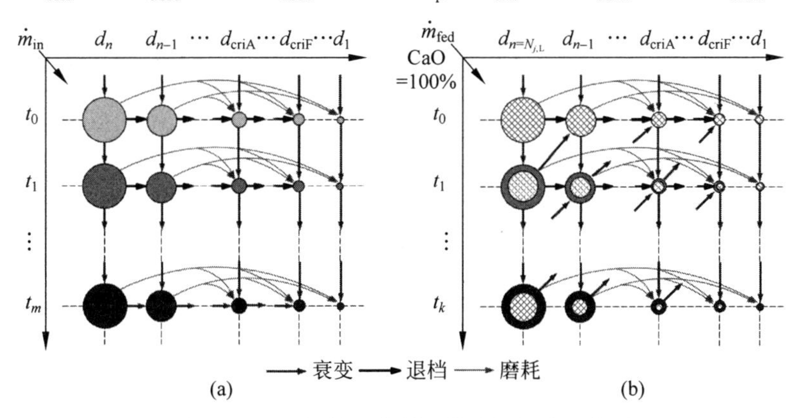

图 4.5　CFB 锅炉内床料颗粒磨耗退档示意图

(a) 灰颗粒；(b) 石灰颗粒

与惰性灰分不同，石灰颗粒的磨耗过程和脱硫反应会相互影响。一方面，$CaSO_4$ 产物层的磨耗性能明显弱于疏松多孔的 CaO 内核，随石灰在炉内停留时间增加，$CaSO_4$ 产物层逐渐增厚，颗粒表观磨耗速率也随之减小。但另一方面，磨耗作用会剥落颗粒表面一部分 $CaSO_4$，甚至使原先封闭的

CaO 内核重新暴露在烟气中，一定程度上恢复了其脱硫能力和磨耗性能。基于此，本书提出了针对石灰颗粒的“斜向磨耗退档”假设，如图 4.5(b)所示，认为母颗粒经磨耗后的状态与低一年龄档和下一粒径档的颗粒相同，即除年龄档 $m=1$ 的新鲜石灰外，第(j,m)档的颗粒磨耗后斜向落入第$(j-1,m-1)$档。

床料表面磨损产生的细颗粒在$(0,d_{\mathrm{criA}})$分布，并落入相应粒径档：

$$\dot{m}_{\mathrm{fines}(i,j,k)}=y_{\mathrm{fines}(j)}\sum_{d_{\mathrm{p}(j)}>d_{\mathrm{criA}}}\dot{m}_{\mathrm{abra}(i,j,k)} \tag{4.7}$$

式中，$y_{\mathrm{fines}(j)}$表示第 j 粒径档磨耗细颗粒的质量分数，可通过实验确定。

颗粒磨耗和退档质量流率分别由以下两式计算[155]：

$$\dot{m}_{\mathrm{abra}(i,j,k)}=K_{\mathrm{af}(j)}(U_{\mathrm{g}(i)}-U_{\mathrm{mf}(j)})M_{\mathrm{s}(i)}f_{\mathrm{s}(i,j,k)} \tag{4.8}$$

$$\dot{m}_{\mathrm{redu}(i,j,k)}=\frac{\bar{d}_{\mathrm{p}(j)}}{3(\bar{d}_{\mathrm{p}(j)}-\bar{d}_{\mathrm{p}(j-1)})}\dot{m}_{\mathrm{abra}(i,j,k)} \tag{4.9}$$

式中，K_{af} 表示颗粒磨耗速率常数，m^{-1}，同样由冷态振筛(灰分)[231]或鼓泡床实验(石灰)[235]确定；U_{g} 为炉膛截面表观风速，$\mathrm{m\cdot s^{-1}}$；M_{s} 为某小室内总床料质量，kg；$f_{(i,j,k)}$表示第(j,k)档颗粒在第 i 个小室内的质量分数。

除分离器小室内的物料存量根据颗粒停留时间单算外(4.3.2.5 节)，其余小室物料量均可由床层空隙率 ε 表示：

$$M_{\mathrm{s}(i)}=\sum_{j=1}^{N_{j,\mathrm{A}}+N_{j,\mathrm{L}}}[A_{\mathrm{fur}(i)}(1-\varepsilon_{(i,j)})\rho_{\mathrm{p}(j)}\Delta H_{(i)}] \tag{4.10}$$

式中，A_{fur} 表示炉膛截面面积，m^2；ρ_{p} 表示颗粒密度，$\mathrm{kg\cdot m^{-3}}$，其随粒径(灰分)或脱硫转化率(石灰)而变化。

空隙率沿炉膛高度分布采用 Kunii-Levenspiel 模型[236]描述，其假设密相区内空隙率不变(外置床内气固流态按鼓泡床处理)，而床面之上自由空域的固体颗粒浓度按指数衰减。对单一粒径床料有：

$$\varepsilon_{(j)}(h)=\begin{cases}\varepsilon_{\mathrm{den}(j)}, & h\leqslant H_{\mathrm{den}}\\ \varepsilon_{\infty(j)}+(\varepsilon_{\mathrm{den}(j)}-\varepsilon_{\infty(j)})\exp[-\alpha(h-H_{\mathrm{den}})], & h>H_{\mathrm{den}}\end{cases} \tag{4.11}$$

式中，H_{den} 为密相区高度，m，通过床压平衡迭代求出；α 为稀相段空隙率衰减系数，与床压有关[130]：

$$\alpha=\frac{35.0}{\Delta P_{\mathrm{fur}}}\frac{U_{\mathrm{t}}}{U_{\mathrm{g}}} \tag{4.12}$$

式中，ΔP_{fur} 表示炉内总床压降，Pa，为模型输入操作参数；U_{t} 表示颗粒终端沉降速度，$\mathrm{m\cdot s^{-1}}$。

式(4.11)中的 $\varepsilon_{\mathrm{den}}$ 和 ε_{∞} 分别表示密相区和 TDH 高度之上的稀相区空隙率，有[130]：

$$\varepsilon_{\mathrm{den}}=(1-\sigma_{\mathrm{B}})\varepsilon_{\mathrm{mf}}+\sigma_{\mathrm{B}} \tag{4.13}$$

$$\varepsilon_{\infty}=1-0.822\left[\frac{G_{\mathrm{s}}^{*}}{\rho_{\mathrm{s}}(\bar{U}_{\mathrm{g}}-U_{\mathrm{t}})}\right]^{0.982}\left(\frac{\bar{U}_{\mathrm{g}}}{\sqrt{0.5g}}\right)^{-0.122}\left(\frac{0.5}{d_{\mathrm{p}}}\right)^{0.175} \tag{4.14}$$

式中，σ_{B} 为密相区气泡相体积分数，其计算方法将在 4.3.1 节介绍；G_{s}^{*} 表示固体饱和携带率，$\mathrm{kg\cdot m^{-2}\cdot s^{-1}}$，采用如下关联式计算[130]：

$$G_{\mathrm{s}}^{*}=\rho_{\mathrm{g}}\bar{U}_{\mathrm{g}}\left\{\frac{\bar{U}_{\mathrm{g}}}{0.1Ar^{0.28}\sqrt{gd_{\mathrm{p}}}}\exp\left[-\left(\frac{0.5}{d_{\mathrm{p}}}\right)^{0.21}\right]\right\}^{1/0.83} \tag{4.15}$$

式中，Ar 为阿基米德数，$Ar=\rho_{\mathrm{g}}d_{\mathrm{p}}^{3}(\rho_{\mathrm{p}}-\rho_{\mathrm{g}})\mathrm{g}/\mu_{\mathrm{g}}^{2}$。

假设各粒径的床料空隙率可线性叠加，则各小室的表观压力可表示为

$$P_{(I)}=\sum_{i=1}^{I}\left\{\sum_{j=1}^{N_{j,\mathrm{A}}+N_{j,\mathrm{L}}}\left[\rho_{\mathrm{p}(j)}(1-\varepsilon_{(i,j)})f_{\mathrm{s}(i,j)}\right]g\Delta H_{(i)}\right\} \tag{4.16}$$

注意到本书模型中的炉膛出口表压恒定为 0，而实际运行中，由于引风机作用，炉膛上部通常呈现微负压。为校正该偏差，将模型中的这部分负压差折算到炉膛总床压降 ΔP_{fur} 中。

各档颗粒上升($\dot{m}_{\mathrm{up}}$)或下降($\dot{m}_{\mathrm{down}}$)的质量流率项为

$$\dot{m}_{\mathrm{s,up}(i,j,k)}=W_{\mathrm{s,up}(i)}\cdot f_{\mathrm{s}(i,j,k)}\cdot\xi_{(i,j)} \tag{4.17}$$

$$\dot{m}_{\mathrm{s,down}(i,j,k)}=W_{\mathrm{s,down}(i)}\cdot f_{\mathrm{s}(i,j,k)} \tag{4.18}$$

物料总上升流率 $W_{\mathrm{s,up}}$ 借助环核流动模型求出(4.3.2.3 节)，$W_{\mathrm{s,down}}$ 则根据各小室质量平衡得到。$\xi_{(i,j)}$ 的计算可参考如下半经验公式[237]：

$$\xi_{(i,j)}=\begin{cases}1+(\xi_0-1)[1-\exp(-\bar{U}_{\mathrm{t}(i)}-U_{\mathrm{t}(i,j)})/k_1], & d_{\mathrm{p}(j)}<\bar{d}_{\mathrm{p}(i)}\\ 1.0, & d_{\mathrm{p}(j)}=\bar{d}_{\mathrm{p}(i)}\\ \exp[-(U_{\mathrm{t}(i,j)}-\bar{U}_{\mathrm{t}(i)})/k_2], & d_{\mathrm{p}(j)}>\bar{d}_{\mathrm{p}(i)}\end{cases} \tag{4.19}$$

式中，分层常数 ξ_0、分层衰减系数 k_1 和 k_2 的确定可参考相关文献。

年龄档为 k ($k-1$)的颗粒衰变为 $k+1$(k)档颗粒的质量流率表示为

$$\dot{m}_{s(k)\to(k+1)}=\frac{M_{s(i)}f_{s(i,j,k)}}{t_{(k+1)}-t_{(k)}} \tag{4.20}$$

在稳态模型下，将某一粒度不同年龄的颗粒进行统计，其年龄对数量的平均可近似看作该粒度物料的平均停留时间，即

$$\bar{t}_{s(j)}=\sum_{k=1}^{N_t}(t_{s(j,k)}f_{s(j,k)}) \tag{4.21}$$

但需说明的是，因为存在颗粒磨耗和退档，床料中细颗粒的份额增加，根据图 4.5 的处理方式，该磨耗产生的细颗粒仍属于同一(灰分)或下一(石灰石)年龄档，则按式(4.21)计算，在小粒径范围内会出现随粒径减小、停留时间增加的反常现象，如图 4.6 所示。

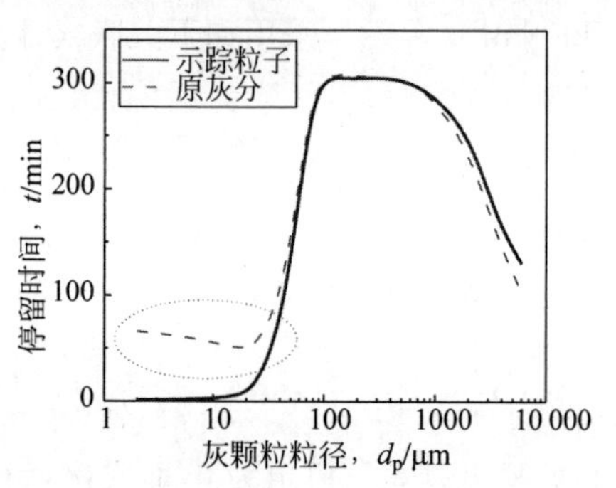

图 4.6 模型修正前后不同粒径颗粒停留时间分布(某 550 MW$_e$ CFB 锅炉)

因此，本书模型改用“示踪粒子模型”来描述不同粒径档颗粒的停留时间，以符合物理意义。具体来说，模仿流化床实验中的“示踪粒子法”，在计算中假想往炉内投放一些示踪粒子，其投放位置、颗粒性质等均与灰分或石灰石相同，但不发生磨耗($\dot{m}_{shift}=0$)，只会随年龄增加逐渐衰退。当所注入的示踪粒子流率很小时(本书设为 0.03 kg·s^{-1})，其在床内存量很小，不会改变该锅炉的物料平衡特性，即床存量、循环流率、固含率分布等不发生变化。这些伴随流动的示踪粒子的停留时间可代表相应的灰或石灰石颗粒的停留时间。

示踪粒子的物料平衡方程类似于式(4.3)(无化学反应项)，在得到各档示踪粒子的质量份额后，将其代入式(4.21)可得到对应粒径灰或石灰石颗粒的停留时间。应用该示踪粒子模型修正后的颗粒停留时间随粒径分布也展示在图 4.6 中，其呈现典型的单峰分布，符合客观规律。

4.2.3.2 气体平衡

假设每段 PFR 内的气体浓度仅在流动轴线方向变化，且温度、压力、气

速等保持不变。炉内各点温度、压力和气速值分别在能量平衡、物料平衡和气体平衡计算模块中得到,并作为整体模型迭代参数之一。

对每段 PFR 而言,气体组分 m 的质量平衡如下所示:

$$y_{\text{out}(m)}\dot{m}_{\text{g,all,out}}=y_{\text{in}(m)}\dot{m}_{\text{g,all,in}}+\dot{m}_{\text{g,feed}(m)}+\dot{m}_{\text{g,tran}(m)}+\dot{m}_{\text{Vol}(m)}+R_{\text{homo}(m)}+R_{\text{hete}(m)} \tag{4.22}$$

式中,下标 in 和 out 分别表示 PFR 进口和出口的气体状态;y 为各气体组分摩尔分数;$\dot{m}_{\text{g,all}}$ 为气体总摩尔流率,kmol・s^{-1};$\dot{m}_{\text{g,feed}}$ 为外部给入气体摩尔流率,kmol・s^{-1},包括一、二次风等;$\dot{m}_{\text{g,tran}}$ 为气体相间传递流率,kmol・s^{-1};$\dot{m}_{\text{Vol}}$ 为各挥发分析出流率,kmol・s^{-1};R_{homo} 和 R_{hete} 分别表示气体均相反应和气固异相反应的速率,kmol・s^{-1},后者的动力学表达式也作为反应源项代入 SENKIN 气体组分守恒方程组,与均相反应同步求解。

根据 2.2 节的单颗粒热解子模型计算得到每档燃料颗粒的挥发分释放过程后,将每个小室内析出的挥发分气体均分到每段 PFR 上,则第 j 档颗粒的第 m 种挥发分组分在第 i 个小室内的释放份额 $\varphi_{\text{Vol}(i,j,m)}$,以及第 m 种挥发分组分在第 i 个小室内的总释放率$\dot{m}_{\text{Vol}(i,m)}$(kmol・$\text{s}^{-1}$)可表示为

$$\varphi_{\text{Vol}(i,j,m)}=\frac{\sum\limits_{k=1}^{N_{t,\text{F}}}\dot{m}_{\text{Vol}(i,j,k,m)}}{\sum\limits_{i=1}^{N_{\text{bot}}}\sum\limits_{k=1}^{N_{t,\text{F}}}\dot{m}_{\text{Vol}(i,j,k,m)}} \tag{4.23}$$

$$\dot{m}_{\text{Vol}(i,m)}=\sum_{j=1}^{N_{j,\text{F}}}(\varphi_{\text{Vol}(i,j,m)}\dot{m}_{\text{Vol}(j,m)}) \tag{4.24}$$

式中,$\dot{m}_{\text{Vol}(i,j,k,m)}$表示第$(i,j,k)$档燃料颗粒热解析出组分 m 的质量流率(包括游离水蒸发),有

$$\dot{m}_{\text{Vol}(i,j,k,m)}=\begin{cases}\dfrac{f_{\text{C}(i,j,k)}M_{\text{s}(i)}\cdot[\gamma_{\text{daf}}(Y_{\text{Vol,daf}(j,k,m)}-Y_{\text{Vol,daf}(j,k-1,m)})+Y_{\text{W,ar}(j,k)}-Y_{\text{W,ar}(j,k-1)}]}{(1-\gamma_{\text{daf}}Y_{\text{Vol,daf}(j,k)}-Y_{\text{W,ar}(j,k)})\Delta t_{(k)}}, & \\ \text{H}_2\text{O} & \\ \dfrac{f_{\text{C}(i,j,k)}M_{\text{s}(i)}\cdot\gamma_{\text{daf}}(Y_{\text{Vol,daf}(j,k,m)}-Y_{\text{Vol,daf}(j,k-1,m)})}{(1-\gamma_{\text{daf}}Y_{\text{Vol,daf}(j,k)}-Y_{\text{W,ar}(j,k)})\Delta t_{(k)}}, & \\ \text{其他气体组分} & \end{cases} \tag{4.25}$$

需要指出的是,平推流反应器属于 1D 模型范畴,而 SENKIN 是基于时

间积分方法求解的，本质上是 0D 模型（仅含时间项）。根据前述气速恒定假设，停留时间 t_{τ} 等于每段 PFR 的高度除以该段烟气流速 U_{g}（分离器内气体平均停留时间另算，见 4.3.2.5 节），从而将"空间域"转化为"时间域"，使 0D SENKIN 求解程序也适用于 1D 问题。但需注意，部分均相反应剧烈的地方（如密相区底部和床层表面飞溅区），因非等摩尔反应的存在（如 C+O_2 反应生成 CO），气体总物质的量可能变化很大，导致气速相应改变。为保证质量平衡，在每段 PFR 反应计算完成后，根据各化学反应速率和当量比，结合理想气体状态方程，求得反应后总摩尔流率和烟气流速，以代入下一段 PFR 计算，即

$$\dot{m}_{g,all,out} = \dot{m}_{g,all,in} + \sum_{m}\Big(\dot{m}_{g,feed(m)} + \dot{m}_{g,tran(m)} + \dot{m}_{Vol(m)} + R_{homo(m)} + R_{hete(m)}\Big) \tag{4.26}$$

$$U_{g} = \frac{RT}{P}\frac{\dot{m}_{g,all,out}}{A_{fur}} \tag{4.27}$$

式中，A_{fur} 为每段 PFR（炉膛）的横截面面积，m^2。

4.2.3.3　能量平衡

本书 CFB 燃烧模型中的能量平衡包含两部分内容：一是炉内受热面与烟气及床料间的换热，可获得炉膛内轴向温度分布；二是尾部烟道受热面换热，可确定部分工质侧参数（如炉内悬吊过热器、再热器进口蒸汽温度，满足炉内传热计算需要）、排烟温度等。

炉内第 i 个小室应满足如下能量守恒方程：

$$\begin{cases}\sum \dot{Q}_{in(i)} - \sum \dot{Q}_{out(i)} + \sum \dot{Q}_{r(i)} - \sum \dot{Q}_{hs(i)} = 0 \\ \sum \dot{Q}_{in(i)} = \dot{Q}_{feed(i)} + W_{s,return(i)} h_{s(i=1)} + W_{s,up(i+1)} h_{s(i+1)} + \\ \qquad W_{s,down(i-1)} h_{s(i-1)} + W_{g,up(i+1)} h_{g(i+1)} \\ \sum \dot{Q}_{out(i)} = W_{s,drain(i=N_{bot})} h_{s(i=N_{bot})} + W_{s,fly(i=1)} h_{s(i=1)} + \\ \qquad W_{s,up(i)} h_{s(i)} + W_{s,down(i)} h_{s(i)} + W_{g,up(i)} h_{g(i)}\end{cases} \tag{4.28}$$

式中，$\dot{Q}_{in}$ 和 $\dot{Q}_{out}$ 分别表示随烟气及床料流入或流出小室的热流率，$kJ \cdot s^{-1}$；$\dot{Q}_{feed}$ 表示随原煤或热空气流入小室的热流率，$kJ \cdot s^{-1}$；$\dot{Q}_{r}$ 表示燃烧等化

学反应热，$kJ \cdot s^{-1}$；$\dot{Q}_{hs}$ 表示炉内受热面吸热流率，$kJ \cdot s^{-1}$；h_s 和 h_g 分别为床料和烟气显焓，$kJ \cdot kg^{-1}$ 或 $kJ \cdot kmol^{-1}$，其根据当地温度，结合 NIST 标准化学库上的纯物质物性参数计算式，按当地床料或烟气物质组成线性叠加确定。

CFB 锅炉内的受热面表面传热系数受多种因素影响，包括受热面结构、温度、烟气流速与性质、近壁面颗粒浓度与床料性质等。吕俊复等[238]建立了基于局部物料悬浮浓度的半经验换热模型，具有较高的预测精度，被广泛用于各容量 CFB 锅炉的设计。该传热关联式为

$$\dot{Q}_{hs} = K_h A_{S,b} \Delta T \tag{4.29}$$

$$\frac{1}{K_h} = \frac{1}{K_b^n} + \frac{1}{K_f}\frac{A_{S,b}}{A_{S,f}} + \frac{\delta_{fin}}{\lambda_{fin}}\left(+\frac{\delta_{cas}}{\lambda_{cas}} + \frac{1}{K_c}\right) \tag{4.30}$$

式中，K_h 表示总换热系数，$W \cdot m^{-2} \cdot K^{-1}$；$\Delta T$ 为炉侧和工质侧的传热温差，K；K_b^n 为床侧向受热面的表面名义换热系数，$W \cdot m^{-2} \cdot K^{-1}$；$K_f$ 为工质侧换热系数，$W \cdot m^{-2} \cdot K^{-1}$；$A_{S,b}/A_{S,f}$ 表示管内外的换热面积之比；δ_{fin} 和 δ_{cas} 分别为鳍片厚度和耐火浇注料厚度，m；λ_{fin} 和 λ_{cas} 分别为受热面和浇注料导热系数，$W \cdot m^{-2} \cdot K^{-1}$；$K_c$ 表示附加换热系数，$W \cdot m^{-2} \cdot K^{-1}$，主要指受热面表面沾污热阻。各参数的具体计算方法可参考相关文献。

锅炉尾部受热面沿烟气的流程通常为包墙过热器、高/低温过热器、低温再热器、省煤器、空气预热器等，部分受热面间还带减温喷水（如各级过热器和再热器间）。该处传热系数与受热面类型、结构和布置方式，以及烟气流速，飞灰含量等有关，具体计算方法可参考热工手册。忽略尾部烟道的飞灰残碳燃烧等化学反应放热，对每一级受热面建立能量平衡方程，求得该级进出口烟温及工质进出口温度（除高过出口、低再进口、省煤器和空预器进口等处工质参数为模型输入参数）。

4.2.4　模型求解方法

本书建立的 CFB 燃烧整体模型主要包含 3 部分平衡模块：物料平衡（气固两相流动）、气体平衡（化学反应）和能量平衡（传热）。该模型主要的输入参数和求解步骤见图 4.7。全模型采用 Fortran 语言编写。

其中，对于灰分和石灰石颗粒物料平衡计算，每档颗粒需满足如式(4.2)

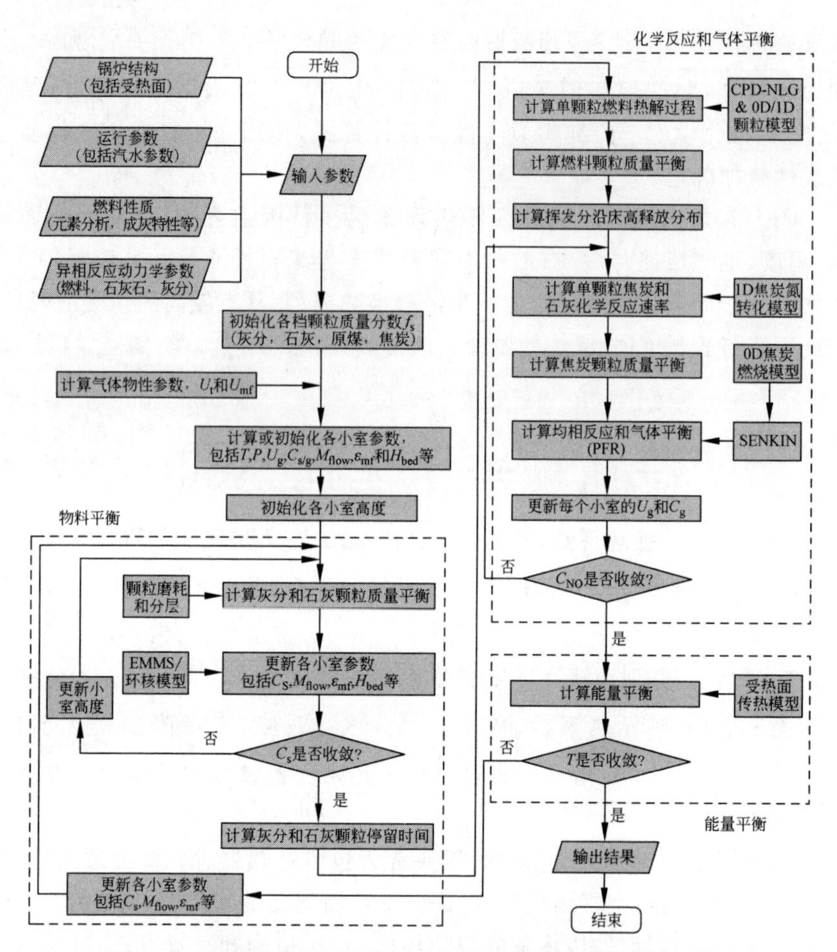

图 4.7　循环流化床燃烧和污染物排放整体数学模型流程图

所示的质量守恒方程；同时每个小室内所有档颗粒的质量份额之和应等于1，即$\sum_{j=1}^{N_j}\sum_{k=1}^{N_t} f_{(i,j,k)}=1$，则共含$N_{\text{cell}}(N_{j,\text{A}}\times N_{t,\text{A}}+N_{j,\text{L}}\times N_{t,\text{L}}+1)$个平衡方程，$N_{\text{cell}}$为小室个数。未知量除每个小室内每档颗粒的质量分数外，还包括各小室的总下降质量流率$W_{\text{s,down}}$、未知量个数和方程数相等，方程组定解。而对于煤/焦炭/示踪颗粒的物料平衡计算，未知量是每个小室内各档颗粒质量与该小室总物料量的相对比例，未知量和方程数均为$N_{\text{cell}}\times N_{j,\text{F(C,st)}}\times N_{t,\text{F(C,st)}}$个。

在炉内能量平衡中，未知量是各小室温度，未知量和平衡方程数即

N_{cell}。在锅炉尾部烟道能量平衡中，方程组形式取决于尾部受热面的布置情况。应用 IMSL 商业数学与统计函数库中的 NEQNF 函数求解上述非线性方程组。

4.3　分区流动和传质子模型

根据 4.2.1 节的分析，对 CFB 锅炉内不同区域的气固流动和传质特性进行模型描述。

4.3.1　密相区

采用肖卓楠等[239]提出的半经验关联式计算炉底布风板之上的风帽射流深度(H_{Dj})，此即布风板作用区的高度：

$$H_{Dj}=\frac{[d_{cap}^2\bar{\rho}^2 g^2(0.174\rho_g U_{g,cap}^2+\bar{\rho}gd_{cap})]^{1/3}}{0.116\bar{\rho}g}-\frac{d_{cap}}{0.116} \tag{4.31}$$

式中，d_{cap} 为风帽直径，m；$U_{g,cap}$ 为风帽出口射流速度，$m\cdot s^{-1}$；$\bar{\rho}$ 为气体和颗粒的平均密度，$kg\cdot m^{-3}$。

对于布风板作用区之上的充分发展鼓泡床区，分别采用如下关联式计算各气泡特征，包括气泡直径(d_B)[240]、气泡上升速度($U_{g,B}$)[241]、气泡相体积分数(σ_B)[242]和乳化相内气体流速($U_{g,E}$)：

$$\begin{cases}d_B(h)=8.53\times10^{-3}[1+27.2(\bar{U}_g-U_{mf})]^{1/3}[1+6.84(H_{(i)}+H_D-H_{Dj})]\\ H_D=1.61[A_D^{1.6}g^{0.2}(\bar{U}_g-U_{mf})^{-0.4}]^{1/3}\end{cases} \tag{4.32}$$

$$U_{g,B}=0.17U_{mf}^{-0.33}(\bar{U}_g-U_{mf})+0.71\times2\sqrt{gd_B} \tag{4.33}$$

$$\begin{cases}\sigma_B=1/[1+1.3/\chi(\bar{U}_g-U_{mf})^{-0.8}]\\ \chi=[0.26+0.70\exp(-3300d_p)](0.15+\bar{U}_g-U_{mf})^{-0.33}\end{cases} \tag{4.34}$$

$$U_{g,E}=\frac{\bar{U}_g-U_{g,B}\sigma_B}{1-\sigma_B} \tag{4.35}$$

式中，下标 B 和 E 分别表示气泡(相)和乳化相；A_D 为单个风帽作用面积，m^2，近似等于布风板总面积除以风帽个数；$H_{(i)}$ 为第 i 个小室相对布风板的高度，m；$\bar{U}$ 表示炉膛截面上平均气体(g)或颗粒(p)的速度，$m\cdot s^{-1}$。

最小流化风速(U_{mf})的计算式与式(2.12)一致。

沿高度方向，随气泡的生长与合并，乳化相中的部分气体逐渐进入气泡相，这部分气体相间的传递流率(单向)可表示为

$$\dot{m}_{g,tran(i,m)}\big|_{E\to B}=[U_{g,E(i)}(1-\sigma_{B(i+1)})A_{fur(i+1)}-U_{g,E(i)}(1-\sigma_{B(i)})A_{fur(i)}]C_{g,E(i+1,m)} \tag{4.36}$$

除此之外，鼓泡床内还存在浓度差驱动的气体相间传质作用(双向)，本书采用 Grace 等[243]的关联式计算：

$$\dot{m}_{g,tran(i,m)}\big|_{B\leftrightarrow E}=K_{g,B\leftrightarrow E(i,m)}S_{B(i)}(C_{g,B(i,m)}-C_{g,E(i,m)}) \tag{4.37}$$

$$K_{g,B\leftrightarrow E(i,m)}=\frac{U_{mf(i)}}{3}+\left(\frac{4D_{g(i,m)}\varepsilon_{mf(i)}U_{g,B(i)}}{\pi d_{B(i)}}\right)^{1/2} \tag{4.38}$$

式中，$K_{g,B\leftrightarrow E}$ 为相间传质系数，$m\cdot s^{-1}$；S_B 为气泡表面积，m^2；临界流化空隙率(ε_{mf})的计算式与式(2.14)一致。

而在乳化相内部，气体从主流扩散到活性颗粒(焦炭、石灰等)表面还有一层传质阻力，即活性颗粒外边界层传质作用，这里借助 Scala[127]提出的关联式计算乳化相内传质系数($K_{g,E}$)：

$$Sh_E=\frac{K_{g,E}d_p}{D_g}=2\varepsilon_{mf}+0.70\left(\frac{U_{mf}d_p\rho_g}{\mu_g\varepsilon_{mf}}\right)^{1/2}\left(\frac{\mu_g}{\rho_g D_g}\right)^{1/3} \tag{4.39}$$

图 4.8 给出了特定条件下，采用上述关联式计算得到的鼓泡床内气体的传质系数和气泡体积分数随床料粒径的变化情况。

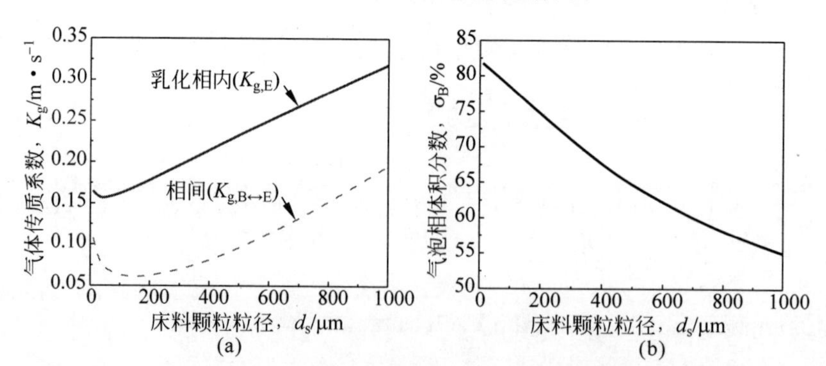

图 4.8　鼓泡床内气体的传质系数和气泡体积分数随床料粒径变化

$d_p=2$ mm；$U_g=5$ $m\cdot s^{-1}$；$T=850$℃；$H_{bed}=0.5$ m

(a) 气体传质系数(O_2)；(b) 气泡相体积分数

可以看出，除粒径很细的范围(CFB 锅炉密相区平均颗粒粒径通常大于 100 μm，在图 4.8(a)中拐点右边)外，随着周围床料粒度增大，乳化相内

和相间气体传质系数均逐渐增加，且气泡相内气体份额减少。这意味着氧气等气体更多地进入乳化相内到达活性颗粒表面，有利于焦炭燃烧、石灰石脱硫等反应进行，乳化相内还原性气氛则有所减弱。

4.3.2　稀相区

本节所指的稀相区包括密相床面之上的飞溅区、炉膛上部的稀相区和旋风分离器，主要讨论五类气固流动行为：气泡射流、二次风射流、环核流动结构、核心区颗粒团聚和分离器内灰龙带行为，并对相应传质过程进行描述。

4.3.2.1　气泡射流

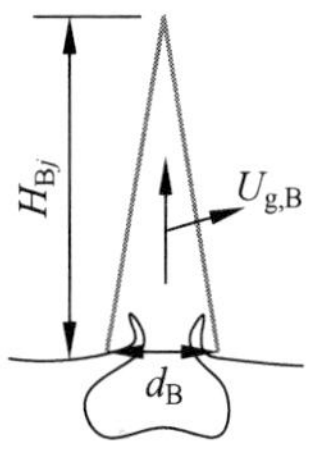

将密相床表面气泡破裂形成的射流假想为稳定存在且相互独立的相伴平行射流，如图 4.9 所示。

图 4.9　气泡射流结构示意图

认为射流核心区内气体流速恒等于床面附近气泡的上升速度（$U_{g,J}=U_{g,B(i=N_{Sbed})}$），且无颗粒存在（纯气相）。将该气泡射流与射流流化床的射流区相比较，并借鉴如下射流高度计算关联式[244]：

$$\begin{cases} H_{Bj}=30.4\left(\dfrac{\overline{U}_g}{U_{g,s}}\right)^{-0.1754} Fr_B^{0.293} Re_p^{-0.1138}\cdot d_{B(i=N_{Sbed})} \\[2ex] Fr_B=\dfrac{\rho_g}{\bar{\rho}-\rho_g}\dfrac{U_{g,B(i=N_{Sbed})}^2}{g d_{B(i=N_{Sbed})}},\quad Re_p=\dfrac{\rho_g d_p U_{g,B(i=N_{Sbed})}}{\mu_g} \end{cases} \tag{4.40}$$

式中，气泡射流高度（H_{Bj}）类比于射流床中的射流深度，m；床面处的气泡直径（d_B）类比于射流床喷口直径，m；床面处气泡上升速度（$U_{g,B}$）类比于喷口射流速度，$m\cdot s^{-1}$；周围颗粒悬浮区内的气体流速（$U_{g,S}$）类比于射流床中颗粒最小流化风速，$m\cdot s^{-1}$，则有

$$U_{g,S}=\frac{\overline{U}_g-U_{g,J}\sigma_J}{1-\sigma_J} \tag{4.41}$$

式中，σ_J 为飞溅区的气泡射流体积分数，按圆锥体积公式计算：

$$\begin{cases} \sigma_J=N_B\dfrac{\pi}{12}\Delta H_{(i)}(D_1^2+D_2^2+D_1D_2)/V_{(i)} \\[2ex] D_1=\dfrac{H_{Bj}-H_{(i+1)}}{H_{Bj}-H_{(i=N_{Sbed})}}d_{B(i=N_{Sbed})},\quad D_2=\dfrac{H_{Bj}-H_{(i)}}{H_{Bj}-H_{(i=N_{Sbed})}}d_{B(i=N_{Sbed})} \end{cases} \tag{4.42}$$

式中，N_B 为密相床面截面上的气泡个数；$V_{(i)}$ 为第 i 个小室体积，m^3。

忽略射流核心区与颗粒悬浮区之间浓度差驱动的气体扩散，即悬浮区内的气体不会进入核心区。但沿高度方向的射流核心区体积逐渐缩小，内部气体会逐渐扩散到周围环境中，从核心区到颗粒悬浮区的气体传递速率可以表示为

$$\dot{m}_{g,tran(i,m)}\big|_{J\to S}=(U_{g,J(i+1)}\sigma_{J(i+1)}A_{fur(i+1)}-U_{g,J(i)}\sigma_{J(i)}A_{fur(i)})C_{g,J(i+1,m)} \tag{4.43}$$

4.3.2.2 二次风扩散

二次风进入炉膛后，其射流轨迹逐渐偏折，类似于抛物线，经过一段距离后最终与主流同向流动，不再区分。与此同时，二次风中的氧气浓度沿射流轴线不断衰减，逐渐扩散到主流中，浓度衰减快慢也取决于射流与主流的混合强度。

根据相关文献研究[245]，定义射流轴线与主流流动方向夹角达到 80°时的横向流动距离为二次风穿透深度（$l_{SA,pene}$），并提出如下经验关联式：

$$\frac{l_{SA,pene}}{d_{SA,in}}=1.7255\left(\frac{\rho_{g,SA}U_{g,SA}^2}{\rho_{g,flue}\overline{U}_g^2+\rho_p(1-\overline{\varepsilon})\overline{U}_p^2}\right)^{0.5} \tag{4.44}$$

式中，$d_{SA,in}$ 为二次风喷口直径，m；$U_{g,SA}$ 为二次风射流喷口速度，$m\cdot s^{-1}$；$\rho_{g,SA}$ 和 $\rho_{g,flue}$ 分别为二次风和主流（烟气）气体密度，$kg\cdot m^{-3}$。

汪佩宁等[114]研究了不同条件下二次风射流气体浓度沿轴线的衰减规律，发现存在 3 个浓度衰减区域：在喷口附近的势核区，二次风刚度仍能保持，浓度几乎不沿轴线变化；在射流轨迹发生剧烈偏折的区域，轴线浓度快速衰减；而在之后远场区域，轴线浓度又缓慢降低[114]。为与 1D CFB 模型相适配，本书假设二次风中的氧气并非全部进入二次风口所在小室，而是部分在当前高度混合均匀，剩余则在当前高度之上一定高度内逐渐混入对应小室烟气。借鉴前人得到的远场区内气体浓度沿射流轴线衰减的经验关联式，对应于射流轨迹到达炉膛中心时的轴线浓度，本书提出如下二次风口处的氧气分配比例：

$$\frac{\dot{m}_{g,in(i=N_{SA},O_2)}}{\dot{m}_{O_2,SA}}=\exp\left(-0.66\,\frac{0.5d_{fur}-l_{SA,pene}}{d_{SA,in}}-0.71\right) \tag{4.45}$$

式中，$\dot{m}_{g,in(i=N_{SA},O_2)}$ 和 $\dot{m}_{O_2,SA}$ 分别表示二次风口所在小室氧气给入流率和该层二次风携带的总氧气流率，$kmol\cdot s^{-1}$；d_{fur} 为炉膛深度，m。

假设射流穿过一定深度后(本书假设为80%炉膛半径处),二次风与主流完全混合均匀,同样根据前人实验获得的射流轨迹曲线[245],得到该点对应的高度为

$$H_{SA,J}=\frac{\tan(80^\circ)}{2l_{SA,pene}}\left(0.8\frac{d_{fur}}{2}\right)^2+H_{SA,in} \tag{4.46}$$

式中,$H_{SA,in}$ 为二次风口离布风板高度,m。则剩余氧气在$[H_{SA,in},H_{SA,J}]$高度范围内,按小室尺寸线性分配。

4.3.2.3 环核流动和边壁区传质

本书采用两通道流动模型描述密相区之上“中心稀、边壁浓”的环核流动结构[246-247],并得到各小室总物料上升质量流率 $W_{s,up}$。具体模型构建思想和分析可参考相关文献,这里只列出基本方程。

忽略提升管内的颗粒加速效应,有如下气相和固相质量平衡方程:

$$\overline{U}_g A_{fur}=\rho_g(A_c\varepsilon_c U_{g,c}+A_a\varepsilon_a U_{g,a}) \tag{4.47}$$

$$G_s A_{fur}=\rho_p[A_c(1-\varepsilon_c)U_{p,c}+A_a(1-\varepsilon_a)U_{p,a}] \tag{4.48}$$

$$\varepsilon=A_c\varepsilon_c+A_a\varepsilon_a \tag{4.49}$$

在同一高度上,核心区、边壁区及壁面附近的单位压降应相等,即动量守恒方程为

$$\left(-\frac{dP}{dx}\right)_w=\left(-\frac{dP}{dx}\right)_c=\left(-\frac{dP}{dx}\right)_a \tag{4.50}$$

$$\begin{cases}\left(-\frac{dP}{dx}\right)_w=(1-\varepsilon)\rho_p g+\varepsilon\rho_g g+L_w(\tau_{gw}+\tau_{pw})/A_{fur}\\ \left(-\frac{dP}{dx}\right)_c=(1-\varepsilon_c)\rho_p g+\varepsilon_c\rho_g g+L_c(\tau_{gi}+\tau_{pi})/A_c\\ \left(-\frac{dP}{dx}\right)_a=(1-\varepsilon_a)\rho_p g+\varepsilon_a\rho_g g+[L_w(\tau_{gw}+\tau_{pw})-L_c(\tau_{gi}+\tau_{pi})]/A_c\end{cases} \tag{4.51}$$

在上述各式中,下标a和c分别表示边壁区和核心区;L_w 和 L_c 分别为边壁区与壁面接触(包括炉内悬吊受热面)的长度,以及两区界面湿周长度,m;τ_{gw}、τ_{pw} 和 τ_{gi}、τ_{pi} 分别表示气固两相与壁面间(边壁区内)的摩擦应力,以及两区域之间(虚拟壁面)的摩擦应力,$N\cdot m^{-2}$,具体计算方法可参考相关文献。考虑到常规方形炉膛结构,有

$$\begin{cases} A_a = L_w \delta_a - 4\delta_a^2 \\ A_c = A_{fur} - A_a \end{cases} \tag{4.52}$$

式中，δ_a 为边壁区厚度，m；A_a 和 A_c 分别为边壁区和核心区的截面面积，m^2。

式(4.48)中的 G_s 为实际物料循环流率，$kg \cdot m^{-2} \cdot s^{-1}$，在快速床状态下，其介于饱和携带率 G_s^* 与等价气力输送条件下的最大循环流率 $G_{s,max}$ 之间，后者即指当地所有床料均以终端速度向上运动，有

$$G_{s,max} = \rho_s (1 - \bar{\varepsilon}_{(i=2)}) \left(\frac{\overline{U}_{g(i=2)}}{\bar{\varepsilon}_{(i=2)}} - \overline{U}_{t(i=2)} \right) \tag{4.53}$$

本书简单假设实际 CFB 锅炉的 G_s 等于两者中间值，即

$$G_s = \frac{G_s^* + G_{s,max}}{2} \tag{4.54}$$

以上共有 5 个独立方程，但有 7 个未知参数(δ_a、ε_c、ε_a、$U_{g,c}$、$U_{g,a}$、$U_{p,c}$ 和 $U_{p,a}$)，方程组不定解。为此，引入以下最优条件，即双通道气固两相流动系统有效耗能最小原则：

$$\min E = \frac{1}{(1-\varepsilon)\rho_p} [A_c F_{D,c} \varepsilon_c U_{g,c} + A_a F_{D,a} \varepsilon_a U_{g,a}] \tag{4.55}$$

式中，F_D 表示单位体积边壁区或核心区所受曳力，$N \cdot m^{-3}$：

$$\begin{cases} F_{D,c} = (1-\varepsilon_c)\rho_p g + \dfrac{L_c \tau_{pi}}{A_c} \\ F_{D,a} = (1-\varepsilon_a)\rho_p g + \dfrac{(L_w \tau_{pw} - L_c \tau_{pi})}{A_a} \end{cases} \tag{4.56}$$

同时需满足如下约束条件：

$$\begin{cases} \varepsilon_{mf} \leqslant \varepsilon_a \leqslant \varepsilon \\ \varepsilon \leqslant \varepsilon_c \leqslant \varepsilon_{max} \\ U_{g,c} - U_{p,c} \geqslant U_t \\ U_{g,a} - U_{p,a} \geqslant U_t \end{cases} \tag{4.57}$$

从而将上述问题转化为非线性系统最优化问题。因为该环核流动子模型需嵌入物料平衡模块迭代计算(注意每一层稀相区小室都需调用)，若采用穷举法等常规算法，会导致模型总计算量大大增加。因此，本书应用模拟退火(simulated annealing，SA)算法求解该问题。SA 算法借鉴了自然界中物体逐渐降温时体系能量趋于最低的物理现象，是一种基于蒙特卡罗迭代的启发式随机搜索算法，具有计算效率高、鲁棒性强、全局搜索能力好等优

点。算法的思想和程序流程可参考相关著作[248]，本书不再赘述。

炉内稀相区小室的总物料上升质量流率 $W_{s,up}$ 可表示为

$$W_{s,up}=A_c(1-\varepsilon_c)U_{p,c}\rho_p \tag{4.58}$$

如 4.2.1.4 节所述，一方面，大量颗粒聚集在厚度仅为十几甚至几厘米的边壁区内，颗粒浓度远大于核心区，显著影响了气体从主流向该区域内活性颗粒表面的扩散过程，抑制了焦炭燃烧、石灰石脱硫等反应进行；但另一方面，强烈的非均匀气固流动行为也促进了边壁附近还原性气氛的形成。因此，合理描述边壁区内气体传质阻力作用对计算稀相区的整体异相反应速率十分重要。

Annamalai 等[249-250]对碳颗粒团的燃烧行为进行了系统研究，定义了如下燃烧特征数 G' 以对颗粒团的燃烧程度进行评价：

$$G'=\frac{\text{颗粒团内部气体传质速率}}{\text{颗粒团与周围环境间气体传质速率}} \tag{4.59}$$

通常，边壁区内颗粒数密度很大，空隙率接近临界流化空隙率，可视为稠密颗粒团，G' 较高。此时颗粒团的燃烧类似于一个尺寸等于颗粒团尺寸、颗粒密度等价于颗粒团密度的大单颗粒燃烧，即壳燃烧状态。本书将其扩展为壳反应状态，包括石灰石脱硫、灰分催化等气固异相反应。该等效大颗粒内外温度、孔隙率等分布均匀，表面反应气体浓度（如 O_2 等）趋近于 0。李少华等[230]在研究分离器内灰龙带中的碳颗粒燃烧特性时，将球形颗粒团燃烧模型推广为近壁面处的非对称平板颗粒团燃烧模型。本书将该结论进一步推广到 CFB 锅炉内所有边壁区活性颗粒的反应过程，颗粒团的特征尺寸为边壁区厚度（δ_a）。忽略颗粒团外表面的气体扩散阻力，整体反应速率取决于化学反应速率与 O_2 等气体在颗粒团内的传质阻力。

经理论推导，得到边壁区颗粒团反应特征数 G' 的计算式：

$$G'=\left(\frac{S_{V,p}\delta_a^2 Sh_p}{f_p d_p}\right)\Big/\left(1+\frac{Sh_p D_{g(m)}}{f_p R_{(m)} d_p}+\frac{Sh_p d_{fur}}{f_p Sh_a d_p}\right) \tag{4.60}$$

式中，$S_{V,p}$ 为单位体积颗粒团内目标活性颗粒的总外表面积（如计算焦炭燃烧时为所有焦炭颗粒外表面积之和），m^{-1}；f_p 为目标活性颗粒在颗粒团中的质量份额；R 为不考虑外扩散作用时的表观异相反应速率，$m\cdot s^{-1}$；d_{fur} 为炉膛横截面水力直径，m；Sh_p 和 Sh_a 分别为表征颗粒团内和颗粒团外气体传质速率的舍伍德数，有：

$$Sh_p=2+0.6\left(\frac{|U_{g,a}-U_{p,a}|d_p\rho_g}{\mu_g}\right)^{0.5}\left(\frac{\mu_g}{D_g\rho_g}\right)^{1/3} \tag{4.61}$$

$$Sh_{a}=0.0107\left(\frac{U_{g,f}d_{a}\rho_{g}}{\mu_{g}}\right)^{1.06}\left(\frac{\mu_{g}}{D_{g}\rho_{g}}\right)^{1/3} \tag{4.62}$$

式中，$U_{g,f}$ 为核心区稀相表观气速(见 4.3.2.4 节 EMMS 模型)，$m \cdot s^{-1}$。

则边壁区内的活性颗粒表观反应速率可表示为

$$R_{a(m)}=R_{(m)}\cdot\frac{\tanh[(G')^{1/2}]}{(G')^{1/2}} \tag{4.63}$$

需要说明的是，与密相区、稀相核心区颗粒团等处的气体传质描述不同，核心区与边壁区之间的气体交换并不利用舍伍德数等参数显示表征传质速率，而是如式(4.63)所示直接对表观异相反应速率进行修正，以体现边壁区内气体传质阻力影响。

4.3.2.4　核心区颗粒团聚和传质

在快速床状态下，除形成边壁颗粒团向下流动外，核心区内部也非均匀流动，而是由富含颗粒的密相(颗粒团聚物)和颗粒浓度很低的稀相组成。尽管核心区内的颗粒团固含率远低于边壁区，但其对气体传质和颗粒团内活性颗粒的表观反应速率仍可能具有显著影响。

本书借助能量最小多尺度(energy minimization multi-scale，EMMS)模型来描述 CFB 锅炉炉膛核心区的非均匀稀密两相气固流动结构[251-252]。忽略提升管内颗粒加速效应，该模型的基本方程如下。

稀相和密相的连续性方程，以及核心区的质量平衡方程为

$$U_{sg,c}=(1-\beta_{cl})U_{sg,f}+\beta_{cl}U_{sg,cl} \tag{4.64}$$

$$U_{sp,c}=(1-\beta_{cl})U_{sp,f}+\beta_{cl}U_{sp,cl} \tag{4.65}$$

$$\varepsilon_{c}=(1-\beta_{cl})\varepsilon_{c,f}+\beta_{cl}\varepsilon_{c,cl} \tag{4.66}$$

稀相和密相的力平衡方程为

$$\frac{3}{4}C_{D,f}\frac{1-\varepsilon_{f}}{d_{p}}\rho_{g}U_{ss,f}^{2}=(1-\varepsilon_{f})(\rho_{p}-\rho_{g})g \tag{4.67}$$

$$\frac{3}{4}C_{D,cl}\frac{1-\varepsilon_{c,cl}}{d_{p}}\rho_{g}U_{ss,cl}^{2}+\frac{3}{4}C_{D,i}\frac{1}{d_{cl}}\rho_{g}U_{ss,i}^{2}=(1-\varepsilon_{c,cl})(\rho_{p}-\rho_{g})g \tag{4.68}$$

稀密相间的压降平衡方程为

$$\frac{3}{4}C_{D,f}\frac{1-\varepsilon_{f}}{d_{p}}\rho_{g}U_{ss,f}^{2}+\frac{3}{4}\frac{1}{1-\beta_{cl}}C_{D,i}\frac{\beta_{cl}}{d_{cl}}\rho_{g}U_{ss,i}^{2}=\frac{3}{4}C_{D,cl}\frac{1-\varepsilon_{c,cl}}{d_{p}}\rho_{g}U_{ss,cl}^{2} \tag{4.69}$$

以上各式中，下标 f、cl 和 i 分别表示稀相、密相(颗粒团)和相间；β_{cl} 为颗粒团体积分数；U_{sg} 和 U_{sp} 分别为气体和颗粒表观速度，$m\cdot s^{-1}$；U_{ss} 为表观滑移速度，$m\cdot s^{-1}$。根据定义有

$$\begin{cases} U_{ss,f}=U_{sg,f}-\dfrac{\varepsilon_{c,f}}{1-\varepsilon_{c,f}}U_{sp,f} \\ U_{ss,cl}=U_{sg,cl}-\dfrac{\varepsilon_{c,cl}}{1-\varepsilon_{c,cl}}U_{sp,cl} \\ U_{ss,i}=\left(U_{sg,f}-\dfrac{\varepsilon_{c,f}}{1-\varepsilon_{c,cl}}U_{sp,cl}\right)(1-\beta_{cl}) \end{cases} \tag{4.70}$$

C_D 表示颗粒(团)群的曳力系数，由下式计算：

$$\begin{cases} C_{D,f/cl}=\left(\dfrac{24}{Re_{f/cl}}+\dfrac{3.6}{Re_{f/cl}^{0.313}}\right)\varepsilon_{c,f/cl}^{-4.7}, & Re_{f/cl}=\dfrac{\rho_g d_p U_{ss,f/cl}}{\mu_g} \\ C_{D,i}=\left(\dfrac{24}{Re_i}+\dfrac{3.6}{Re_i^{0.313}}\right)(1-\beta_{cl})^{-4.7}, & Re_i=\dfrac{\rho_g d_{cl} U_{ss,i}}{\mu_g} \end{cases} \tag{4.71}$$

式(4.64)～式(4.69)为 6 个独立方程，但有 8 个未知参数(β_{cl}、$\varepsilon_{c,f}$、$\varepsilon_{c,cl}$、$U_{sg,f}$、$U_{sp,f}$、$U_{sg,cl}$、$U_{sp,cl}$ 和 d_{cl})，方程组不定解。与 4.3.2.1 节的环核流动模型类似，原 EMMS 模型中引入了一个系统稳定性条件，即悬浮输送能最小原理，从而转化为最优化问题求解。但在本书中，为进一步降低整体模型的计算量，求解 EMMS 模型时选择再引入两个方程以使方程组封闭。

首先，根据胡善伟等[253]的讨论，当空隙率为 0.9997 时，颗粒团完全消失，在实际求解过程中，$\varepsilon_{c,f}$ 可恒定取为 0.9997。其次，张翼[130]通过实验和总结文献中的数据，提出如下 CFB 稀相区颗粒团固含率的预测公式：

$$\varepsilon_{c,cl}=\varepsilon_c-\frac{130.51(1-\varepsilon_c)^2}{e^{9.587(1-\varepsilon_c+0.267)^2}-1.977}(\varepsilon_c-\varepsilon_{mf}) \tag{4.72}$$

在通过 EMMS 模型求解得到稀密相非均匀气固流动各特征参数后，对于核心区内的稀相单颗粒(Sh_{sin})和密相颗粒团内部(Sh_{cl})的气体传质过程，分别有如下传质速率表达式：

$$Sh_{sin}=\frac{K_{g,sin}d_p}{D_g}=2\varepsilon_{c,f}+0.69\left(\frac{U_{ss,f}d_p\rho_g}{\mu_g}\right)^{1/2}\left(\frac{\mu_g}{\rho_g D_g}\right)^{1/3} \tag{4.73}$$

$$Sh_{cl}=\frac{K_{g,cl}d_p}{D_g}=2\varepsilon_{c,cl}+0.69\left(\frac{U_{ss,cl}d_p\rho_g}{\mu_g}\right)^{1/2}\left(\frac{\mu_g}{\rho_g D_g}\right)^{1/3} \tag{4.74}$$

稀相区颗粒团的固含率小于炉底密相区乳化相，通常在乳化相内、颗粒

团内和单颗粒状态下，气体传质阻力依次减小，即 $Sh_{E}<Sh_{cl}<Sh_{sin}$。上述传质速率表达式的计算结果符合该规律。

4.3.2.5　分离器

分离器内气体($t_{cyc,g}$)和颗粒($t_{cyc,p}$)的平均停留时间分别用下式计算[230]：

$$\bar{t}_{cyc,g}=\frac{1}{H_{cyc,in}w_{cyc,in}U_{cyc,in}}\left(V_{cyc,s}+\frac{V_{cyc,nl}}{2}\right) \tag{4.75}$$

$$\frac{\bar{t}_{cyc,p}}{\bar{t}_{cyc,g}}=0.037Re_{in}^{0.43}\left(\frac{U_{cyc,in}-U_{t}}{U_{t}}\right)^{0.7}\left(\frac{\rho_{s}-\rho_{g}}{\rho_{g}}\right)^{0.42}\left(\frac{H_{cyc,tot}}{H_{cyc,tot}-H_{cyc,up}}\right)^{-1.76} \tag{4.76}$$

式中，$H_{cyc,in}$ 和 $w_{cyc,in}$ 分别为分离器的进口高度和宽度，m；$V_{cyc,s}$ 为分离器入口中心到中心筒底端间环形区域的体积，m^3；$V_{cyc,nl}$ 为自然旋风长度范围内的有效分离器体积，m^3；$H_{cyc,tot}$ 和 $H_{cyc,up}$ 分别为分离器总高和分离器上部直筒段高度，m；$U_{cyc,in}$ 为分离器入口烟气流速，$m\cdot s^{-1}$；Re_{in} 表示分离器入口的雷诺数：

$$Re_{in}=\frac{U_{cyc,in}d_{p}\rho_{g}}{\mu_{g}} \tag{4.77}$$

继而得到分离器内总物料存量(M_s)和空隙率(ε)：

$$M_{s(i=1)}=\sum_{j=1}^{N_{j,A}+N_{j,L}}(\bar{t}_{cyc,p(j)}\dot{m}_{s,up(i=2,j)}\eta_{cyc(j)}) \tag{4.78}$$

$$\varepsilon_{(i=1)}=1-\sum_{j=1}^{N_{j,A}+N_{j,L}}\frac{M_{s(i=1,j)}}{\rho_{p(j)}V_{cyc}} \tag{4.79}$$

按照4.2.1.5节的分析，分离器内的颗粒可分为近壁面灰龙带和中心区单颗粒。对灰龙带内气体传质阻力的描述与炉内边壁区颗粒下降流一致。

4.3.3　外置床

目前，很多大型CFB锅炉都设有外置换热床，特别是超临界/超超临界电站锅炉，以增加受热面、调节床温并改善锅炉低负荷运行性能。外置床内床存量很大，其内部气固流动特性和颗粒磨耗作用，对锅炉物料平衡、活性颗粒停留时间及反应状态等具有显著影响。外置床内的风速通常低于炉底密相区流化风速，床料同样处于鼓泡流态化，多数用于描述鼓泡床的相关模型仍然适用。但针对不同锅炉外置床结构上的差异，仍有一些细节需要单独讨论。

本节以整体式外置换热床（INTREX）为例，详细介绍床内气固流动的行为和建模。与常规外置床有所不同的是，该 INTREX 上部开有一内循环口（internal circulation opening，ICO）与炉膛相通，如图 4.10 所示。

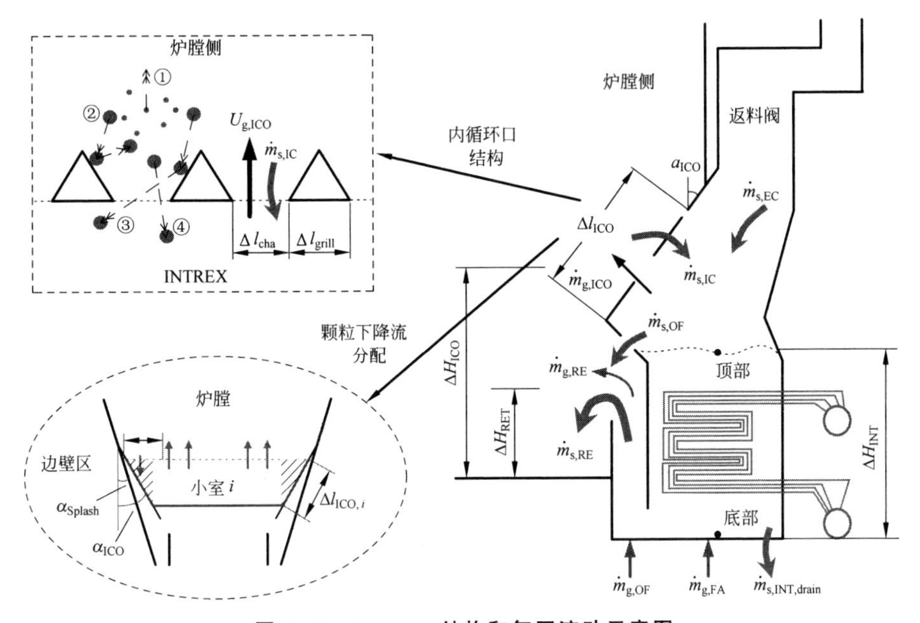

图 4.10　INTREX 结构和气固流动示意图

模式①～模式④分别表示下降颗粒流的 4 种可能流向

被分离器分离下来的灰分、石灰石等物料，经返料阀、料腿等部件，先全部落入底部 INTREX，构成外循环（$\dot{m}_{s,EC}=G_s$）；同时炉膛下部床料经内循环口也部分进入 INTREX，称为内循环（$\dot{m}_{s,IC}$）。进入 INTREX 的内/外循环物料与埋置的末级过热器等受热面换热后，在返料风（$\dot{m}_{g,RE}$）的帮助下经返料口返回炉膛（$\dot{m}_{s,RE}$）。同时，在 INTREX 内过热器管屏上方稍高处还开有一溢流口，部分床面附近物料从该口流出，并在溢流风（$\dot{m}_{g,OF}$）的帮助下斜向下返回炉膛（$\dot{m}_{s,OF}$），以控制床面高度不超过一定值（$\Delta H_{INT,lim}$）。另外，该 INTREX 底部和炉底一样，也设置了排渣口，并可调节排渣量（$\dot{m}_{s,INT,drain}$）。炉膛侧的返料口和溢流口高度相近，为简化物理过程，模型中将这两个口合并，统一设为一个返料口，则从溢流口流出的物料量($\dot{m}_{s,OF}$)也并入返料量($\dot{m}_{s,RE}$)。

从气体流程上看，流化风($\dot{m}_{g,FA}$)进入后使INTREX内的床料流化，同时与焦炭等活性颗粒反应使气体组成发生变化，假设这部分气体全部通过内循环口进入炉膛。溢流风和松动风用于辅助物料返回炉膛，因为这部分气体在INTREX内流程较短，反应程度较弱，可视为同流量新鲜空气，即不经INTREX从返料口直接进入炉膛。因此，整个INTREX是一个“二进二出”的物料平衡系统和“一进一出”的气体平衡系统。

如何确定内循环量($\dot{m}_{s,EC}$)是INTREX物料平衡系统建模的关键。如图4.10所示，INTREX内的循环口为带三角形格栅的长方形结构，颗粒和烟气均从格栅间的狭长通道离开或进入炉膛，格栅间烟气流速为($m \cdot s^{-1}$)：

$$U_{g,ICO}=Q_{ICO}/A_{ICO} \tag{4.80}$$

式中，A_{ICO}为内循环口通流面积，m^2。

内循环口附近的下降流颗粒有4种可能的流向。对于粒径或密度很小的颗粒，其终端沉降速度小于内循环口烟气通流速度$U_{g,ICO}$，认为被烟气吹浮无法进入INTREX(模式①)。而终端沉降速度大于$U_{g,ICO}$的大颗粒，可能撞击在格栅表面反弹回炉膛(模式②)；或撞击后反弹路径指向INTREX内(模式③)；或未碰撞直接进入INTREX(模式④)。也就是说，大颗粒并非能够全部落入INTREX，而是存在一定的概率。为简化模型，本书假设不同粒径大颗粒落入INTREX的概率相等($\sigma=0.15$)。

结合4.3.2.3节所述环核流动模型，假设下降流颗粒沿截面均匀分布。则从第i个小室进入INTREX的颗粒流率与总下降流率之比，近似等于该小室的内循环口面积在边壁区截面上的投影比例$\eta_{ICO(i)}$(见图4.10，注意该锅炉中内循环口与垂直方向的夹角α_{ICO}应大于炉膛下部渐扩段角度α_{Splash})，有

$$\eta_{ICO(i)}=\min\left(\frac{A_{ICO(i)}\sin(\alpha_{ICO})}{A_{a(i)}},1.0\right) \tag{4.81}$$

则第(j,k)粒径档颗粒进入INTREX的流率为

$$\dot{m}_{ICO(j,k)}=\sum_{i=1}^{N_{bot}}(f_{(i,j,k)}W_{s,down(i)}\eta_{ICO(i)}\sigma_{(j)}) \tag{4.82}$$

定义INTREX的排渣率$\eta_{drain,INT}$为INTREX排渣量占总排渣量比例，作为模型输入参数，有

$$\dot{m}_{\text{drain,INT}}=\frac{\eta_{\text{drain,INT}}\dot{m}_{\text{drain,fur}}}{1-\eta_{\text{drain,INT}}} \tag{4.83}$$

式中，$\dot{m}_{\text{drain,fur}}$ 为炉膛底部排渣流率，$\text{kg}\cdot\text{s}^{-1}$。

INTREX 内平均空隙率 ε_{INT} 的计算和炉内密相区一致。已知 INTREX 内受热管屏的流动阻力为 $\Delta P_{\text{INT\_tube}}$，则床层堆积高度(m)可用总压降折算：

$$\Delta H_{\text{INT}}=\min\left[\frac{(\Delta P_{\text{INT}}-\Delta P_{\text{INT\_tube}})}{\bar{\rho}_{\text{p,INT}}g(1-\varepsilon_{\text{INT}})},\Delta H_{\text{INT,lim}}\right] \tag{4.84}$$

第5章　循环流化床燃烧 NO_x 排放预测与分析

5.1　本章引论

第4章基于物料平衡、气体平衡和能量平衡建立了1D/1.5D多尺度耦合循环流化床燃烧整体数学模型，该模型涵盖了气固流动、反应、传质、传热等各个环节。将第2章、第3章获得的不同煤种关键化学反应动力学参数代入后，能够预测不同工况下CFB锅炉的 NO_x 原始排放浓度。更重要的是，借助对模型中间参数的分析，有助于深化对CFB燃烧污染物排放规律的认识。

本章首先对3台不同容量的商业CFB锅炉进行现场测试，并与模拟结果进行对比，保证前述模型的可靠性，进而对关键参数或模型假设进行敏感性分析，以评估模型整体及局部的适用性。然后详细讨论分离器效率、给煤粒度、过量空气系数、分级配风、负荷变动、炉内脱硫和煤种对 NO_x 原始排放的影响规律。在此基础上，分析流态重构等工程手段对降低 NO_x 原始排放的作用，继而提出CFB燃烧低成本 NO_x 排放控制技术路线。

5.2　模型校验

5.2.1　模拟对象

5.2.1.1　锅炉结构

本书选择3台不同容量的商业CFB锅炉作为模拟对象，分别是135 MW_e 超高压CFB锅炉(HP-135)、350 MW_e 超临界CFB锅炉(SC-350)和550 MW_e 超超临界CFB锅炉(USC-550)。其主汽压力和主汽温度分别为13.73 MPa/540℃/540℃(HP-135)、25.31 MPa/569℃/571℃(SC-350)、25.6 MPa/603℃/603℃(USC-550)。3台锅炉均采用炉内石灰石脱硫，其中HP-135和SC-350还附设石灰石-石膏湿法脱硫工艺以满足 SO_2 的超低排放要求，但USC-550无任何尾部烟气脱硫措施，SO_2 的排放水平完全取决于炉内脱硫性能。在 NO_x 排放控制方面,除常规的低氮燃烧措施外,HP-135 和 SC-350 采用 SNCR 烟气脱硝技术,USC-550 则投运 SCR 脱硝系统。

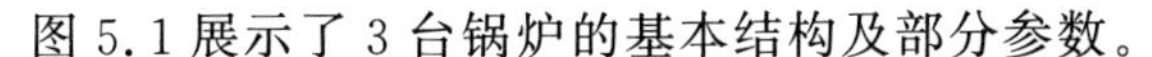

图 5.1 展示了 3 台锅炉的基本结构及部分参数。

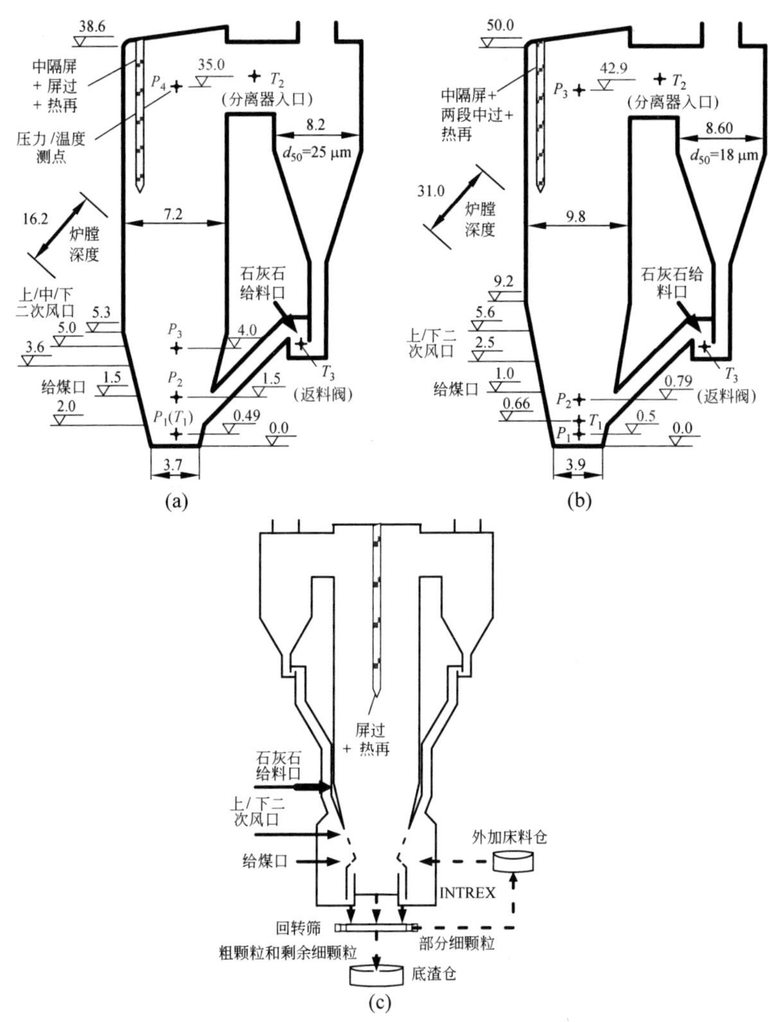

图 5.1　3 台商业 CFB 锅炉结构简图(单位：m)

(a) HP-135；(b) SC-350；(c) USC-550

其中,HP-135 锅炉有两个对称布置的高温绝热分离器；SC-350 锅炉配有 3 台单侧布置的汽冷分离器(膜式包墙过热器)；USC-550 锅炉则采用 8 台汽冷分离器,炉膛两侧对称布置,各分离器下方的返料阀出口相应与 8 个外置换热床(INTREX)连接,全部循环灰均先落入 INTREX 与末级过热器/再热器换热后再返回炉膛，INTREX内的物料及烟气流程见4.3.3节。

USC-550锅炉还有一个特殊结构，即底渣自循环系统。因该锅炉燃用的印尼褐煤灰分很低，为保证一定的物料循环性能，锅炉底渣经回转筛粗筛分后，部分细颗粒经储料仓投入炉内(图5.1(c))，投放量根据床压变化实时调控。长期监测数据显示，料仓中料位变化很小，可认为送入料仓的底渣量近似等于返回炉膛的床料量；从宏观上看，其等价于一部分底渣在炉内自循环。定义底渣的自循环率为返回炉内的底渣量与总排渣量之比，为模型输入运行参数，其可根据锅炉净飞灰底渣比估计。

工程上另一种常见的补充循环量的措施是外加河沙等床料。然而，与这些外界颗粒不同的是，自循环底渣中还含有少量未反应完全的焦炭、石灰等活性颗粒；且不同粒径、年龄的灰分磨耗性能也有所差异(质地坚硬的河沙通常认为不发生磨耗)。在模型中，需将自循环底渣中各档颗粒(j,k)叠加到自循环口所在小室对应档颗粒的存量中，这也表明自循环物料在床内无法区分。为简化建模，本书假设筛分后某粒径档内各年龄颗粒份额与筛分前原始排渣年龄分配一致，即

$$\begin{aligned}\dot{m}_{s,se\_cir(j,k)} &= \dot{m}_{s,se\_cir} f_{se\_cir(j,k)} \\ &= \dot{m}_{s,se\_cir} y_{se\_cir(j)} \dot{m}_{s,tot,drain(j,k)} / \sum_{k=1}^{N_k} \dot{m}_{s,tot,drain(j,k)}\end{aligned} \tag{5.1}$$

式中，y_{se_cir}表示自循环底渣的粒径分布，通过测量得到，为模型输入参数。

5.2.1.2 燃料性质

3台锅炉常规燃用煤种的工业分析和元素分析数据见表5.1。

表5.1 3台锅炉燃用煤种的工业分析和元素分析结果

燃料	工业分析/%				元素分析/%					$Q_{ar,net,p}$/
	M_{ar}	A_{ar}	V_{ar}	FC_{ar}	C_{ar}	H_{ar}	O_{ar}	N_{ar}	S_{ar}	$MJ \cdot kg^{-1}$
烟煤A (HP-135)	10.0	46.2	22.0	21.7	32.81	2.64	7.11	0.76	0.42	13.20
烟煤B (SC-350)	6.5	42.5	16.7	34.3	40.81	2.51	4.98	0.36	2.29	14.50
褐煤 (USC-550)	24.9	5.3	34.4	35.4	50.25	3.97	14.34	0.83	0.34	20.20

按照SCCS实验方法[231]，获得各煤种的成灰磨耗特性，见图5.2。同

时给出各煤灰和炉内脱硫石灰石的 XRF 分析结果，即元素组成，见图 5.3 和图 5.4。烟煤 B 和印尼褐煤的相关化学反应动力学参数，包括燃料氮热解析出、焦炭燃烧等，已在 2.2.3 节和 3.2.4 节给出；而 HP-135 锅炉燃用烟煤 A 的性质与烟煤 B 相近，模型中假设两者的动力学参数一致。

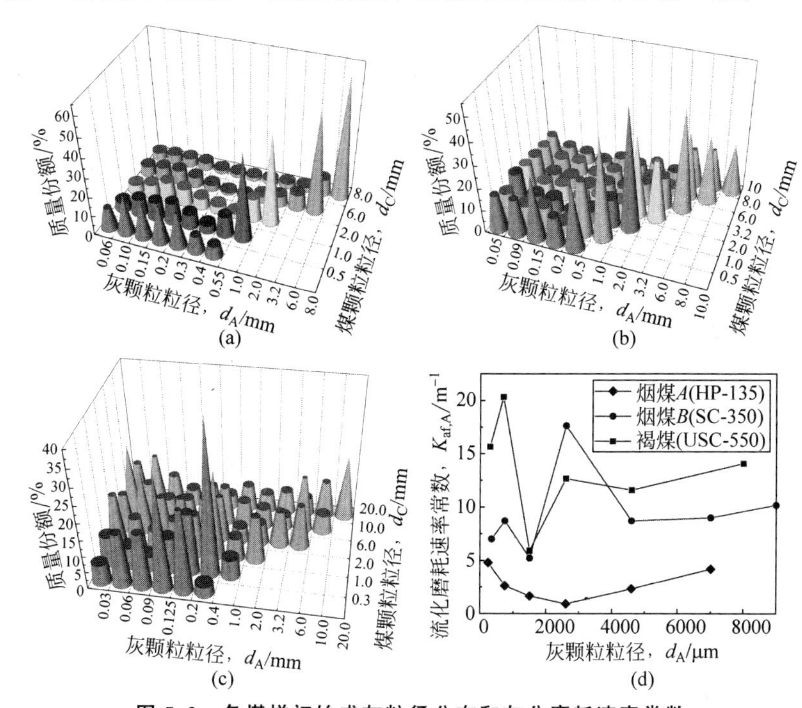

图 5.2 各煤样初始成灰粒径分布和灰分磨耗速率常数

(a) 烟煤 A 成灰矩阵(HP-135)；(b) 烟煤 B 成灰矩阵(SC-350)；
(c) 褐煤成灰矩阵(USC-550)；(d) 灰分磨耗速率常数

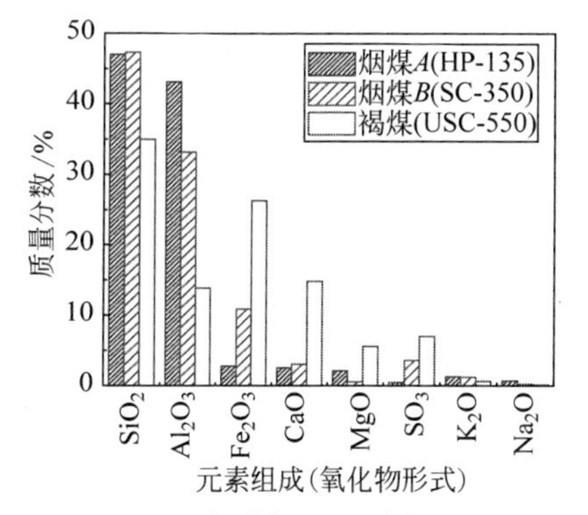

图 5.3 各煤灰 XRF 分析结果

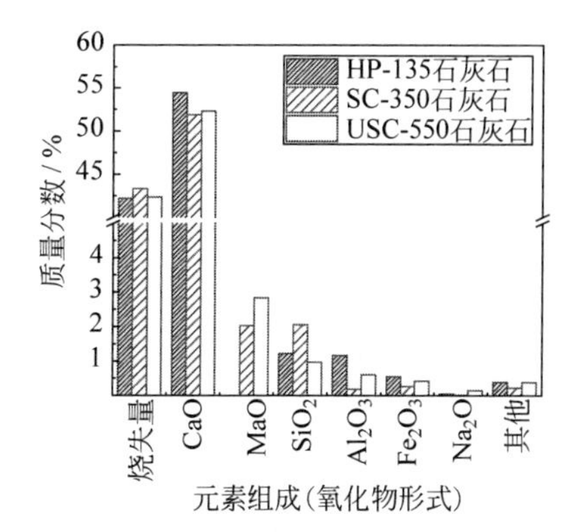

图 5.4 各锅炉使用石灰石成分分析

5.2.1.3　现场测试和计算工况

对 3 台 CFB 锅炉均进行了现场测试和取样分析。图 5.5 给出了各锅炉常规给煤和脱硫石灰石的粒径分布情况。USC-550 锅炉料仓中补充床料(自循环底渣)的粒径分布数据也在图 5.5(b)上一并展示。其他测试期间的主要运行参数见表 5.2。除特别说明外,后续进行变工况计算时均将该运行状态作为基础工况。

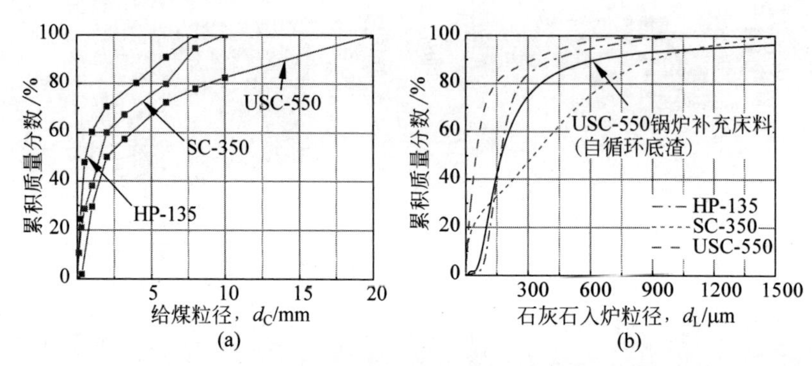

图 5.5　3 台 CFB 锅炉常规给料粒径分布(煤和石灰石)

(a) 给煤；(b) 入炉石灰石

表 5.2　模型计算基础工况表(测试工况)

变　量		HP-135	SC-350	USC-550
锅炉负荷(负荷率),Q_B/MW		131(97%)	199.5(57%)	507.5(92%)
给煤率,$\dot{m}_{F,feed}$/kg·s^{-1}		28.0	36.9	69.3
钙硫摩尔比,$\alpha_{Ca/S}$		2.8	2.5	2.5
炉膛床压降,ΔP_{fur}/kPa		4.5	8.2	5.0
过量空气系数,α_{air}		1.13	1.12	1.17
一次风率,η_{PA}/%		50	55	60
上二次风率,$\eta_{SA,h}$/%		16	11	13
工质温度,T_s/℃	水冷壁(包括中隔屏)	338	296～372	—
	炉内过热器	391～481	429～502(2_{nd}) 482～551(3_{rd})	—
	炉内再热器	461～539	430～551	—

需要说明的是,由于对 SC-350 锅炉尾部受热面、USC-550 锅炉全部受热面及相应的汽水流程和工质参数尚不了解,对 SC-350 锅炉仅考虑炉内能

量平衡，而对 USC-550 锅炉不考虑能量平衡问题；同时假设炉膛内温度分布均匀(除分离器和 INTREX)，炉膛温度作为模型输入运行参数(在基础工况下，该锅炉床温、分离器和 INTREX 内温度分别为 848℃、766℃和 798℃)。另外，从 4.2.1.4 节及后文计算中可知，在高负荷下，炉内存在强烈的固体轴向返混，即呈现典型快速床特征，此时炉内温度分布基本均匀，因此上述床温均匀的假设也是合理的。

现场测试数据包括飞灰、底渣与循环灰粒径分布，灰渣含碳量，炉膛温度与压力分布，烟气成分等。其中，飞灰从灰仓(HP-135 & USC-550)或空预器后放灰管处(SC-350)获取；底渣从冷渣器后(HP-135 & SC-350)或回转筛前灰渣输送皮带(USC-550)上取得。对于循环灰取样，在 HP-135 和 SC-350 锅炉上分别从料腿或分离器进口烟道处在线抽取；而 USC-550 锅炉上无类似取样口，待计划停炉且锅炉冷却后，从返料阀和 INTREX 内直接收集灰样(8 个返料阀或 INTREX 内灰样混合均匀，取平均值)。

炉膛温度和压力分布数据直接从 DCS 读取并记录，各测点位置已在图 5.1 中给出，分离器温度取为分离器进口与返料阀两处测点温度的平均值。另需说明，HP-135 和 SC-350 锅炉炉膛上部的稀相区实际上还有若干温度测点，但因热电偶插入深度有限(斜向下突出水冷壁 12 cm 左右)，其受边壁下降流及水冷壁冷墙辐射的影响很大，若烟气冲刷不充分，该点测量值可能显著低于炉膛截面平均烟温，故模型校验时并未考虑上部测温点数据。

在烟气成分测量方面，主要关注 O_2、NO_x 和 SO_2 浓度，均直接采用烟气排放连续监测系统(continuous emission monitoring system，CEMS)测量数据。O_2 测点在各分离器出口烟道处；NO_x 和 SO_2 浓度则取湿法脱硫塔前(HP-135 & SC-350)或 SCR 反应器前(USC-550)的测点数据。测试期间 SNCR 系统暂时停运，以获得 NO_x 原始排放浓度。另外，在 SC-350 锅炉上还分别用 MGA6 plus 红外烟气分析仪和 MRU OPTIMA7 手持式烟气分析仪对分离器出口处烟气浓度进行了在线测量，两仪器测得的 NO_x 浓度与 DCS 上的显示值相差均不超过 10%，表明测试期间 CEMS 工作正常，数据可靠。

5.2.2　模拟结果验证

图 5.6 给出了各锅炉飞灰、底渣与循环灰粒径分布的模拟结果，并和实测数据比较(USC-550 还比较了 INTREX 内的床料粒径分布)。表 5.3 则比较了各灰样的中位径等部分物料平衡参数的模拟与实测结果。计算值和

实测值基本吻合，显示了本书模型在物料平衡方面的适用性。

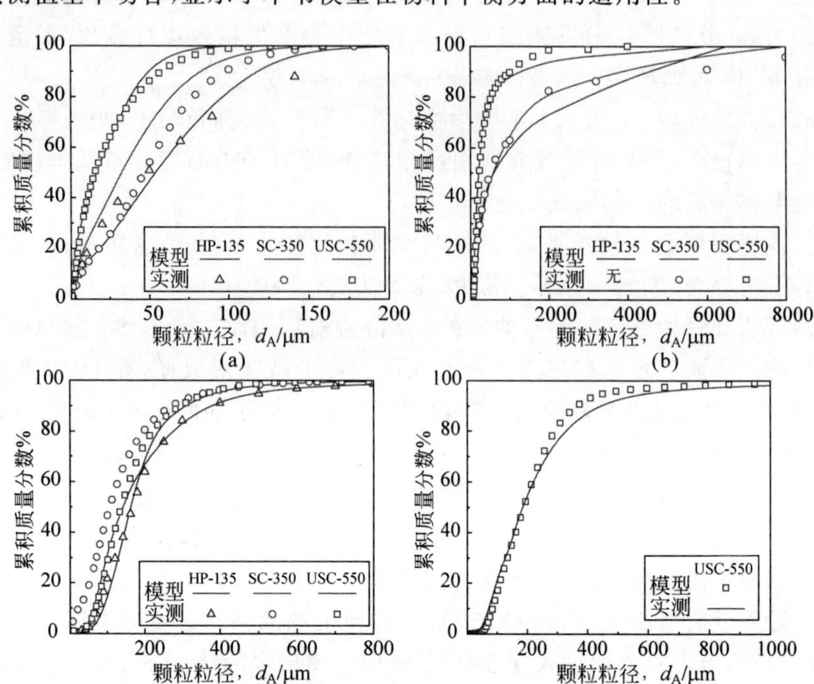

图 5.6　各灰样粒径分布模拟与实测结果比较

(a) 飞灰；(b) 底渣；(c) 循环灰；(d) INTREX 内床料(USC-550)

表 5.3　部分物料平衡参数模拟与实测结果比较

锅　　炉	飞灰中位径，$d(0.5)$/μm		循环灰中位径，$d(0.5)$/μm		底渣中位径，$d(0.5)$/μm		飞灰底渣比	
	模拟	实测	模拟	实测	模拟	实测	模拟	实测
HP-135	53.5	48.7	162.9	167.7	578.9	—	1.25	1.50
SC-350	32.3	46.8	108.0	106.8	565.1	509.3	0.68	—
USC-550	16.2	15.6	142.9	139.2	200.5	207.9	1.42	1.65

图 5.7 进一步展示了床压、空隙率与床料粒径沿炉膛高度分布的模拟结果。与第 4 章的流态分析一致，各 CFB 锅炉炉内均呈现上稀下浓的 S 形物料浓度分布，炉膛底部密相区的空隙率变化很小。

表 5.4 比较了分离器出口 O_2 含量、NO_x 排放浓度、灰渣含碳量等燃烧状态的模拟与实测结果。3 台锅炉的 NO_x 排放计算与实测值的平均偏

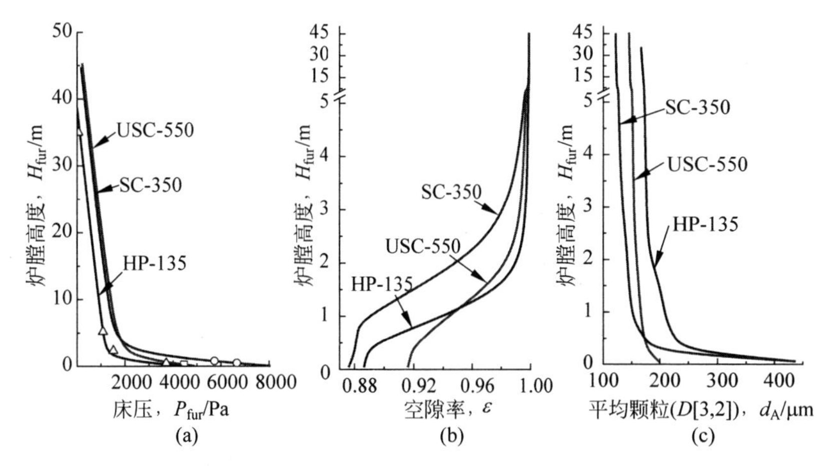

图 5.7　各锅炉床压、空隙率和床料粒径沿炉膛高度分布模拟结果

(a) 床压；(b) 空隙率；(c) 床料粒径

(a)中空心点代表实测值

差均在±5%内，氧浓度、灰渣含碳量等参数也基本吻合，表明本书 CFB 燃烧整体数学模型的通用性良好。

表 5.4　部分燃烧与污染物排放指标模拟与实测结果比较

锅炉	NO_x 排放/$mg \cdot m^{-3}$		分离器出口氧气含量/%		飞灰含碳量/%		底渣含碳量/%	
	模拟	实测	模拟	实测	模拟	实测	模拟	实测
HP-135	222.1	221.1	2.65	2.60	3.56	3.22	1.65	1.81
SC-350	55.8	52.5	2.53	2.45	1.74	1.89	2.69	2.44
USC-550	365.4	373.5	3.07	3.08	2.77	2.71	0.77	0.68

图 5.8 展示了 HP-135 和 SC-350 两台锅炉炉内的轴向温度分布模拟与实测结果。可以看出，HP-135 锅炉在近满负荷工况下(97%)，炉膛上下温度基本均匀，偏差在 30℃左右；而 SC-350 锅炉在部分负荷下(57%)，炉温沿高度逐渐降低，上下温差近 100℃。两锅炉均在炉膛上部布置了较多受热面(包括过热器、再热器、中隔屏等)，吸热量集中在上部；大部分燃烧热则在中下部释放(图 5.9)。出现温度分布差异的主要原因在于物料循环量及风速的不同。57%负荷下的 SC-350 锅炉炉内风速不足 2.5 m/s，计算循环流率仅约 3.7 $kg \cdot m^{-2} \cdot s^{-1}$，不及满负荷下 HP-135 锅炉的一半(7.5 $kg \cdot m^{-2} \cdot s^{-1}$)。如 4.2.1.4 节所述，CFB 锅炉炉内的轴向温度分

布与快速床状态有关,固体轴向返混越强,上下温度越均匀。

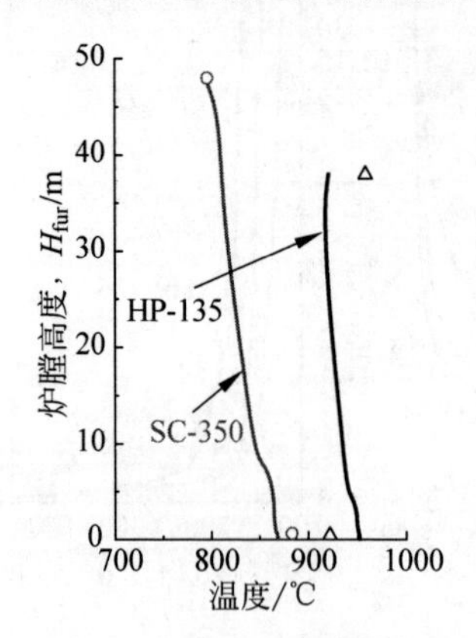

图 5.8　床温沿炉膛高度分布

空心点：实测；实线：模拟

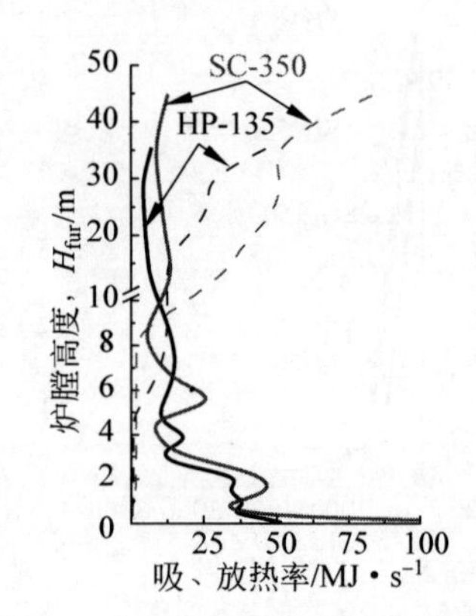

图 5.9　吸、放热率沿炉膛高度分布

实线：放热率；虚线：吸热率

图 5.10 给出了几种主要气体组分浓度炉内轴向分布的计算结果。

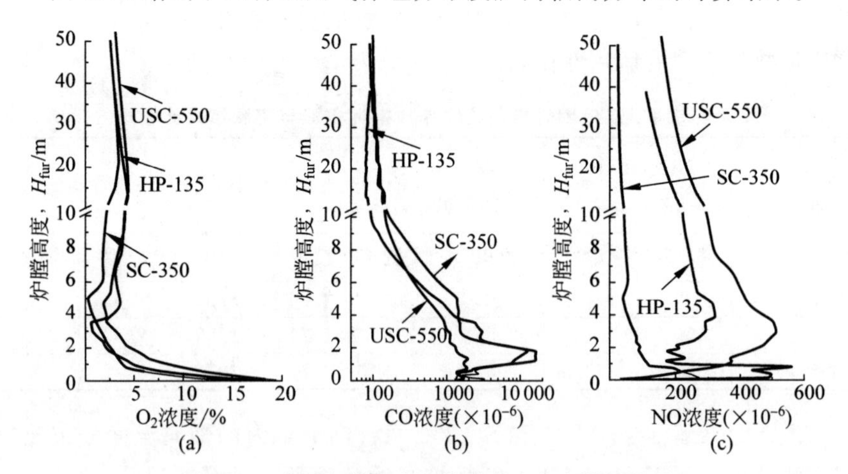

图 5.10　主要气体组分沿炉膛高度分布模拟结果

(a) O_2；(b) CO；(c) NO

需注意的是,图 5.10 表示的是各高度处截面的平均气体浓度,对于充分发展的鼓泡床区和飞溅区而言,同时存在纯气相(气泡相与气泡射流核心区)和颗粒相(乳化相与颗粒悬浮区)两个并联气流通路。图 5.11 给出了纯气相内的气体流量占截面总气流量比例的沿程分布情况。图 5.12 对应展示了两相内气体浓度的轴向分布。

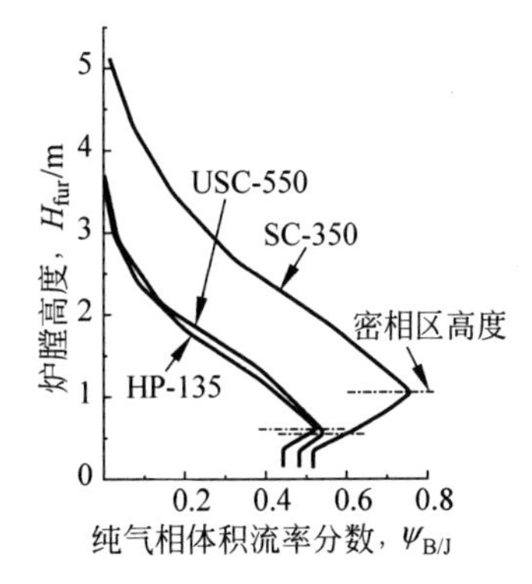

图 5.11　密相区气泡相和飞溅区射流核心体积流率分数模拟结果

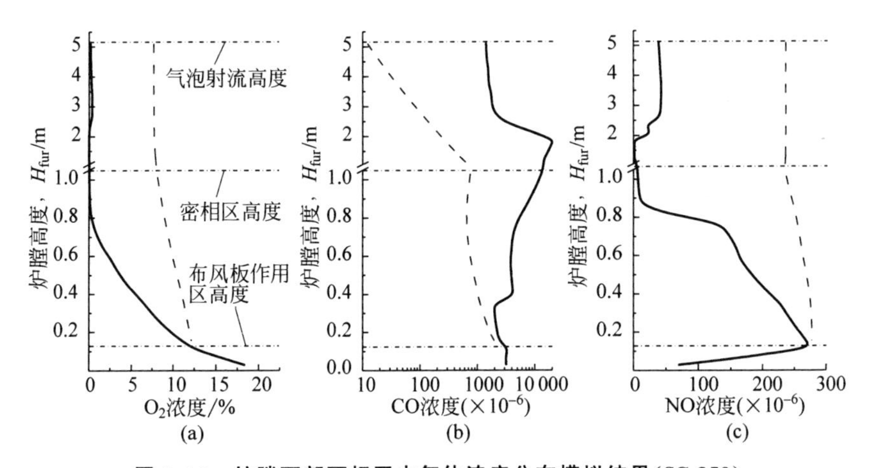

图 5.12　炉膛下部两相区内气体浓度分布模拟结果（SC-350）

(a) O_2；(b) CO；(c) NO

实线：颗粒相；虚线：纯气相

如图 5.12 所示，各子区域内的气氛差异很大。乳化相内的 O_2 浓度快速降低，而 CO 浓度很高，呈现强还原性气氛；NO 浓度则沿程降低，在床面附近接近于 0，在后两相内气体及二次风混合反应后，又逐渐升高。若气泡相内不考虑异相反应，组分浓度变化则相对温和很多。正因为乳化相和气泡相内的气体浓度不同，随着气泡不断破裂，密相床面常呈现“氧化-还原”交替气氛，与 Lyngfelt 等[43]的工程测试结果相印证。

从图 5.10(c)的 NO 浓度分布上看，在炉膛中下部，3 台锅炉的 NO 生成规律略有差异。①由于印尼褐煤的爆裂性能优异，成灰很细，且热解迅速，USC-550 锅炉中近 80%的挥发分(氮)在给煤口附近释放，如图 5.13(c)

所示；同时下二次风口离给煤口较近($H=2$ m)，因此大量NO在二次风口附近生成，NO浓度呈单峰分布。②在HP-135锅炉内，由于宽筛分给煤且成灰较粗，有近30%的挥发分(氮)在密相区释放(图5.13(a))。该锅炉下二次风口($H=1$ m)与密相床面($H\approx0.6$ m)较近，除气体稀释使NO浓度自然降低外，部分密相区生成的NO也可能被给煤口附近释放的NH_3等挥发分氮还原，因此密相床面处的NO浓度迅速降低。在中间和上二次风口附近，又有一些NO氧化生成，出现第2个NO浓度峰。③而对SC-350锅炉而言，其给煤较粗，加上高床压下密相床面较高($H\approx1.0$ m)，密相区释放的挥发分(氮)份额有近70%(图5.13(b))。NO浓度在炉底布风板作用区最高，在流经强还原性气氛的密相区时逐渐降低；由于该锅炉下二次风口较高($H\approx2.5$ m)，加上煤种挥发分较少，密相区之上未出现明显的NO浓度峰。

当往上进入炉膛上部稀相区时，挥发分基本燃烧殆尽，主要是焦炭燃烧，以焦炭对NO的还原作用为主，因此，3台锅炉的NO浓度均沿高度逐渐降低。该气体浓度的分布情况也得到较多文献实测结果的证实[47,50,103,254]。

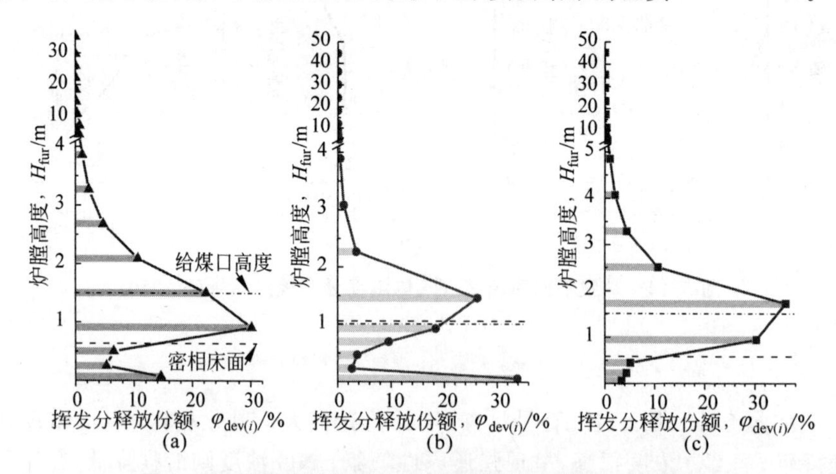

图5.13　燃料热解释放挥发分份额沿炉膛高度分布情况

(a) HP-135；(b) SC-350；(c) USC-550

图中条形图代表在该小室区域释放挥发分量占燃料总挥发分量比例，为避免数据重叠，后文中类似挥发分释放分布仅用点线图代替

通过上述分析可知，CFB锅炉内NO浓度轴向分布的具体形式与锅炉结构(给煤口、二次风口等布置)、给煤粒度、燃料性质(热解特性和焦炭反应性)、操作参数(分级配风等)等因素有关，单峰或双峰分布均有可能(峰值一

般在炉底、二次风口或给煤口附近)。但从总体上看,由于大部分燃烧过程在炉膛中下部完成(图 5.9),上部稀相区主要表现为焦炭等对已生成 NO 的还原,故多数锅炉呈现"下部生成,上部还原"的 NO 分布规律。

另外,不少文献中将炉内 CO 浓度与 NO 排放相关联,认为 CO 是促进 NO 还原或抑制其生成的主要因素。诚然,CO 对均相氮转化(图 2.21)及焦炭-NO 还原(图 3.14)均具有一定作用,但将低 NO_x 浓度完全归因于高 CO 浓度并不全面。图 5.10 中的 CO 浓度峰与 NO 浓度低谷并非严格一一对应;且在炉膛上部,CO 浓度通常较低(100×10^{-6} 量级),但 NO 浓度下降趋势明显,表明该处 CO 不是 NO 的主要还原剂。实际上,高 CO 浓度往往还意味着低 O_2 浓度、高传质阻力、高焦炭含量等其他条件,NO_x 的生成与排放是多因素综合作用的结果。大部分情况下,CO、NO_x 等气体组成均是这种复杂状态的对外表现形式之一,而相互间的因果关系或许并不显著。

5.2.3　模型敏感性分析

本书的 CFB 燃烧整体模型包含众多参数,按功能可划分为化学动力学参数(如焦炭反应性)、气固流动参数(如密相区气泡尺寸)、气体传质参数(如密相区相间传质系数)、传热参数(如水冷壁外表面对流传热系数)和模型结构参数(如小室划分)等。各参数的确定对模型计算结果有不同程度的影响。

图 5.14 给出了 NO_x 最终排放模拟对各主要异相反应动力学参数的敏感性分析结果。图中各动力学参数从左至右依次表示:挥发分氮中 HCN 与 NH_3 的比例(η_{HCN/NH_3})、热解时的快速氮析出反应(k_N,与燃料氮分配有关)、焦炭与 O_2 的燃烧反应($k_{C\text{-}O_2}$)、焦炭与 CO_2 的气化反应($k_{C\text{-}CO_2}$)、焦炭燃烧时产物中 CO 与 CO_2 的比例($\eta_{C\text{-}O_2}$)、焦炭表面的 NO 还原($k_{C\text{-}NO}$)、灰分催化 CO 还原 NO($k_{A\text{-}NO}$)、CaO 催化 CO 氧化($k_{L\text{-}CO}$)、CaO 催化 HCN 水解($k_{L\text{-}HCN}$)、CaO 催化 NH_3 氧化($k_{L\text{-}NH_3}$)、CaO 催化 CO 还原 NO($k_{L\text{-}NO}$)。

可以看出,燃料氮在挥发分和焦炭间的分配,以及焦炭相关反应(特别是焦炭燃烧和焦炭-NO 反应性)对 CFB 燃烧 NO_x 排放浓度的影响显著,而这些参数又正好与燃料性质相关,不同燃料间差别很大(见第 2 章和第 3 章)。相比之下,挥发分氮中的 HCN/NH_3 比例、灰分及 CaO 表面的含氮催化反应性等,对 NO_x 排放浓度的影响则不太明显,对其动力学参数精度的要求或可适当放宽。

图 5.15 和图 5.16 分别展示了各区域气体传质系数和主要气固流动状

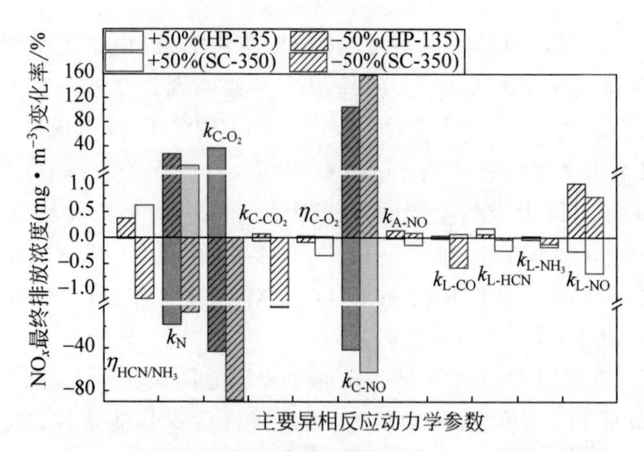

图 5.14　NO_x 最终排放浓度对部分异相反应动力学参数敏感性分析

态参数对 CFB 燃烧 NO_x 排放浓度模拟的影响。图 5.17 进一步给出了不完全燃烧的热损失随各气固流态变化的结果。图中，$K_{g,B\text{-}E}$、$K_{g,E}$、G'、$K_{g,cl}$ 和 $K_{g,sin}$ 分别表示密相区气泡相和乳化相的相间传质系数、乳化相内的传质系数、边壁区颗粒团反应特征数、稀相核心区颗粒团内的传质系数与稀相核心区单颗粒表面的传质系数。注意，G'越大，气体传质阻力越大，等价于传质系数越小。H_{Dj}、d_B、σ_B、H_{Bj}、$l_{SA,pene}$ 和 $W_{s,up}$ 则分别表示布风板作用区高度、鼓泡床区气泡直径、气泡相体积分数、气泡射流高度、二次风穿透深度与各小室颗粒总上升流率。为避免出现 $\sigma_B>1$ 的不合理情况，这里 σ_B 最大只上调$+25\%$。

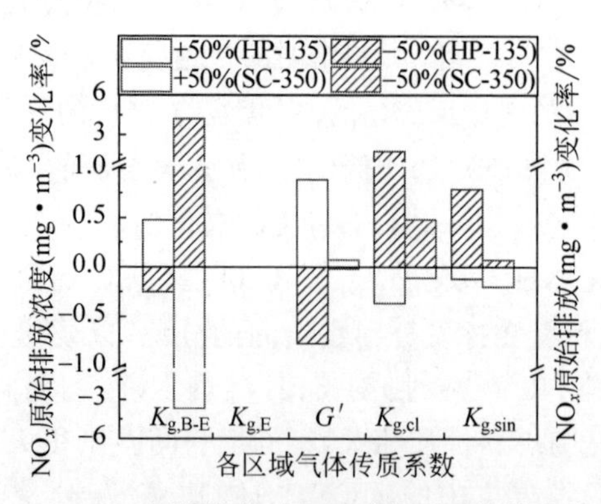

图 5.15　NO_x 原始排放对各区域传质系数敏感性分析

敏感性分析结果表明，单纯改变气体传质系数对 NO_x 排放的影响并不明显。但密相区气泡行为、稀相区颗粒团聚等气固流动状态的改变对炉

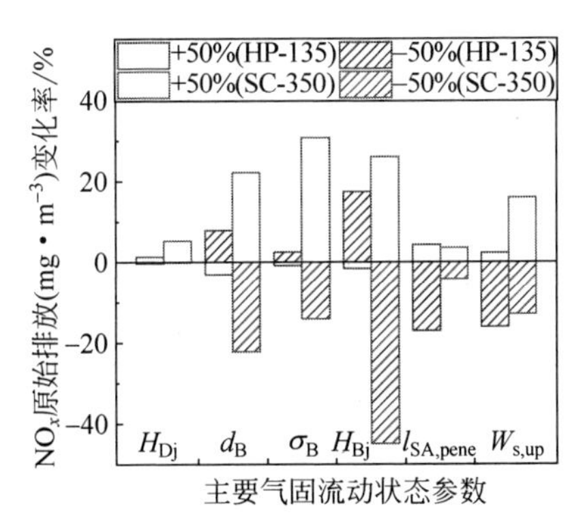

图 5.16　NO_x 原始排放浓度对主要气固流动状态参数敏感性分析

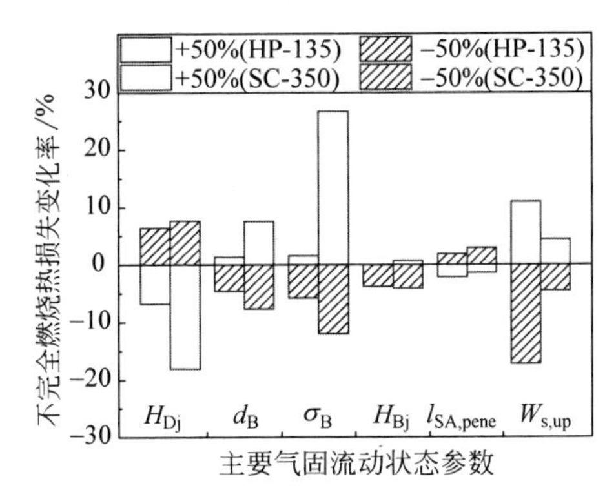

图 5.17　燃烧效率对主要气固流动状态参数敏感性分析

内燃烧及污染物生成排放的影响则十分显著。举例来说，布风板作用区越高(风帽射流穿透能力越强)，炉底大焦炭颗粒与氧气接触越充分，使底渣含碳量降低，机械未完全燃烧热损失减少，对燃烧有利；但同时弱化了密相区的还原性气氛，使 CO 浓度降低，NO_x 生成量有所增加。而随着二次风射流深度的减小(运行时通常与颗粒悬浮浓度增加或二次风率降低有关)，不利于氧气扩散，导致稀相区的还原性气氛增强，NO_x 排放降低；但燃料燃烧更加困难，燃烧效率有所降低。

在不同锅炉的不同运行条件下，部分参数的敏感性也会发生变化。例如，在 SC-350 锅炉中，给煤相对 HP-135 锅炉较粗，同时燃料挥发分含量较少，NO_x 主要在炉底密相区生成，且其浓度沿程下降(见 5.2.2 节分析)，则减小气泡直径(增加相间接触面积)、增加乳化相内气流通量(减小 σ_B)、使气泡在密相床面更快与周围气氛混合(H_{Bj} 降低)等措施，可使炉底“富

NO_x”气体与焦炭等床料混合更充分，促进对已有 NO_x 的还原，降低 NO_x 最终排放浓度。而对 HP-135 锅炉来说，其燃用烟煤的挥发分含量很高（V_{daf}=50.34%），且给煤较细，挥发分释放位置上移，密相区及飞溅区内 NO_x 的生成和还原作用同样显著，则阻碍气体相内氧气与颗粒接触或有利于减少 NO_x 的原始生成，故此时上述敏感性分析的结果正好相反。

实际上，上述各敏感性参数均与锅炉操作条件相关联。燃料性质、分离器效率、给煤粒度、负荷、配风等的调整，往往导致气固流动、传热、传质等多个特性同时变化，随之引起炉内气氛、温度分布等的改变，进而影响燃烧状态和污染物排放，由此构成一个错综复杂的非线性系统。此外注意到，某些操作参数的改变所引发的炉内众多过程变化，可能对 NO_x 的排放结果具有相反作用，最终呈现的影响规律或许是非单调的，这无疑给系统分析及优化带来了更多困难。

5.3 循环流化床燃烧 NO_x 排放特性分析

如前所述，CFB 燃烧 NO_x 排放浓度与燃料性质及燃烧设备的运行特性密切相关。下面利用本书建立的 CFB 燃烧整体数学模型，详细讨论各工艺或操作参数的影响规律。

5.3.1 分离器效率

分离器效率计算式见式(4.5)。根据工程经验，分离器的临界粒径（d_{99}）为切割粒径（d_{50}）的 4～6 倍，因此，本书固定 $d_{99}=5d_{50}$，通过调整 d_{50} 在 10～30 μm 变化，定量分析分离器效率的影响。

图 5.18 展示了分离器效率改变后，HP-135 和 SC-350 两台锅炉 NO_x 的原始排放浓度变化情况。模拟结果显示，提高分离器效率有助于降低 NO_x 的排放浓度，这也在工程实践中得到证实[96]。

如图 5.19 和图 5.20 所示，分离器提效后直接延长了细颗粒在炉内的停留时间，床料平均粒度显著降低，即床质量提高，参与外循环的有效床料量增加，稀相区颗粒悬浮浓度升高。

床料粒度和颗粒浓度等的改变又会引发一系列气固流动状态的变化。以 HP-135 锅炉为例，分离器提效后，布风板作用区的高度略有增加，整个密相床高度则因有效床料量增加而有所下降（总床压不变时，见图 5.21(a)）。因密相区的床料粒度降低，临界流化风速减小，更多气体选择以气泡的形式

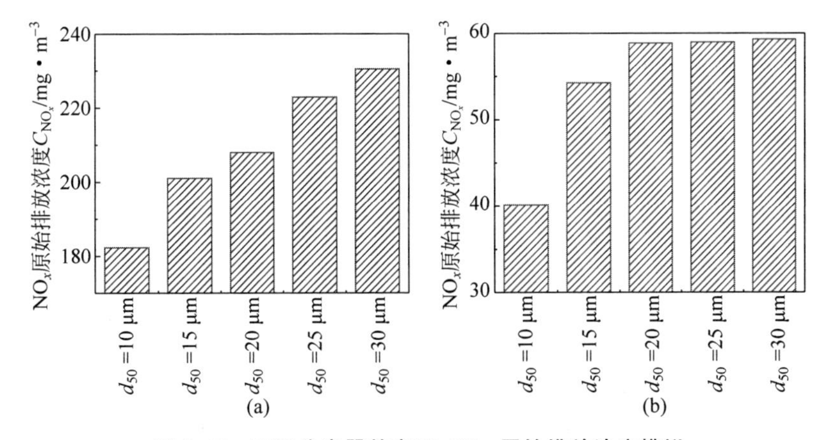

图 5.18　不同分离器效率下，NO_x 原始排放浓度模拟

(a) HP-135(Q_B=97%)；(b) SC-350(Q_B=57%)

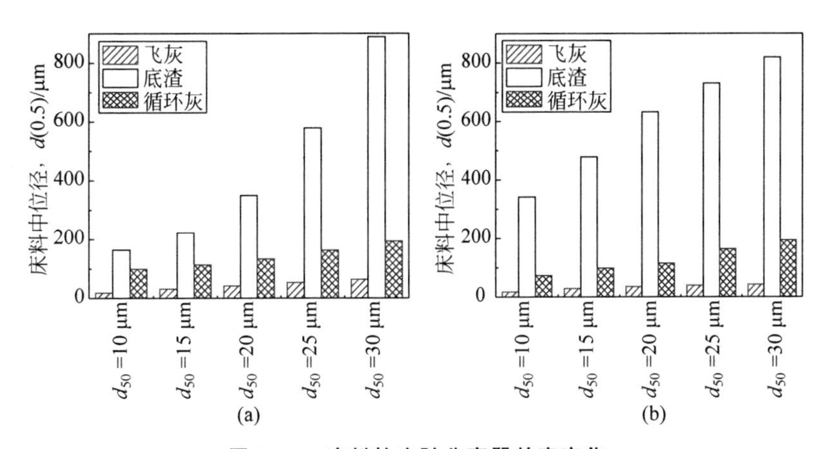

图 5.19　床料粒度随分离器效率变化

(a) HP-135(Q_B=97%)；(b) SC-350(Q_B=57%)

穿过床层；同时气泡上升速度的增加也意味着密相床面气泡破裂时的初始动量更大，气泡射流刚度增强，导致气泡内的富氧气体需经更长的距离才能与周围完全混合(图 5.21(b))。随着稀相区颗粒悬浮浓度的增加，更多的颗粒聚集在边壁区或核心区(图 5.21(c))，导致气体传质阻力增大；另外，高颗粒浓度也阻碍了二次风穿透，使飞溅区内的烟气与氧气混合更加困难(图 5.21(d))。

在这些因素的综合作用下，炉内的整体氧浓度有所降低，焦炭存量增加，还原性气氛增强，如图 5.22(a)和图 5.22(b)所示。此外，分离器效率与

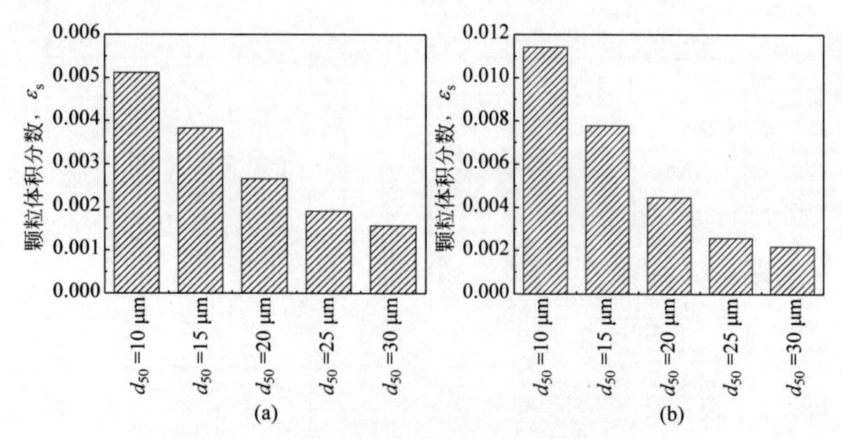

图 5.20　稀相区颗粒浓度随分离器效率变化

(a) HP-135(Q_B=97%,4.4 m)；(b) SC-350(Q_B=57%,4.8 m)

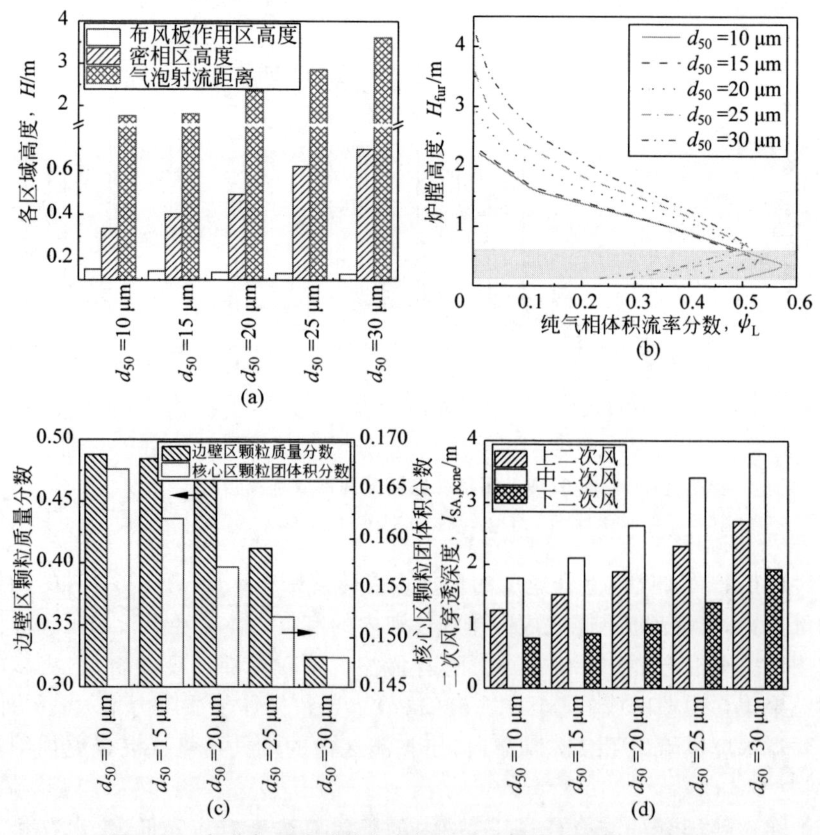

图 5.21　部分气固流动状态参数随分离器效率变化(HP-135)

(a) 炉内各区域高度；(b) 气泡相/气泡射流核心体积流率；(c) 稀相区颗粒团聚；(d) 二次风穿透深度

床温也有一定关系。一方面,循环量和颗粒悬浮浓度的增加使炉内受热面的表面传热系数增加,吸热量增大；另一方面,分离器提效后细焦炭颗粒更容易被保存下来,停留时间延长,燃烧更加充分,放热量也有所增加。因此,在两者共同作用下,炉膛温度随分离器效率的提升呈现先增加后降低的趋势,如图 5.22(c)所示。

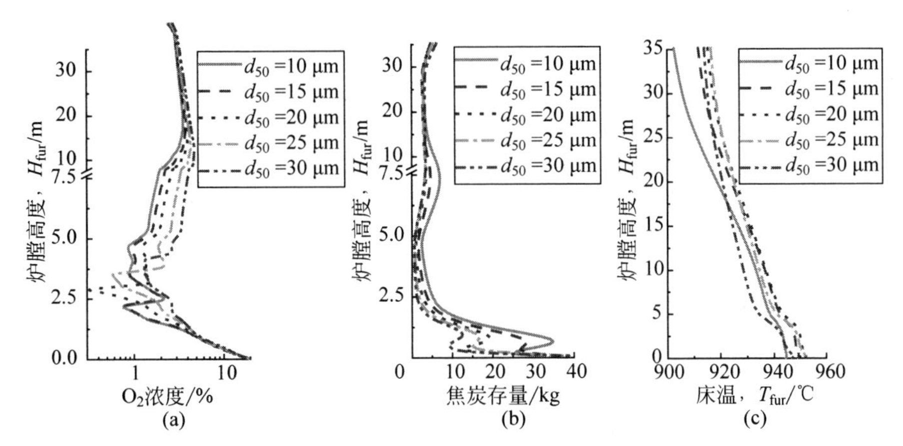

图 5.22　氧浓度、焦炭存量和温度轴向分布随分离器效率变化(HP-135)

(a) 氧浓度；(b) 焦炭存量；(c) 炉膛温度

炉内气氛和温度的改变最终会影响燃料燃烧、NO_x 生成与还原等一系列化学反应速率。图 5.23 和图 5.24 分别给出了挥发分氮向 NO 转化的净转化率,以及各固体床料表面 NO 异相反应速率随分离器效率的变化情况。在图 5.24 中,焦炭表面的净反应速率指炉内所有焦炭氮氧化生成 NO 速率与总焦炭表面 NO 还原速率之差,数值为负表示焦炭净还原 NO 占主导；数值为正则意味着焦炭氮氧化占主导,对外表现为 NO_x 的重要来源。其他床料仅指灰分/脱硫石灰石等催化 NO 还原反应速率,不包括 NH_3 氧化等其他含氮反应(下同)。

有趣的是,挥发分氮转化率或 NO 异相反应速率均表现出先升后降或先降后升的非单调关系。本书前文(2.3 节、3.2 节等处)已指出,均相氮和焦炭氮的转化随床料粒度、温度、氧浓度等反应条件并非单调变化。CFB 燃烧条件下所呈现的 NO_x 排放现象往往是一个复杂系统中众多因素相互作用与竞争的结果,很难将其归因于某一个状态的变化。

除 NO_x 排放外,从燃烧情况看,分离器提效后,一方面焦炭颗粒在炉内的停留时间增加,有利于燃尽；另一方面炉内还原性气氛增强,对当地焦

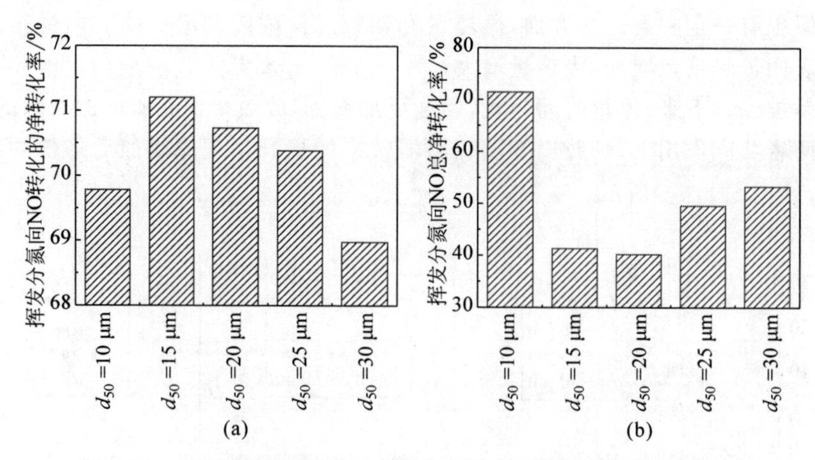

图 5.23　不同分离器效率下,挥发分氮向 NO 转化的净转化率比较

(a) HP-135(Q_B=97%)；(b) SC-350(Q_B=57%)

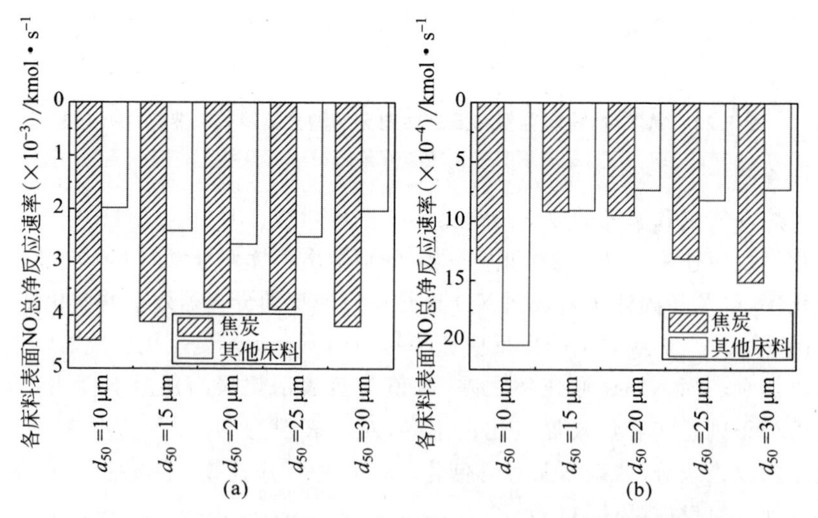

图 5.24　不同分离器效率下,炉内床料表面 NO 总净反应速率比较

(a) HP-135(Q_B=97%)；(b) SC-350(Q_B=57%)

炭燃烧反应速率又起到一定抑制作用。故分离器效率提高后,灰渣含碳量及锅炉不完全燃烧热损失(Q_3 + Q_4)升高或降低均有可能发生,如图 5.25 所示。

然而,分离器改善后循环量增加,上部颗粒悬浮浓度升高,若维持床压不变需排出底部更多无效床料,则导致排渣流率明显增加。当冷渣器热回

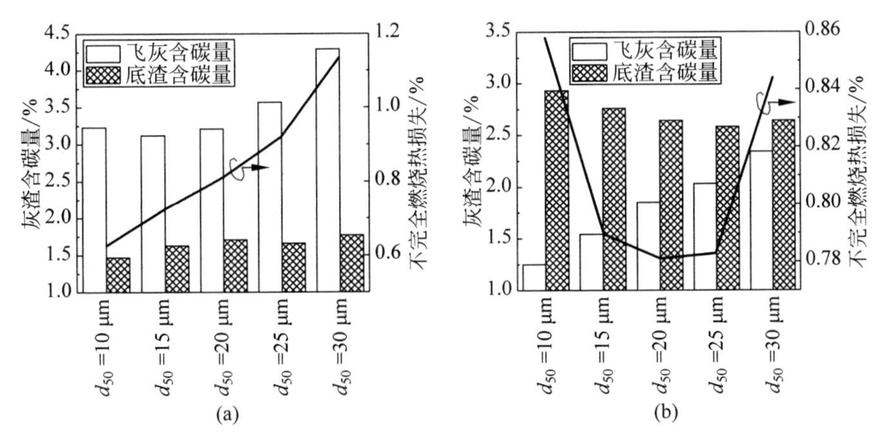

图 5.25　灰渣含碳量及不完全燃烧热损失随分离器效率变化

(a) HP-135(Q_B=97%)；(b) SC-350(Q_B=57%)

收效率不高甚至直接放弃底渣显热时，灰渣物理热损失(Q_6)可能显著增加，导致总的锅炉效率略有降低。因此，工程实践中在对分离器改造的同时需重新评估排渣系统性能，如采用高效滚筒冷渣器等，以保证冷渣器出力能够适应进渣量的增加；同时尽可能多地回收利用高温底渣热量，减少灰渣物理热损失，避免锅炉效率受到明显影响。

5.3.2　给煤粒度和给煤位置

5.3.2.1　给煤粒度

本书借助罗辛-拉姆勒分布函数(Rosin-Rammler distribution function)描述给煤粒径分布：

$$P_d = 1 - \exp\left[-\left(\frac{d}{d' = d_{P=63.2\%}}\right)^{\alpha}\right] \tag{5.2}$$

式中，参数 α 表征颗粒粒径分布的离散程度，α 越小，粒径分布越宽，其通常与磨煤系统性能和原煤性质有关，本书根据实际煤粒度分布确定各锅炉给煤的 α(HP-135：0.58；SC-350：0.72；USC-550：0.69)。d'表示累积质量分数达到 63.2%时对应的颗粒粒径，表征颗粒群整体粒度大小，d'越小，细煤颗粒份额越多，整体粒度越细。本书通过调整 d'在 0.4～2 mm(HP-135)或 0.4～2.6 mm(SC-350)的变化，且控制最大粒度不超过 8 mm(HP-135)或 10 mm(SC-350)，获得不同原煤粒度分布曲线，如图 5.26 所示，从而定量分析给煤粒度的影响。

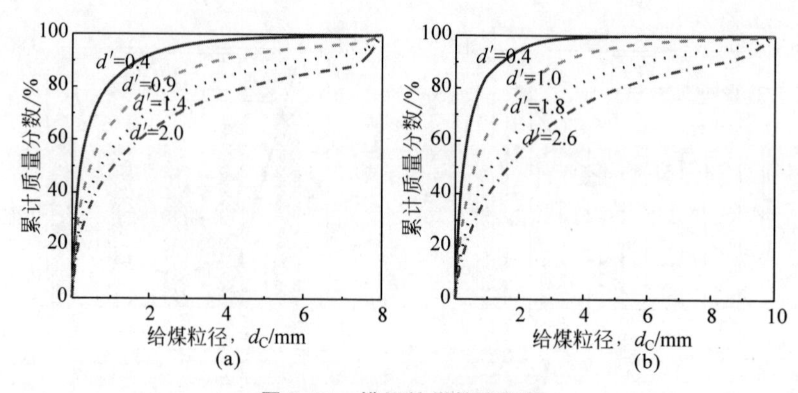

图 5.26 模拟给煤粒度调整

(a) HP-135；(b) SC-350

图 5.27 展示了给煤粒径分布调整后，HP-135 和 SC-350 两台锅炉的 NO_x 原始排放变化情况。模拟结果显示，在给煤粒度降低后，HP-135 和 SC-350 两台锅炉的 NO_x 原始排放浓度均有所降低。

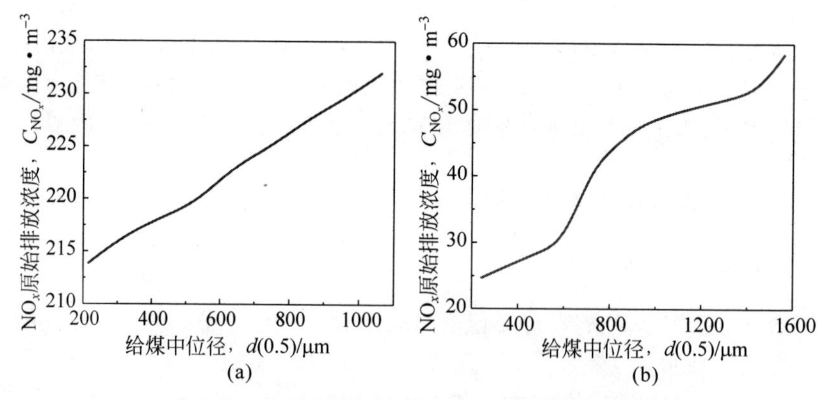

图 5.27 不同给煤粒度下，NO_x 原始排放浓度模拟

(a) HP-135(Q_B=97%)；(b) SC-350(Q_B=57%)

调整给煤粒度会引发炉内燃烧、流动等过程发生一系列变化。首先，燃料粒径自身与热解、焦炭氮转化等反应特性直接相关。如第 2 章和第 3 章所述，煤粒径越小，挥发分析出越多且挥发分氮份额略有增加；焦炭燃烧时焦炭氮向 NO 转化的净转化率随粒径增加而降低。此外，细焦炭颗粒的燃烧更加充分，但颗粒悬浮浓度升高也使受热面表面换热系数有所增加。本书对 HP-135 和 SC-350 两台锅炉的模拟结果显示，给煤变细后炉膛温度略有升高，但影响并不明显，在最粗给煤和最细给煤下，炉内平均温度的变化均不超过 5℃。

从物料平衡角度看，给煤粒度降低，初始成灰变细，尤其对不同粒径煤颗粒成灰分布变化大的燃料而言(见图 5.2 的成灰矩阵)。图 5.28 给出了床料粒度和循环量随给煤粒度的变化规律。模拟显示，当分离器效率不变时，飞灰粒度几乎不随给煤粒度发生变化，循环灰粒度略有降低，但因粗颗粒份额减少，底渣平均粒度显著降低，床质量提高；同时，稀相区的颗粒悬浮浓度上升，循环量增加。根据 5.3.1 节的分析，通过流化状态调整和传质、传热等中间传递作用，床质量的提升对降低 NO_x 排放是有利的。

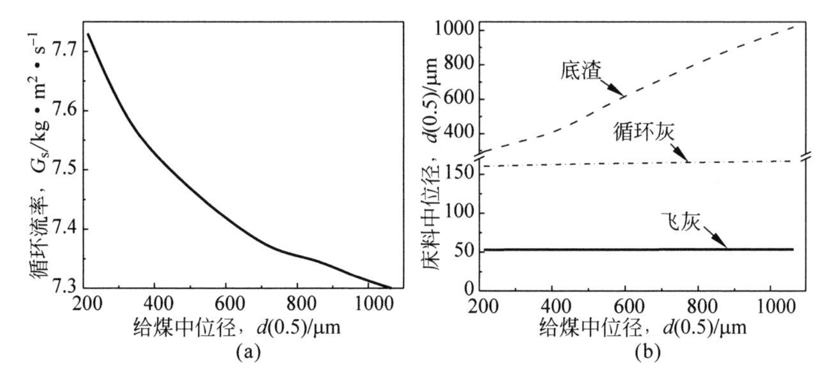

图 5.28　给煤粒度对 CFB 物料平衡特性影响(HP-135)

(a) 循环流化率；(b) 床料粒度

对焦炭颗粒平衡而言，给煤粒度降低使得炉内细焦炭份额相对增多。如图 5.29 所示，除在很细粒度范围内，低效分离器难以捕捉细焦炭颗粒、炉内焦炭总反应表面积(S_C)有所降低外，由于单位质量下颗粒越细、外表面积越大，总体上看 S_C 随给煤变细而增加，从而促进了烟气中 NO_x 的还原。特别是稀相区的焦炭存量增加，而该区域正好以 NO_x 还原作用为主(5.2.2 节)。

另一个随给煤粒度变化的重要参数是原煤热解释放挥发分的空间分布情况。图 5.30 给出了 HP-135 锅炉中，不同粒径煤颗粒在不同高度处热解释放的挥发分份额，图例的蓝色数字表示在整个密相区释放的挥发分份额。由于细煤颗粒终端沉降速度小，容易被烟气夹带向上，且其热解速率很高，绝大部分挥发分在给煤口附近即飞溅区释放(如图中的 80 μm 和 400 μm 颗粒)；而粗煤颗粒热解较慢，且多沉降在炉底密相区，故其热解过程多在底部密相区完成(如图中的 2.5 mm 和 4 mm 颗粒)；中间粒径档煤颗粒的热解速率和终端速度适中，炉膛下部挥发分释放分布也比较均匀(如图中的 1.5 mm 颗粒)。因此，降低给煤粒度，特别是减少其中的粗煤颗粒份额，会

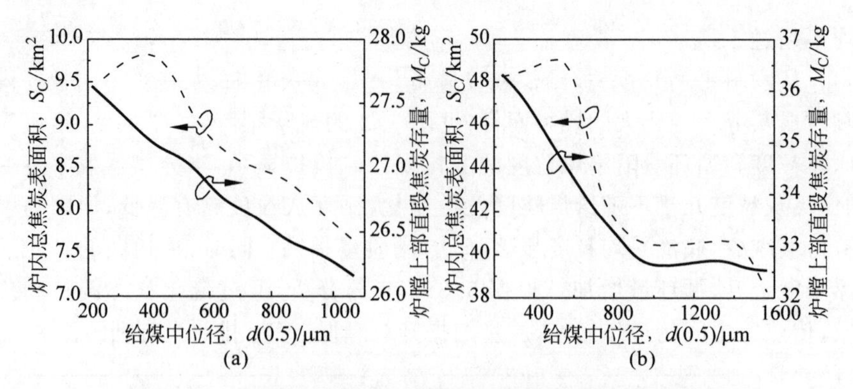

图 5.29 不同给煤粒度下，炉内焦炭表面积及局部存量变化

(a) HP-135(Q_B=97%)；(b) SC-350(Q_B=57%)

导致挥发分释放峰值上移，密相区内挥发分(氮)气体减少。图 5.31 中的模拟结果也表明了这一点。

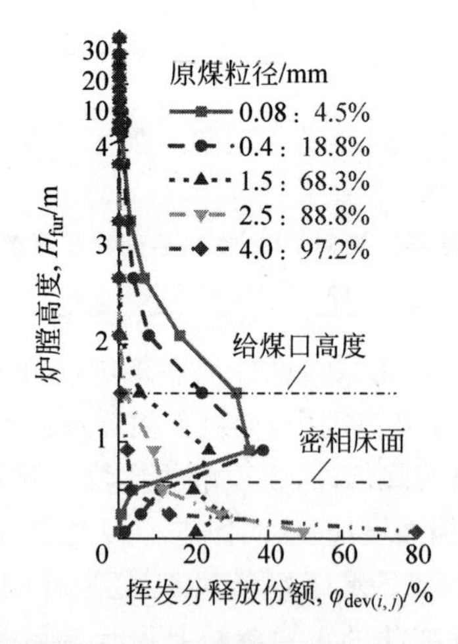

图 5.30 不同粒径煤颗粒热解释放挥发分的轴向分布(HP-135)(前附彩图)

由于密相区和飞溅区的气氛差异很大，挥发分在不同位置释放后，引发的后续反应路径及呈现的燃烧和污染物排放特性可能有明显区别。为此，控制模型其他条件不变(包括挥发分总产率、焦炭初始分布等)，仅人为调整挥发分的初始给入位置，以探究挥发分释放分布的影响。这也与部分文献及工程实践中的解耦燃烧技术思想类似[63,255]，即预先将燃料在惰性或低氧条件下热解，热解气与焦炭在炉内不同区域或不同燃烧器内反应。本书以 HP-135 锅炉为模拟对象，共设计了如下 6 个挥发分释放分布计算工况：

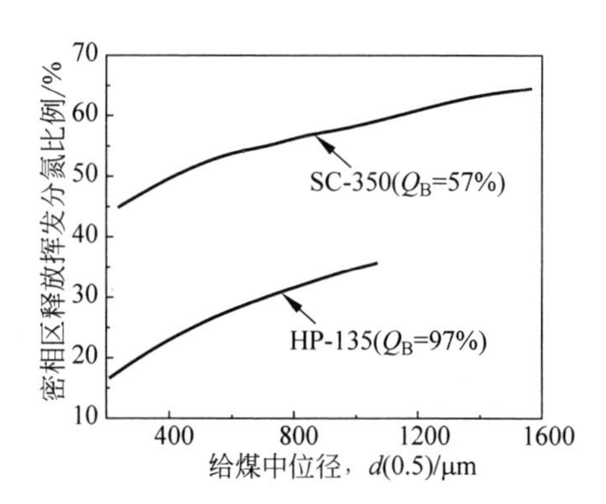

图 5.31　不同给煤粒度下，在密相区热解释放挥发分氮的比例变化

① 工况 1：借一次风给入，即将其全部分配到最底部布风板作用区小室，近似于热解气预先与一次风混合；

② 工况 2：在充分发展鼓泡床区沿高度均匀给入（密相区内除布风板作用区小室）；

③ 工况 3：在整个密相区沿高度均匀给入；

④ 工况 4：从返料口给入，近似于热解气预先与高压流化风混合；

⑤ 工况 5：借二次风给入，近似于热解气预先与二次风混合；

⑥ 工况 6：在整个飞溅区沿高度均匀给入。

从图 5.32 展示的模拟结果可以看出，挥发分释放分布，即燃料热解析出的挥发分位置对 CFB 燃烧 NO_x 原始排放浓度和炉内燃烧状态影响显著。总体来看，挥发分在飞溅区释放后（工况 5 和工况 6）的 NO_x 排放浓度远高于在密相区（工况 1～工况 3）或附近（工况 4）析出时，特别是和二次风混合给入后，NO_x 排放浓度高达 534 mg·m^{-3}。这主要是因为挥发分氮在强氧化性气氛下向 NO_x 转化的转化率较高，导致 NO_x 初始生成量增加。单从密相区的 3 种工况看，挥发分和一次风混合给入时的 NO_x 排放浓度也相对较高（工况 1），但由于之后烟气还需穿过密相床和飞溅区下部等处，焦炭等床料可进一步将 NO_x 还原，故最终排放浓度仍远低于工况 5。

上述分析表明，适当增大给煤粒度，减少燃料在飞溅区，特别是二次风口之上热解析出挥发分，对降低 NO_x 的排放浓度也是有利的。因此，与其他很多操作参数一样，给煤粒度对 CFB 燃烧 NO_x 排放浓度的影响存在正反两重性。对不同锅炉或不同运行工况而言，各因素影响的相对大小可能发生变化，导致最终 NO_x 的排放浓度随给煤粒度变化的规律不尽相同。例如，对一些爆裂性能优异、几乎不含矸石等硬质矿物的煤种而言（如某些

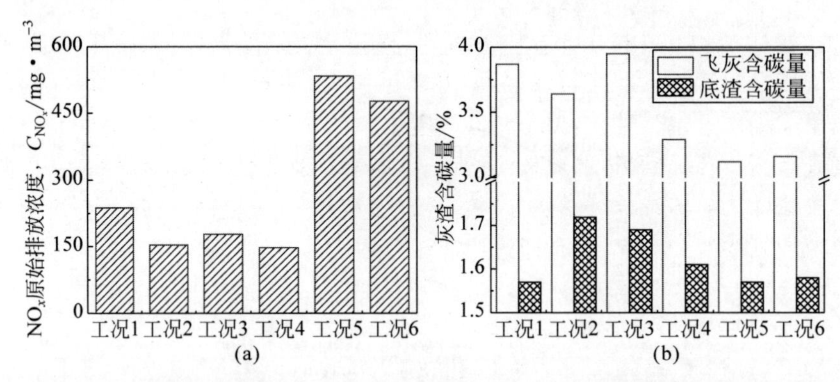

图 5.32　不同挥发分释放分布下，CFB 燃烧和 NO_x 排放浓度情况比较(HP-135)

(a) NO_x 原始排放浓度；(b) 灰渣含碳量

高挥发分褐煤)，其不同粒径的煤颗粒成灰都均匀且很细，即初始成灰分布受给煤粒度的影响不大，此时炉内流动、燃烧及污染物排放等特性与给煤粒度的关系也许并不明显。

图 5.33 比较了不同给煤粒度下的燃烧效率。模拟显示，在给煤变细后，因细焦炭表观燃烧反应性更高，灰渣含碳量减少，不完全燃烧热损失(Q_3+Q_4)降低。同时，炉内细灰颗粒增多，循环量增大，更多入炉灰分最终选择以飞灰形式离开，底渣流率减少，又有利于减少灰渣物理热损失(Q_6)。因此，对本节模拟的两台锅炉而言，给煤粒度的降低还对提升锅炉效率具有重要意义。值得注意的是，若某燃料自身的燃烧反应性突出且与焦炭粒径关系不大，而锅炉分离器效率又较低时，给煤变细可能使更多未燃尽的细焦炭颗粒从分离器逃逸，导致不完全燃烧热损失增加，最终的锅炉效率变化规律或有所区别。

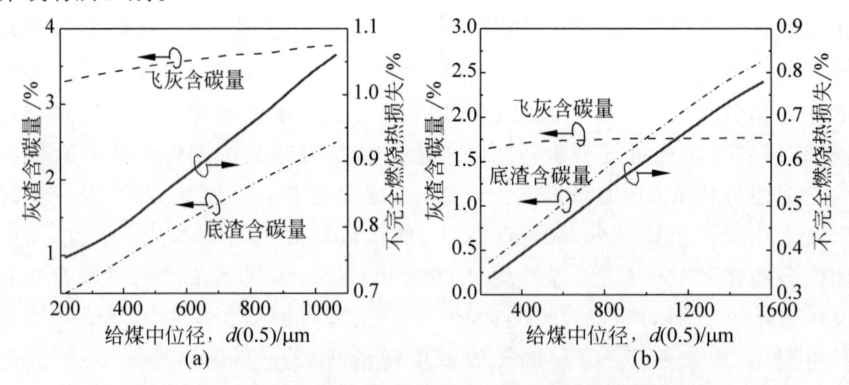

图 5.33　灰渣含碳量及不完全燃烧热损失随给煤粒度变化

(a) HP-135(Q_B=97%)；(b) SC-350(Q_B=57%)

综合 5.3.1 节和 5.3.2.1 节可知，提高分离器效率、降低给煤粒度，使平均床料粒度降低即床质量提高、循环量增大，会导致 CFB 锅炉炉内局部气固流动状态发生变化，如密相区气泡相体积分数增加、稀相区颗粒悬浮浓度升高、颗粒团聚和边壁流效应增强等，能够有效降低 CFB 燃烧 NO_x 原始排放浓度。与传统分级燃烧等低氮燃烧策略不同，流态重构并不直接调节炉内的氧浓度和温度，而是通过改变活性颗粒的空间分布、传质和传热等作用间接影响气氛和温度分布，自发营造局部还原性条件，从而减少 NO_x 初始生成或促进 NO_x 还原。如前所述，对冷渣器等辅机系统适当改造，可使流态重构对锅炉效率的负面影响也控制在较小范围内，某些工况下锅炉效率甚至有所提高；而低温、低氧燃烧或空气分级往往给锅炉效率带来负面影响。结合 1.3.5 节，提高床质量、优化床存量还有利于降低风机能耗、减少燃烧室受热面磨损、提高炉内受热面传热性能等。因此，流态重构对提升 CFB 锅炉运行性能、实现低成本污染物排放控制具有重要意义。

5.3.2.2　给煤位置

从 5.3.2.1 节对挥发分释放分布及其影响的分析中，可推测给煤位置的选取对燃烧和 NO_x 排放也有一定作用。首先，对比图 5.32 模拟的 6 个工况可以看出，NO_x 排放浓度最低的情况并非挥发分全部在密相区释放时，而是全部从返料口给入时（工况 4）。这是因为，HP-135 锅炉的返料口（中心高 1.5 m，返料口尺寸约 1.5 m）略高于密相床面（$H=0.6$ m），该高度处气泡内的富氧气体还未与周围充分混合，离下二次风口也有一定距离，仍呈现强还原性气氛，NO_x 的生成受到抑制；但 NH_3 等挥发分氮可有效还原下部焦炭氮氧化生成的部分 NO_x，同时间接降低了挥发分氮向 NO_x 的转化。从燃烧效率上看，此时的灰渣含碳量也相对较低（图 5.32(b)）。

鉴于此，可考虑从返料阀等处给入细煤颗粒（粗煤颗粒返料存在困难），类似于该处的石灰石给料系统。对于布置有外置换热床的 CFB 锅炉而言，一般外置床返料口同样在密相床面附近，也可考虑从外置床给入细煤颗粒。这既实现了上述对挥发分释放位置的考量，又因给煤粒度降低而提高了床质量。为避免返料阀或外置床内燃料燃烧导致温度升高，引发结渣等问题，可利用再循环烟气充当该处流化风，从而进一步改善 CFB 的燃烧性能。

另外，容易理解，挥发分释放峰值的高低随给煤口高度而变化。如图 5.34 所示，仍以 HP-135 锅炉为例，保持原给煤粒度不变，若提高给煤口高度，挥发分释放峰值上移，NO_x 的原始排放浓度显著升高，特别是在接近或超过二次风口时。因此，在宽筛分给煤条件下，可考虑适当降低给煤口高度，拉大下二次风口与给煤口间的距离。但需注意其对燃烧效率的影响，如底渣含碳量可能有所增加。

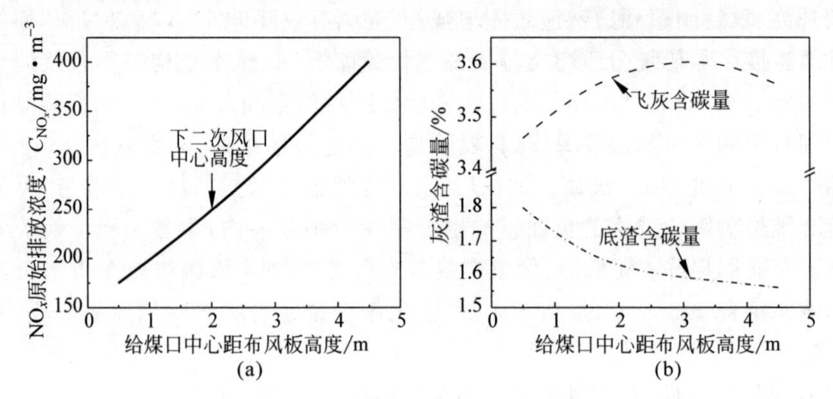

图 5.34 不同给煤口高度下，CFB 燃烧和 NO_x 排放浓度情况比较（HP-135）

(a) NO_x 原始排放浓度；(b) 灰渣含碳量

关于最优给煤位置的选取，现有文献中还不多见，有待进一步研究，特别是开展相关工程试验。

5.3.3 过量空气系数

如图 5.35 所示，HP-135 和 USC-550 两台锅炉的模拟结果均表明，随着过量空气系数的增加，CFB 燃烧的 NO_x 原始排放浓度显著升高。

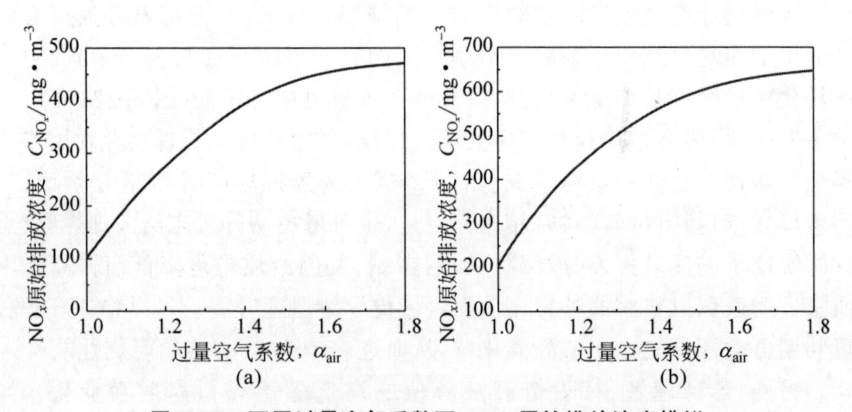

图 5.35 不同过量空气系数下，NO_x 原始排放浓度模拟

(a) HP-135(Q_B=97%)；(b) USC-550(Q_B=92%)

图5.36进一步比较了不同过量空气系数下两锅炉炉内的NO浓度轴向分布情况。可以看出，当炉膛氧量较低时(如图5.36中 $\alpha_{air}\leqslant 1.2$)，在密相床面或给煤口附近因焦炭、挥发分氮等还原作用，NO浓度局部降低，即表现为多峰分布；而当 α_{air} 很高时，这些区域转为氧化性气氛，炉膛下部的NO单调升高，仅在上部被部分还原，呈现单峰特征。

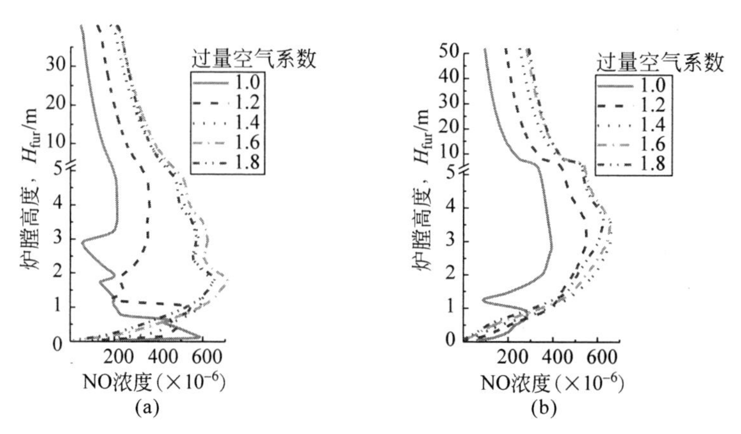

图5.36　不同过量空气系数下，NO浓度沿炉膛高度分布情况

(a) HP-135(Q_B=97%)；(b) USC-550(Q_B=92%)

过量空气系数的增加，直接提高了炉膛整体的氧浓度；但过量冷空气的加入也降低了床温。氧浓度和温度无疑是影响化学反应速率的两个最关键因素。另外，风速的提高还缩短了烟气在炉内的停留时间，在一定程度上影响了部分气固反应的反应程度，如NO在焦炭表面还原。在这些因素的综合作用下，均相及异相氮氧化物反应速率发生变化，但各自并未呈现单调变化规律。以HP-135锅炉为例，如图5.37所示，表观上看，随着过量空气系数增加，焦炭表面的NO净还原量先增加后减少，而挥发分氮向NO的转化率则先升高后降低。这主要是因为同时存在“氧浓度升高”和“床温降低”两个过程，而高氧浓度和低温通常又对 NO_x 排放具有相反作用。此外，不少反应体系的自身行为(如均相氮氧化、焦炭+NO+O_2 反应等)对氧浓度或温度就表现出非单调特征。因此，逐渐增大过量空气系数，尽管最终均表现为 NO_x 排放浓度的升高，但在不同参数区间内的主要作用机制有所区别。开始时以挥发分氮向NO转化的转化率升高与灰分等床料表面异相催化NO的还原能力减弱为主；后期则主要归因于焦炭对NO的净还原减少(焦炭氮自身氧化生成的NO增多或被焦炭还原的NO减少)。

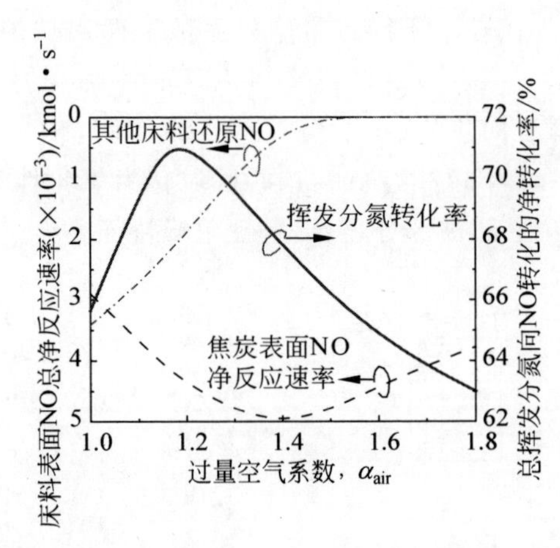

图 5.37　不同过量空气系数下,CFB 燃烧 NO_x 总生成速率和总还原速率比较(HP-135)

过量空气系数的增加除导致 NO_x 排放量升高外,对燃烧效率也有一定影响,如图 5.38 所示。

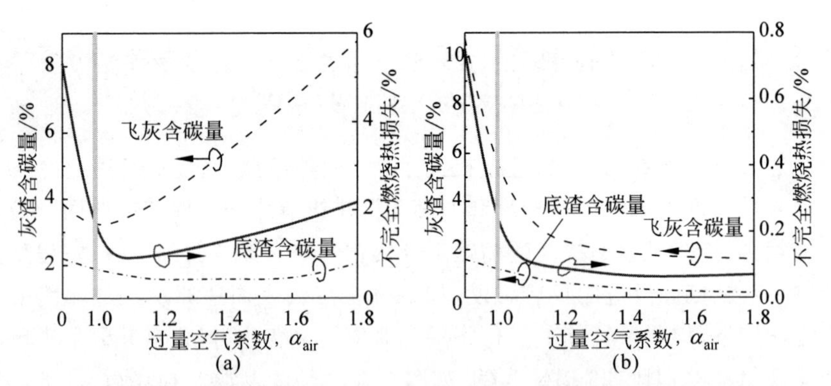

图 5.38　灰渣含碳量及不完全燃烧热损失随过量空气系数变化

(a) HP-135(Q_B=97%); (b) USC-550(Q_B=92%)

随着过量空气系数增加,由于过度欠氧对燃烧不利,$\alpha_{air}=1$ 附近两台锅炉的不完全燃烧热损失(Q_3+Q_4)均先快速降低。此后,USC-550 的不完全燃烧热损失继续缓慢降低,但 HP-135 却表现出逐渐升高的趋势。其原因主要在于,HP-135 锅炉的分离器效率较低,而风量提升使物料上升流率明显增加,更多细焦炭颗粒从分离器逃逸,从而导致飞灰含碳量显著升高;另外,床温降低也对焦炭燃尽不利。除不完全燃烧热损失外,由于床温降低即底渣温度下降,灰渣物理热损失(Q_6)略有降低。然而,在烟气流量增大和排烟温度升高的双重因素下(在 HP-135 锅炉的模拟中,α_{air} 每增加 0.1,排烟温度平均升高约 1.6℃),排烟热损失(Q_2)会显著增加,从而使锅炉整体效率下降。

因此,从 NO_x 排放和锅炉效率两方面考虑,采用低过量空气系数,即低氧燃烧运行策略是必要的,同时这还有利于降低风机电耗并减轻了高风速下的炉内受热面磨损问题。但需避免过度欠氧,否则对燃料燃烧不利;1.3.3 节也指出,在部分情况下,过量空气系数过低时的 NO_x 排放量反而升高(拐点一般在 $\alpha_{air}=1$ 附近);另外,炉内石灰石脱硫工艺也对氧化性气氛有一定要求。多数工程经验认为,炉膛出口氧量控制在 2%～3%为宜。

5.3.4　分级配风

如图 5.39 所示,模拟表明 CFB 燃烧 NO_x 原始排放浓度随一次风份额的提高明显增加。这也与大多数文献及工程实践的结论一致,即空气分级有助于降低 NO_x 原始排放浓度。

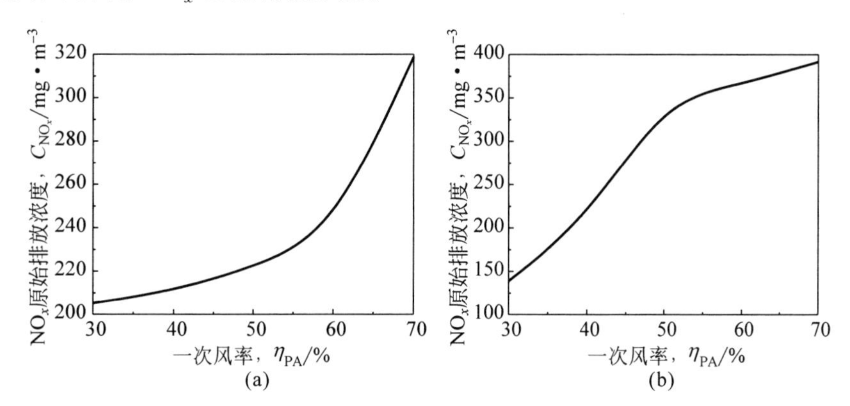

图 5.39　不同一次风率下,NO_x 原始排放浓度模拟

(a) HP-135(Q_B=97%);(b) USC-550(Q_B= 92%)

与过量空气系数一样,风量分配对 CFB 锅炉的物料平衡特性也有一定影响。如图 5.40 所示,提高一次风份额,增加密相区流化风速,更多颗粒特别是较粗颗粒能够被烟气夹带向上,使稀相区颗粒的悬浮浓度升高而密相区床料粒度有所降低。换句话说,一次风对物料的携带能力要强于二次风,整体循环性能随一次风率的增加略有改善,这点在汪佩宁等[114]的实验中也得到证实。

但最终结果并未如分离器效率提高那样对 NO_x 减排有正面作用,原

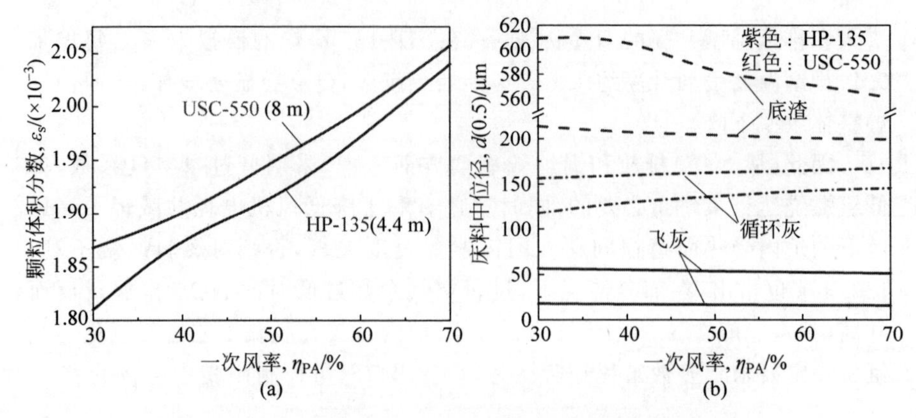

图 5.40 一次风率对 CFB 物料平衡特性影响(前附彩图)

(a) 颗粒悬浮浓度；(b) 床料粒度

因是一次风率的调整直接改变了炉内,特别是炉膛下部的气氛。如图 5.41 所示,大幅提高一次风率后,炉底的氧浓度显著升高,弱化了密相区和飞溅区的还原性气氛,下部 NO_x 生成量大大增加。另外,由于一次风率的提高有助于改善燃烧状态,特别是炉底大颗粒焦炭燃尽,故炉膛整体温度有所增加,但变化幅度较小(在 HP-135 锅炉中,η_{PA} 从 30%升至 70%,炉内的平均温度升高约 10℃)。

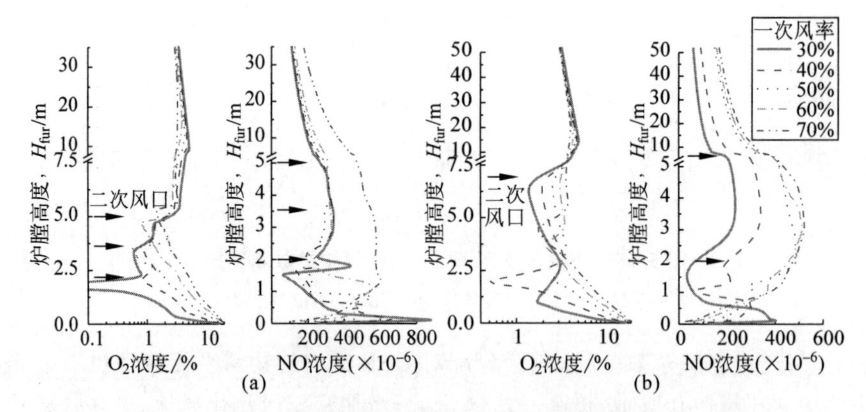

图 5.41 不同一次风率下,O_2 和 NO 浓度沿炉膛高度分布情况

(a) HP-135(Q_B=97%)；(b) USC-550(Q_B=92%)

与 5.3.3 节类似,在多种机制综合作用下,各含氮化学反应速率发生不同程度的改变,如图 5.42 所示,最终表现为 NO_x 的排放浓度随一次风率的增加而升高。

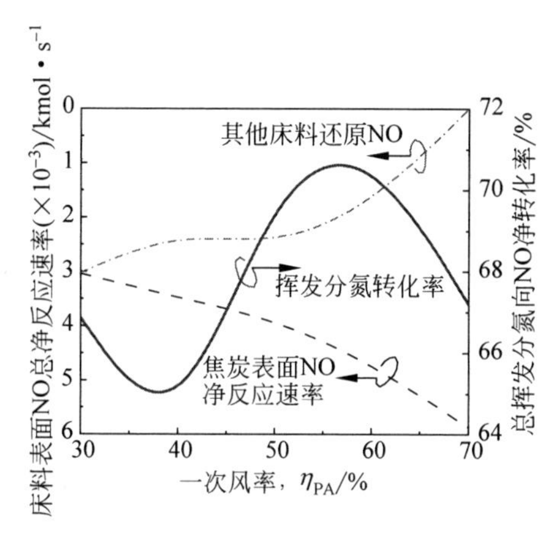

图 5.42　不同一次风率下，CFB 燃烧 NO_x 总生成速率和总还原速率比较（HP-135）

与过量空气系数的影响不同，提高一次风的份额并不会显著改变炉内整体的烟气量及风速。在 HP-135 和 USC-550 两锅炉中，灰渣含碳量及不完全燃烧热损失均呈单调下降规律，如图 5.43 所示。也就是说，空气分级对 NO_x 排放量和燃烧效率的影响是相互矛盾的。然而，在有些情况下，特别是当物料循环性能不佳、炉底有超温风险时，往往适当增加一次风率。更重要的是，在低负荷条件下，为保证底部床料安全流化，一次风率需维持在较高水平，此时一般仅调小二次风量，呈现为一次风占总风量的比例增加。

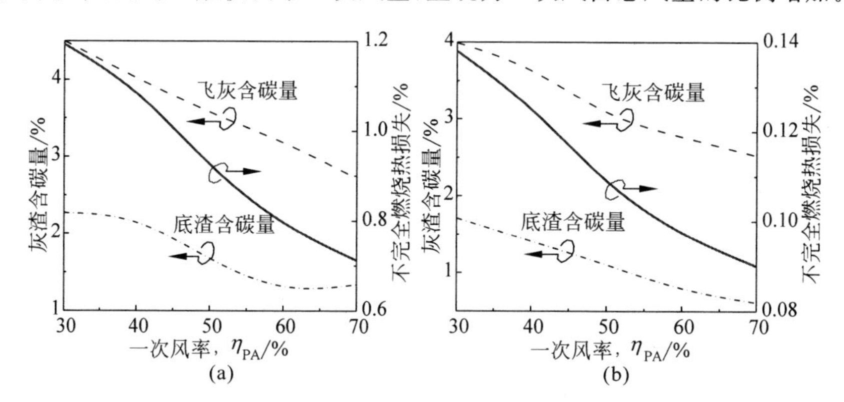

图 5.43　灰渣含碳量及不完全燃烧热损失随一次风率变化

(a) HP-135(Q_B=97%)；(b) USC-550(Q_B=92%)

除调整一次风率外，实际设计及运行中还有多种手段可以强化空气分级。以 USC-550 锅炉为例，模拟时固定一次风率为 50%，仅调整上下二次风比例(图 5.44)；或改变上二次风口高度(图 5.45,下二次风口的高度为 2 m,上下二次风比例保持 1∶1)；或增加二次风层数(图 5.46,最下层二次风口的高度为 2 m,往上依次间隔 3 m 设置上层二次风,各层二次风率相等)。

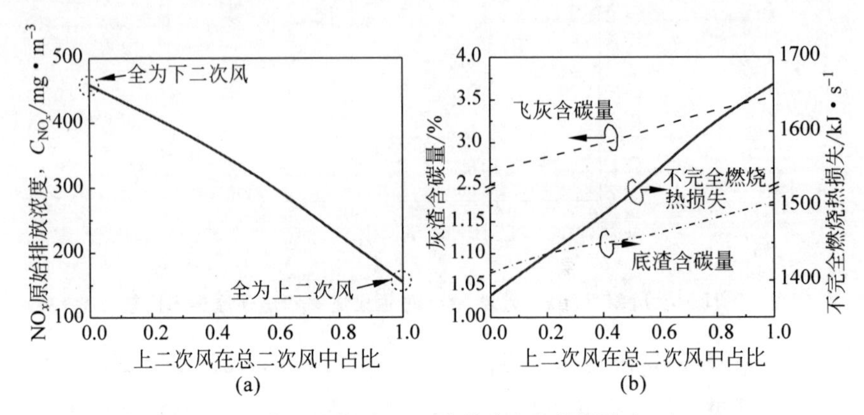

图 5.44　上二次风份额对 NO_x 排放浓度和燃烧影响(USC-550)

(a) NO_x 原始排放；(b) 不完全燃烧热损失

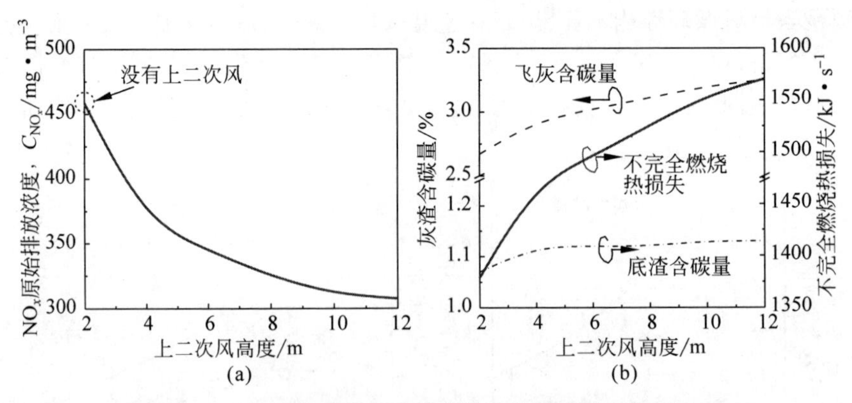

图 5.45　二次风高度对 NO_x 排放浓度和燃烧影响(USC-550)

(a) NO_x 原始排放浓度；(b) 不完全燃烧热损失

可以看出,增大上二次风量与下二次风量间的比例、提高上二次风口高度、增加二次风层数,延缓了二次风与烟气混合,有助于强化炉膛下部的还原性气氛,降低 NO_x 原始排放浓度。然而,这些措施也都不可避免地对燃烧造成了负面影响,使灰渣含碳量升高,燃烧效率有所降低。因此,在对 CFB 锅炉设计空气分级时,要兼顾污染物排放和燃烧效率两方面的影响。

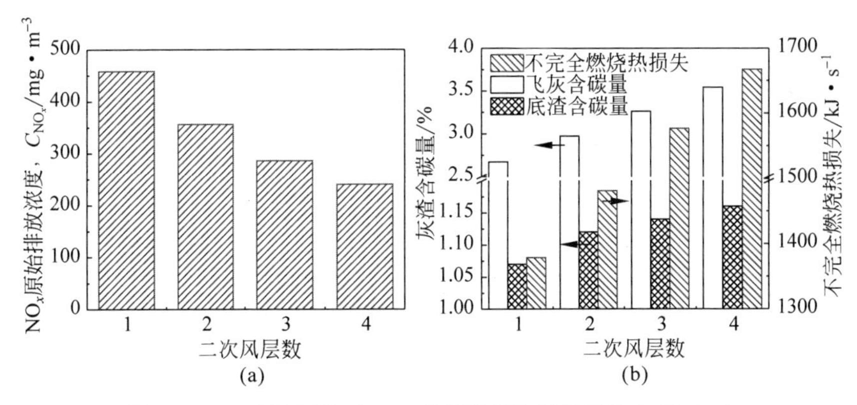

图 5.46　二次风层数对 NO_x 排放浓度和燃烧影响(USC-550)

(a) NO_x 原始排放浓度；(b) 不完全燃烧热损失

5.3.5　炉内脱硫

本节以 SC-350 和 USC-550 两台锅炉为例，讨论石灰石炉内脱硫对 NO_x 排放的影响。如图 5.47 和图 5.48 所示，尽管增加石灰石投放量能够提高脱硫效率，但会同时导致 NO_x 排放增加，与多数工程实践结论一致。

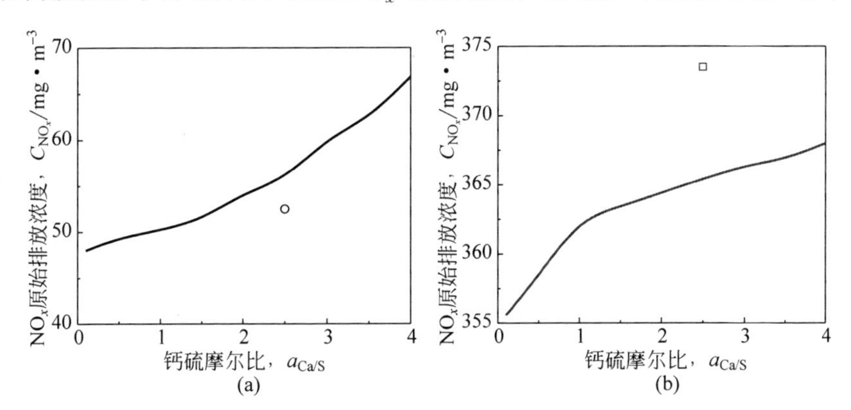

图 5.47　CFB 燃烧 NO_x 原始排放浓度随钙硫摩尔比的变化

(a)SC-350(Q_B=57%，S_{ar}=2.29)；(b) USC-550(Q_B=92%，S_{ar}=0.34)

空心点代表实测值

提高钙硫比相当于增加入炉床料量，会在一定程度上改变 CFB 锅炉的物料平衡特性。如图 5.49 所示，当钙硫比大于 2 时，SC-350 和 USC-550 两台锅炉循环物料中脱硫石灰石的占比已超过 15%。因为入炉石灰石粒度

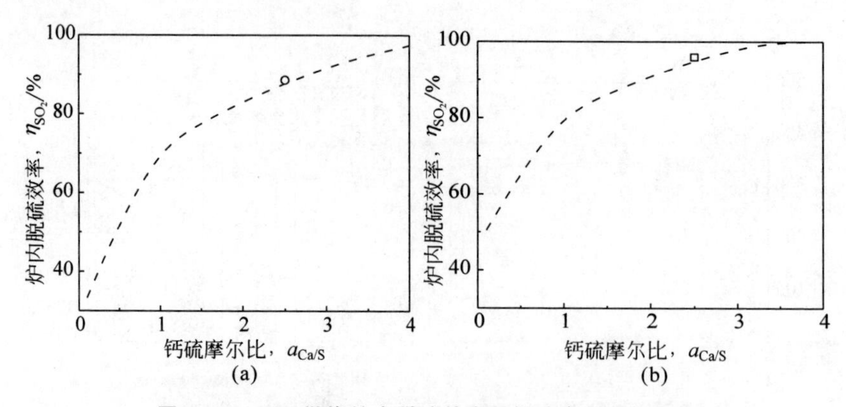

图 5.48　CFB 燃烧炉内脱硫效率随钙硫摩尔比的变化

(a) SC-350(Q_B=57%, S_{ar}=2.29)；(b) USC-550(Q_B=92%, S_{ar}=0.34)

空心点代表实测值

(<1 mm)一般小于燃料成灰粒度，故提高石灰石投入量能使床料粒度有所降低。结合 5.3.1 节可知，这对降低 NO_x 排放浓度应是有利的。然而，实际结果却与此相反，主要原因在于活性 CaO 成分对各含氮反应的显著催化作用。

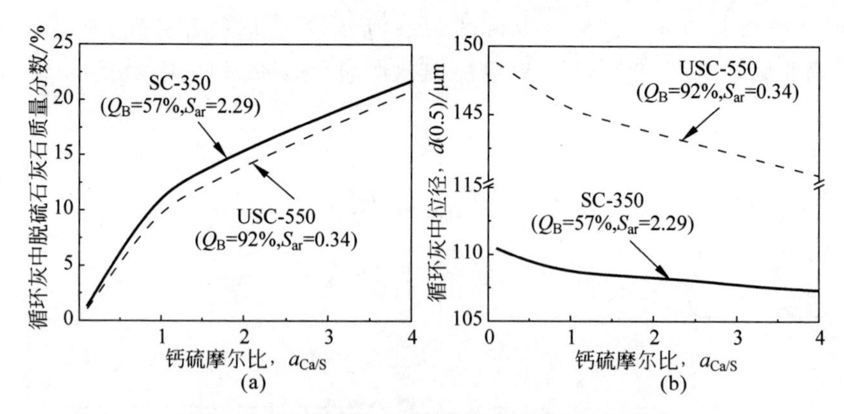

图 5.49　部分物料平衡参数随钙硫摩尔比的变化

(a) 石灰石质量分数；(b) 循环灰中位径

如图 5.50(a)所示，随着钙硫比增加，更多的 NH_3 在未反应的 CaO 表面被催化氧化，且大部分转化为 NO；同时也促进了 HCN 水解生成 NH_3 (表 3.11)。不少学者也将 CaO 催化 NH_3、HCN 等挥发分氮的转化视为炉内脱硫导致 NO_x 排放浓度升高的主要原因[118-119,256]。

除含氮催化反应外，CaO 也能显著促进 CO 的氧化(图 5.50(b))，此外，K. D. Johansen 等[257]还发现 SO_2 的存在能够抑制均相 CO 和 HCN 氧

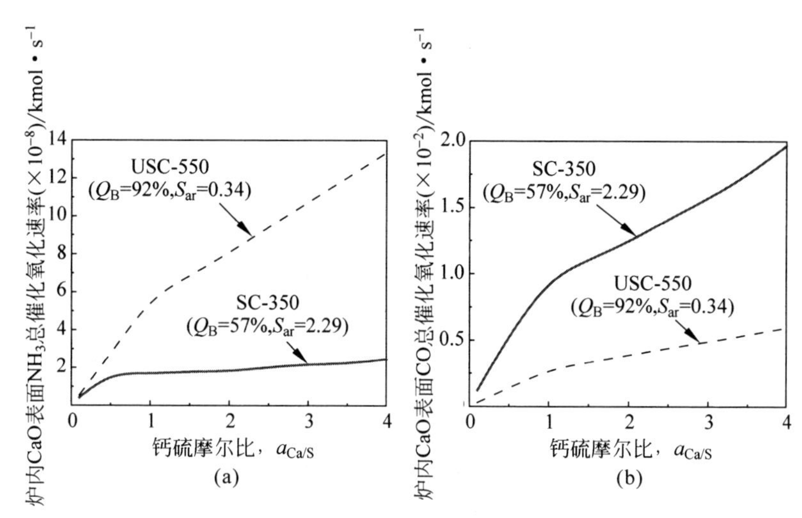

图 5.50 炉内 CaO 颗粒表面部分催化反应速率(总)随钙硫摩尔比的变化

(a) 催化 NH_3 氧化；(b) 催化 CO 氧化

化，因此石灰石脱硫会导致炉膛底部的 CO 浓度降低，即还原性气氛减弱(图 5.51)。该结论同样在 Tarelho 等[41]的鼓泡床试验中得到证实。如前所述，CO 的浓度变化会直接或间接对 NO_x 的生成及还原造成影响，图 5.52 也反映了炉内焦炭表面 NO 总还原速率随钙硫比的增加而降低。

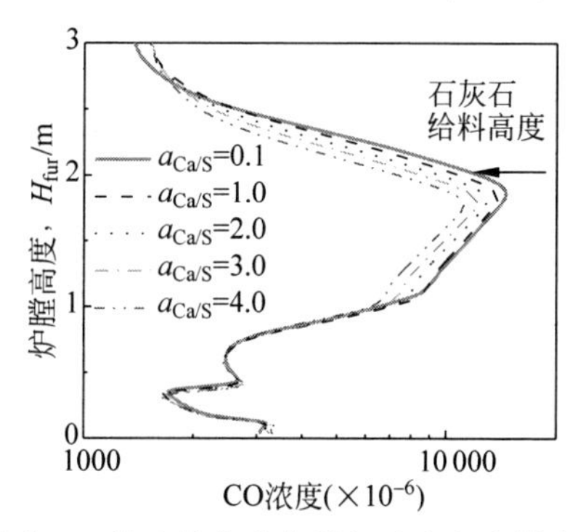

图 5.51 炉内 CO 浓度轴向分布随钙硫摩尔比的变化(SC-350)

提高钙硫摩尔比除对 NO_x 的排放浓度有负面作用外，对锅炉效率、烟气除尘等也有不同程度的影响。例如，辛胜伟等[258]发现当钙硫摩尔比大于 2 时，过量石灰石的投入会使锅炉效率降低，且此时继续提高钙硫摩尔比对炉内脱硫效率的提升效果逐渐减弱。因此，如何在有限钙硫摩尔比下，既实现炉内高效脱硫，又不至于使 NO_x 原始排放浓度增加过多，即缓解炉内

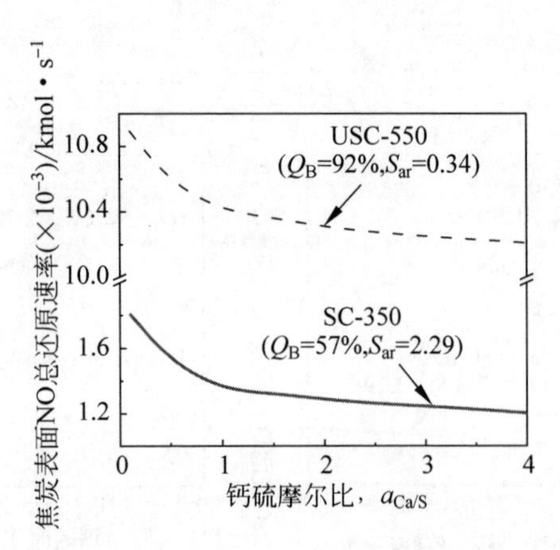

图 5.52　焦炭还原 NO 总反应速率随钙硫摩尔比的变化

脱硫与低氮燃烧间的矛盾，对锅炉运行的经济性具有重要意义。

1.3.4 节指出，工程实践中已发现大幅减小入炉石灰石的粒度后，既能显著提高脱硫效率，又能抑制石灰石对 NO_x 排放控制的负面作用。该现象同样在对 USC-550 锅炉的模拟上得到复现。如图 5.53 所示，与 5.3.2.1 节调整给煤粒度的方法一致，按罗辛-拉姆勒分布函数设计不同石灰石粒径分布后代入模型计算。结果显示，在减小入炉石灰石的粒度后，脱硫效率显著提高。对该锅炉而言，因其分离器效率较高，即使使用超细石灰石颗粒($d(0.5)<20\ \mu m$)仍能保证一定的炉内停留时间；又因细石灰石脱硫反应的活性(包括最大转化率与初始阶段脱硫反应速率)远优于粗石灰石，故采用“高效分离器＋超细石灰石”的组合策略能够获得很高的炉内脱硫效率。该结论也与蔡润夏等[161]的研究结论一致。对 NO_x 排放浓度而言，随石灰石粒度的增加，NO_x 的排放浓度先快速升高，后略有降低。整体上看，采用细石灰石脱硫也有助于缓解投放石灰石对 NO_x 排放的负面作用。

进一步分析后发现，石灰石粒度减小，炉内总 CaO 有效反应面积降低(CaO 有效反应面积定义见 3.3.3.2 节)，如图 5.54 所示。这是因为细颗粒石灰石的反应活性更高，其表面会很快包覆一层惰性 $CaSO_4$ 产物，阻碍了 NH_3 等活性气体与 CaO 内核接触引发催化反应。更关键的是，对 USC-550 锅炉而言，密相床面之上正好是挥发分大量释放的地方(图 5.13(c))，故该区域的 CaO 有效反应面积的变化会直接影响相关催化反应的总体速率。对比图 5.53 和图 5.54 也可发现，NO_x 排放浓度和给煤口附近的 CaO 有效反应面积呈现相同的变化趋势。

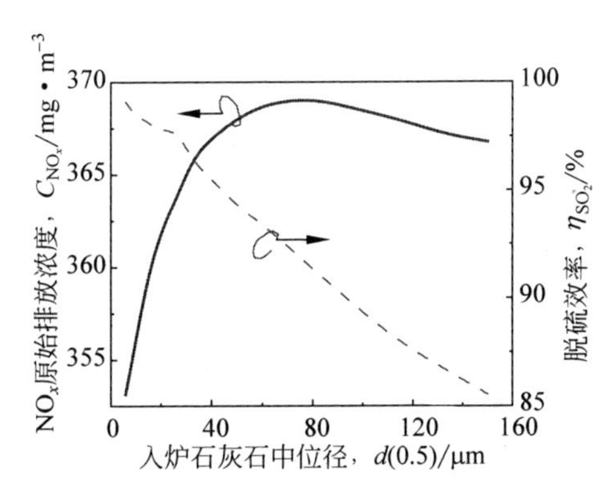

图 5.53　石灰石粒度对 NO_x 原始排放浓度及脱硫效率影响(USC-550)

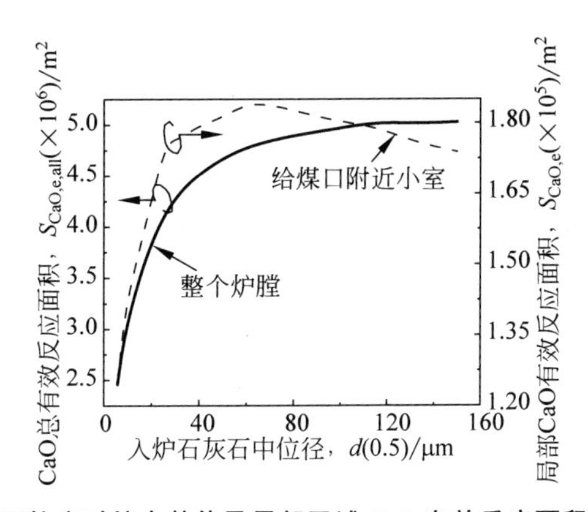

图 5.54　石灰石粒度对炉内整体及局部区域 CaO 有效反应面积影响(USC-550)

文献中也有不少学者致力于研究炉内脱硫与低 NO_x 排放量之间的矛盾。Shimizu 等[122,259]就曾在鼓泡床中运用“粗煤颗粒＋细石灰石”的给料策略；或采用上下双层鼓泡床装置，煤颗粒在下层给入而石灰石在上层鼓泡床给入。其本质都是将煤热解释放挥发分与石灰石脱硫两个过程解耦，前者是借助粗细颗粒流动分层原理，后者则直接在物理上分层，使得挥发分和焦炭燃烧主要在下部鼓泡床内完成，避免新鲜 CaO 颗粒与挥发分氮接触，从而在实现对烟气中 SO_2 有效脱除的同时不造成 NO_x 排放量显著增加。

本书同样尝试了在不同位置给入相同粒度石灰石颗粒。考虑到石灰石的分布均匀性问题，实际运行中也仅有返料口(借助密相区鼓泡床颗粒混合强烈)或二次风口(借助二次风穿透)等少数几个给料位置可供选择。然而，在 USC-550 锅炉上的计算结果显示，改用上、下二次风口或返料口投放石灰石，对最终 NO_x 排放浓度的影响很小（相差小于 1 mg·m^{-3}）。与 Shimizu 等实验时采用的小型鼓泡床不同，实际 CFB 锅炉内，特别是炉膛底部，颗粒返混十分强烈，下部石灰石给料高度的些许变化对其分布不会有实质性的影响。另外，运行时常采用宽筛分给煤，仍有很多细煤颗粒在飞溅区热解和燃烧，并不能完全做到挥发分和 CaO 脱离接触。

5.3.6　锅炉负荷

随着新能源电力的大力发展，相当一部分煤电负荷要让位给新能源机组，包括 CFB 锅炉在内的大量燃煤发电机组长期在中低负荷运行。图 5.55 给出了某 350 MW_e 超临界 CFB 锅炉机组在 2019 年 4 个月内的负荷频率分布情况，负荷率变动范围为 34%～100%，其中有近 40%的时间在低于 60%负荷率的条件下运行。

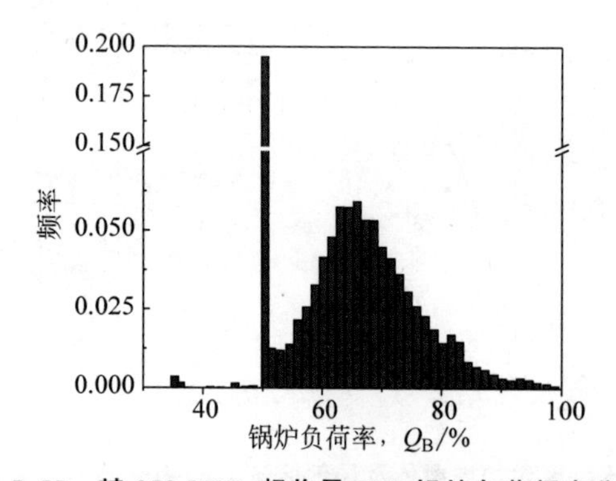

图 5.55　某 350 MW_e 超临界 CFB 锅炉负荷频率分布

本书以 HP-135 和 SC-350 两台 CFB 锅炉为例，讨论不同负荷下的燃烧及污染物排放情况。需说明的是，负荷升高时，分级配风等操作参数往往随之改变，如一次风份额减少且更多空气从上层二次风口给入，如图 5.56 所示。本书利用玻尔兹曼分布（Boltzman distribution）或多项式拟合实际相关参数，作为模型输入。另外，在模拟 SC-350 锅炉时，因为不含尾部烟道及工质侧的能量平衡计算，一/二次风温、给水与蒸汽流量、工质温度与压力等，同样需要根据实际运行情况确定相关参数并输入模型，以计算炉内的能量平衡及床温分布。

除此之外，为保证床料安全流化并尽可能地促进燃料燃烧，低负荷下需引入更多空气，即增加过量空气系数（α_{air}）。同时，通过减少底部排渣，将炉内总床压降（ΔP_{fur}）维持在更高水平。α_{air} 和 ΔP_{fur} 也是该 CFB 模型的输

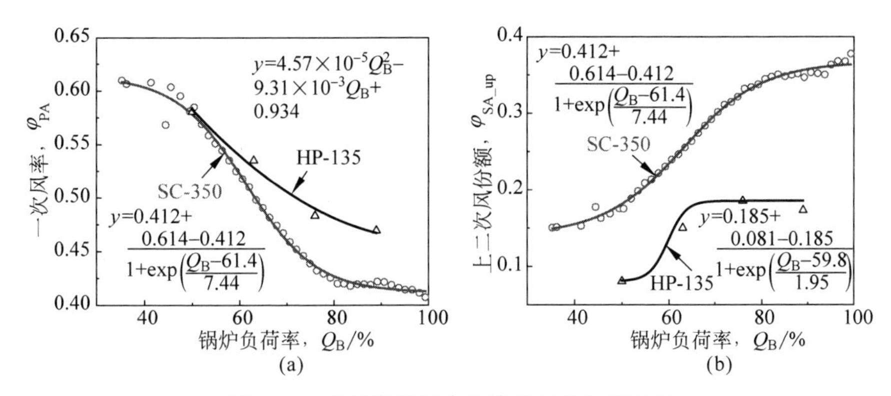

图 5.56 分级配风操作参数随锅炉负荷变化

(a) 一次风率；(b) 上二次风份额

入参数，但其不能像其他参数一样直接从 DCS 系统上读取，而是通过分别拟合炉膛出口烟气中的氧含量和炉内特定高度处的压力来确定，如图 5.57 所示。考虑到底部密相区的空隙率随流化风速的提高同步增大，尽管炉膛总压降随负荷升高而单调减少，但炉底局部压力呈现先增加后降低的非单调变化规律(图 5.57(b))。

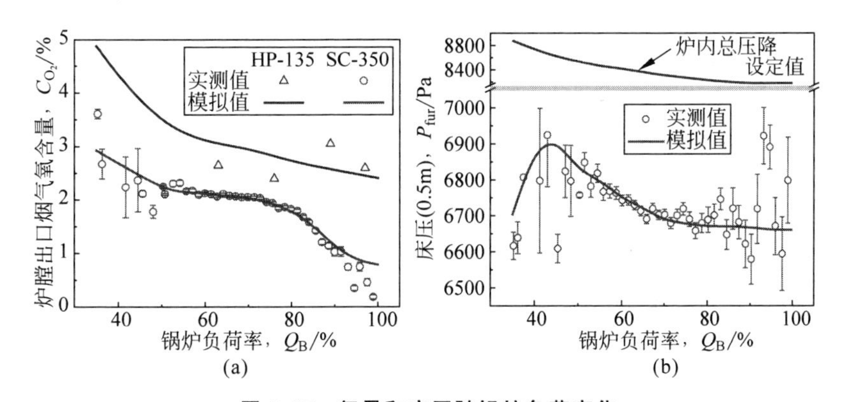

图 5.57 氧量和床压随锅炉负荷变化

(a) 炉膛出口烟气氧含量；(b) 床压(SC-350)

图 5.58 给出了 HP-135 和 SC-350 两台锅炉的 NO_x 原始排放浓度随负荷率的变化情况。其中，SC-350 锅炉实测值采集自 4 个月连续运行的区间且 SNCR 系统基本不投运时(喷氨量小于 0.0001 $m^3 \cdot h^{-1}$)的 CEMS 数据。模拟和实测结果表明，在 35%～100%负荷率区间内，随着锅炉负荷降低，NO_x 原始排放浓度先显著减少，后增加，如 SC-350 锅炉 35%负荷下的

NO_x 排放浓度水平与80%负荷下相当。该趋势也在其他CFB锅炉上得到体现(1.3.2节)。值得注意的是，与 NO_x 排放浓度的转折点相对应的负荷率因锅炉而异，对于HP-135锅炉，模型预测转折点在40%负荷左右；对于SC-350锅炉，实测和模拟结果均表明转折点在50%负荷。该转折点的具体范围与锅炉结构、燃料特性、运行策略等有关。

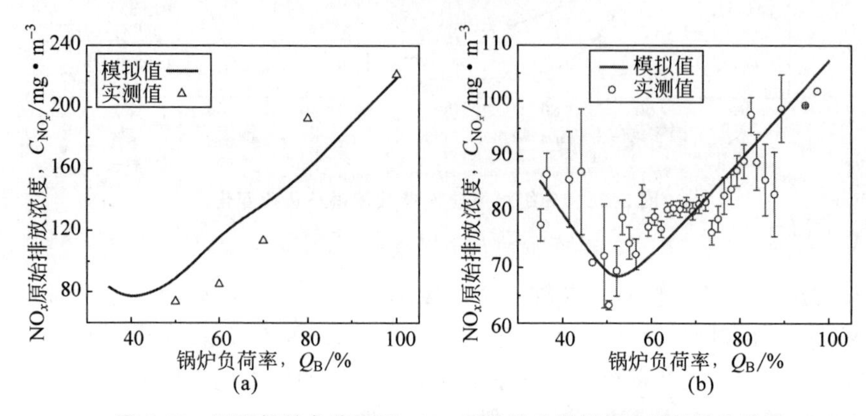

图5.58 不同锅炉负荷率下，NO_x 原始排放模拟与实测结果比较

(a) HP-135；(b) SC-350

CFB燃烧的 NO_x 原始排放浓度与负荷率间表现出非单调关系，说明负荷变动时炉内燃烧及流动状态的调整对 NO_x 排放同时存在正反两方面作用。下面将对此展开讨论。

首先，在实际运行中，不少操作参数需跟随负荷同步改变。例如，图5.56和图5.57(a)已表明，当负荷降低时，总风量减少，但为保证炉底密相区安全流化，需维持足够的一次风量，故通常只减少二次风量，即表观上一次风份额增加；在中低负荷时还会适当补入过量空气，以改善燃烧和流化状态。5.3.3节和5.3.4节已指出，提高一次风率、增加过量空气系数会导致 NO_x 排放浓度升高。而炉膛整体风量减少，将不可避免地导致循环量和颗粒悬浮浓度大幅降低，根据5.3.1节的分析，这对 NO_x 减排也是不利的。

但另外，当负荷下降时，炉膛温度往往显著降低。如图5.59所示，模拟和实测结果均表明，锅炉负荷率每下降10%，炉内的平均温度降低20～30℃；且由于风量和物料的循环量减少，下部燃烧放热不能及时被烟气和固体床料携带向上，炉膛的上下温差逐渐增大，轴向温度分布的不均匀性增强。

为避免其他条件的干扰，模拟中保持所有操作参数不变，仅人为增大或

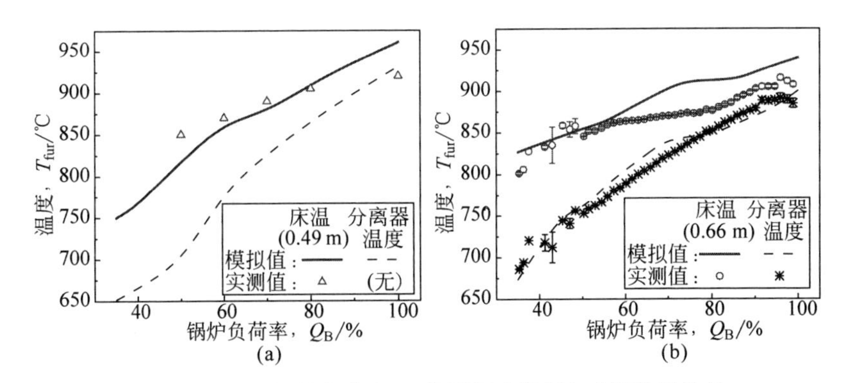

图 5.59　不同锅炉负荷率下，炉膛温度模拟与实测结果比较

(a) HP-135；(b) SC-350

减小炉内所有受热面表面的换热系数，从而定向调节炉膛温度，并探究其对 NO_x 原始排放浓度的影响。这类似于在工程实践中通过增减炉内受热面积实现床温的精准设计。本书以 HP-135 锅炉为例，计算了 4 个床温调整工况，分别对应于换热系数乘以 0.8(工况 1)、1.2(工况 3)、1.4(工况 4)和 1.6(工况 5)，加上不调整对比工况(工况 2)，共含 5 组。

模拟结果见图 5.60 和图 5.61，可以看出，CFB 燃烧 NO_x 原始排放浓度随炉膛温度的升高显著增加。

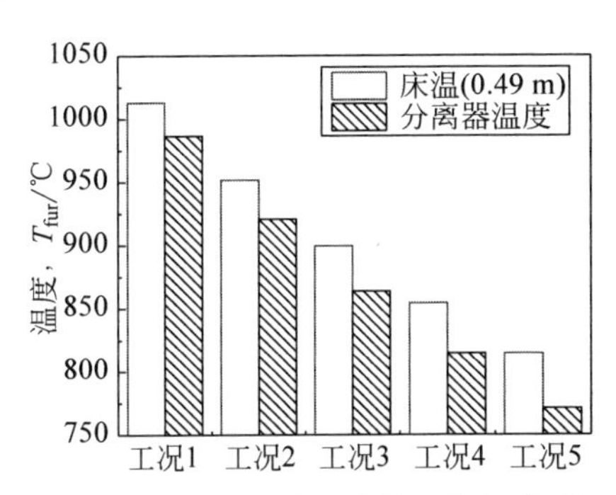

图 5.60　受热面表面换热系数调整后炉膛温度变化(HP-135)

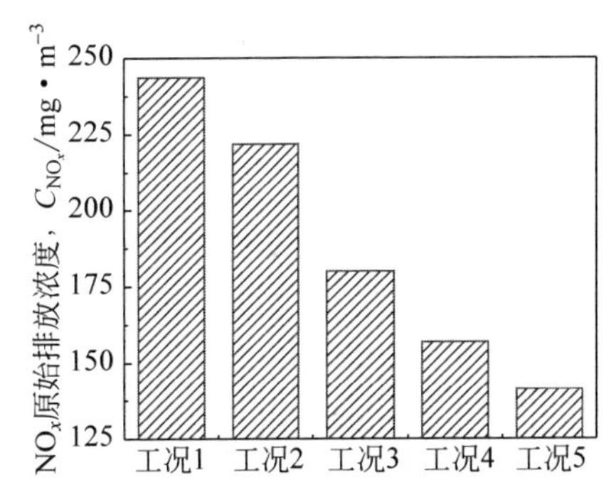

图 5.61　不同炉膛温度下，NO_x 原始排放浓度比较(HP-135)

根据化学动力学原理，温度升高，几乎每个反应的反应速率都会增加，包括 NO_x 的生成和还原。然而，不同反应的活化能可能相差很大，各反应物的反应级数也有所区别，这意味着在不同温度区间、不同气氛下的主导反应会有所不同。换句话说，燃料氮转化的选择性发生改变。

从煤热解反应来看，2.2节的研究表明，温度升高，各挥发分气体产率和总挥发分量增加，且更多燃料氮倾向于以 NH_3 或 HCN 等挥发分氮形式析出，而挥发分氮和焦炭氮的反应路径及其向 NO_x 的最终转化率存在差异。如图5.62所示，挥发分氮氧化生成的NO量随温度升高明显增加，即挥发分氮在高温下更倾向于转化为NO。对于异相表面的氮氧化物转化而言，虽然灰分、脱硫石灰石等床料催化NO还原的速率同样随温度上升而增加，但焦炭表面的NO净还原速率有所减小(工况4到工况1)。3.2节的研究也指出，高温下焦炭燃烧产物中的CO比例减少，且此时高浓度CO可能对焦炭还原NO不利。因此，HP-135锅炉炉温升高导致 NO_x 排放浓度增加的主要原因在于高温下燃料热解时的挥发分氮释放量大幅增加、挥发分氮氧化生成 NO_x 的选择性升高，以及焦炭对NO的净还原作用减弱。

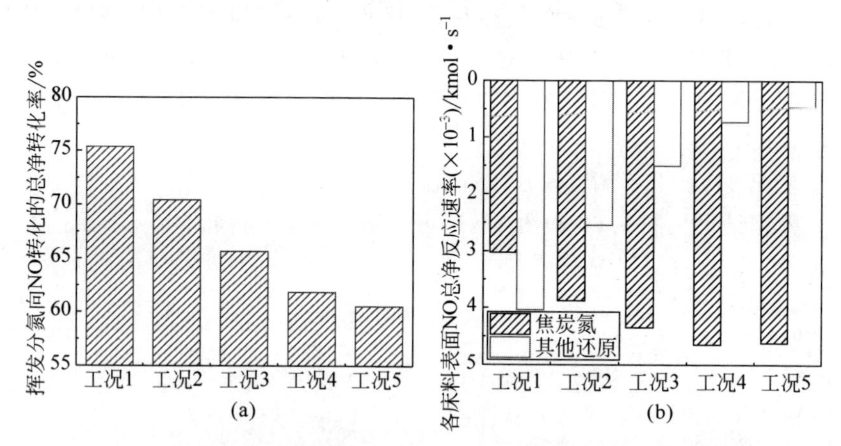

图5.62　炉温调整时，CFB燃烧 NO_x 总生成和还原速率比较(HP-135)

(a) 挥发分氮向NO转化；(b) 床料表面NO异相转化

需要说明的是，当燃料种类或工况条件变动时，如燃料挥发分含量不同、焦炭-NO反应性存在差异、炉内氧量调整等，上述机理甚至呈现规律可能发生变化。如有学者[260]在某2 MW_{th} CFB试验台上燃用神木半焦时发现，NO_x 排放浓度随床温的升高反而降低。

综上所述，当负荷下降时炉温降低，是造成 NO_x 排放浓度减少的主要原因；但在低负荷下，出于床料安全流化考虑，采用较高过量空气系数并维持高一次风量，削弱了低氧燃烧和空气分级对 NO_x 生成的抑制作用，又有可能导致 NO_x 排放浓度再次升高。此外，当负荷很低时，物料循环量少、稀相区的平均压降即颗粒悬浮浓度低(图5.63)，总体上物料的循环性能变差,不利于受热面的表面换热。同时,过低的炉膛温度也不利于燃料燃尽,不完全燃烧热损失增加(图 5.64)且偏离了 SNCR 最佳脱硝温度点和炉内石灰石脱硫最佳温度区间,影响了锅炉的整体脱硫脱硝效率。因此,如何改善 CFB 锅炉在低负荷下的运行性能,挖掘其深度调峰能力,对高比例消纳风电、光伏等可再生能源具有重要的现实意义。

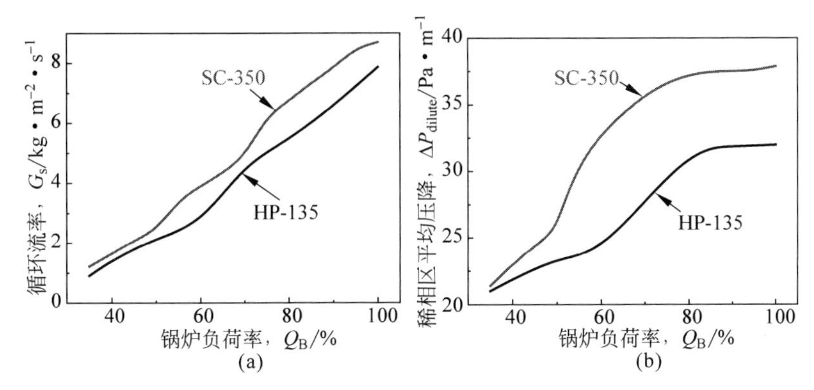

图 5.63 负荷变动对 CFB 锅炉物料循环性能影响

(a) 循环流率;(b) 稀相区平均压降

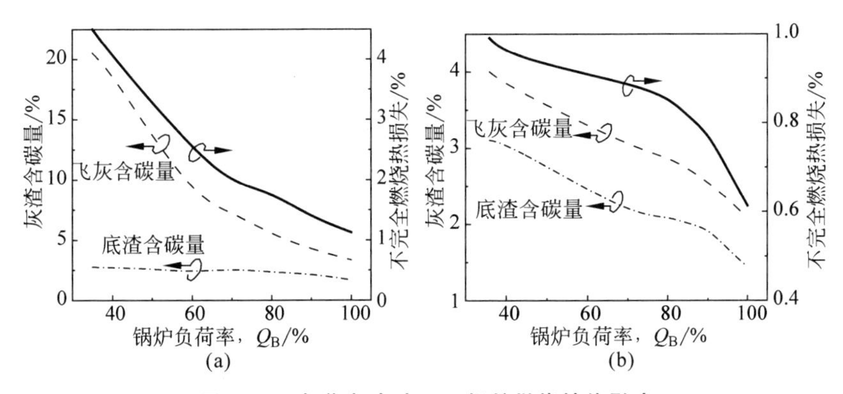

图 5.64 负荷变动对 CFB 锅炉燃烧性能影响

(a) HP-135;(b) SC-350

5.3.7 煤种影响

针对同一台锅炉(HP-135),维持表 5.2 所列基础工况,即过量空气系数、风量分配、床压、钙硫比等操作参数不变,分别将表 5.1 所指的 3 个不同煤种的性质代入计算(烟煤 A、烟煤 B 和褐煤),包括元素与工业分析、成灰磨耗特性、热解动力学参数、焦炭反应性参数等，以探究燃料自身性质对CFB燃烧NO_x排放浓度的影响。需注意，模拟时的给煤流率需按燃料热值折算，以保证锅炉的负荷大致相当。

图5.65比较了当燃用不同燃料时，同一锅炉NO_x排放浓度的模拟结果。其中，$X_{NO_x,ori}$表示燃料氮向NO_x转化的最终转化率，有

$$X_{NO_x,ori}=\frac{\dot{m}_{g,out}y_{NO,out}}{\dot{m}_{F,feed}N_{ar}/MW_N}\times 100\% \tag{5.3}$$

式中，$\dot{m}_{g,out}$为分离器出口总摩尔流率，$kmol\cdot s^{-1}$；$y_{NO,out}$为分离器出口NO_x摩尔分数；$\dot{m}_{F,feed}$为给煤流率，$kg\cdot s^{-1}$。

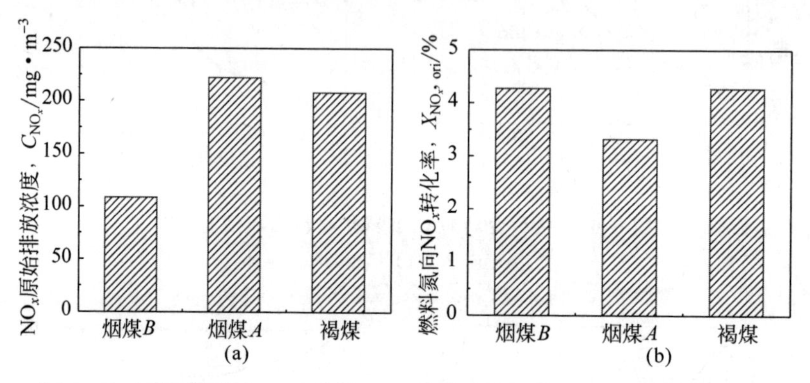

图5.65　不同煤种下，CFB燃烧NO_x排放浓度的模拟结果比较(HP-135)

(a) 分离器出口NO_x排放浓度；(b) 燃料氮向NO_x转化率

模拟结果显示，燃用高挥发分烟煤A(V_{daf}=50.3%)及褐煤(V_{daf}=49.3%)时的NO_x原始排放浓度要明显高于燃用低挥发分烟煤B(V_{daf}=32.7%)时。

燃料性质对CFB燃烧及污染物排放的影响体现在多个方面。首先，不同煤种自身的煤质分析数据就有很大区别。例如，当负荷一定且锅炉结构保持不变时，入炉煤量及烟气流速与燃料热值有关(该算例中的烟气流速为，烟煤A：4.5 $m\cdot s^{-1}$、烟煤B：5.1 $m\cdot s^{-1}$、褐煤：4.5 $m\cdot s^{-1}$)，再加上灰分含量的差异，直接影响锅炉的物料平衡特性；水分及C/H/O等元素含量决定了烟气组成；挥发分的高低则在一定程度上改变了炉内不同区域的反应状态。特别地，原煤中的氮元素含量往往与锅炉NO_x的原始排放浓度呈正相关。以SC-350锅炉模拟为例，只调整烟煤B中的氮元素含量(用碳元素含量平衡)，保持其他性质不变，模拟得到NO_x的原始排放浓度与燃料氮含量的关系，如图5.66所示。可见NO_x排放浓度随燃料氮含

量的增加而快速升高。

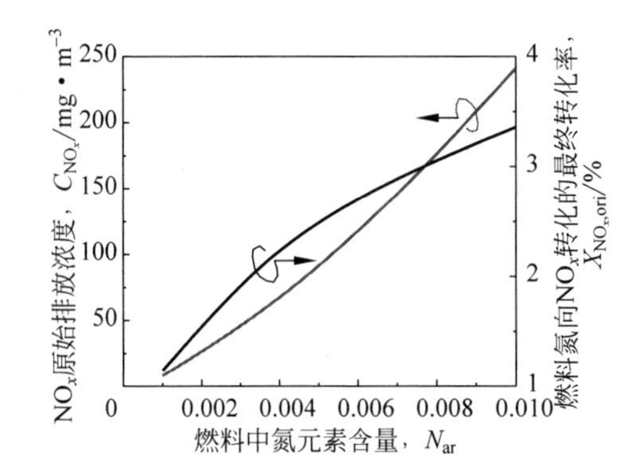

图 5.66　CFB 燃烧 NO_x 原始排放浓度与燃料氮含量关系(SC-350)

其次,不同燃料的化学反应性也存在很大差异。如 2.2.3 节和 3.2.4 节所述,不同煤种的热解特性(包括燃料氮转化)和焦炭反应性不同,从而影响整个炉内气氛、温度及反应过程,如图 5.67 所示。5.2.3 节的敏感性分析也表明,CFB 燃烧的 NO_x 排放浓度对这些反应的动力学参数十分敏感。

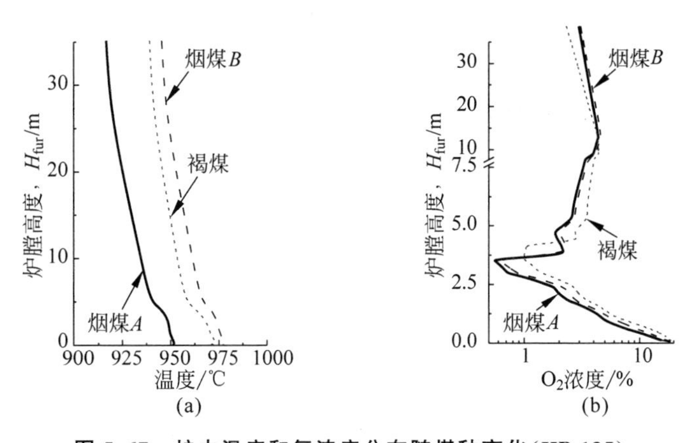

图 5.67　炉内温度和氧浓度分布随煤种变化(HP-135)

(a) 温度分布;(b) 氧浓度分布

另外,燃料的成灰磨耗性质也影响了 CFB 锅炉的物料平衡。如图 5.68 所示,不同煤种的初始成灰和焦炭粒径分布不同,改变了床料粒度(床质量),这与调整给煤粒度的作用相似。结合 5.3.2.1 节的讨论,其也会在一定程度上影响 CFB 燃烧的 NO_x 生成与排放。

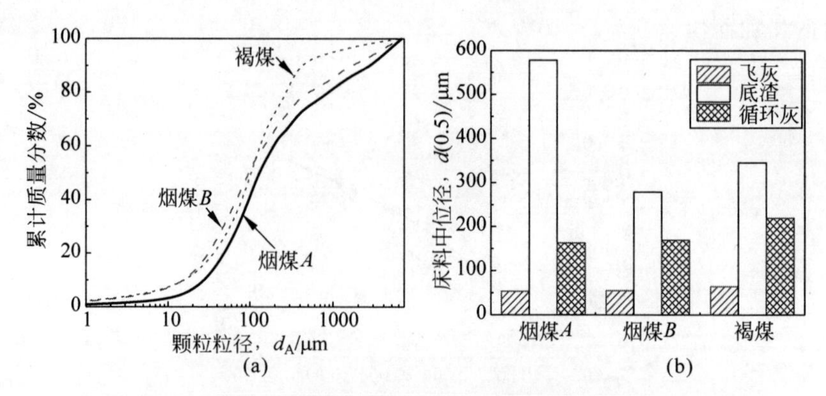

图 5.68 初始成灰粒径分布与床料粒度随煤种变化(HP-135)

(a) 初始成灰粒径分布；(b) 床料粒度

综上所述，CFB燃烧的 NO_x 原始排放浓度与燃料性质密切相关，相关参数是CFB整体模型的重要输入之一，有必要通过独立实验确定，如2.2节、3.2节所述。在实际工程实践中，也需根据燃料性质调整锅炉结构、分离器效率等工艺参数；而当CFB锅炉面临更换燃料的需求时，很多操作参数往往需要做出相应调整，以满足低氮燃烧要求。然而，从另一角度看，在很多情况下，即使燃用煤种性质的差别较大，通过调整给煤粒度、风量分配等，最终也能将 NO_x 的原始排放浓度控制在较低水平。这体现了各操作参数对污染物排放控制的重要作用，也更被工程技术人员所关注。

第6章　结论与展望

6.1　主要结论

随着污染物排放标准日趋严格，为深度挖掘循环流化床燃烧技术的低氮排放潜力，需要进一步深化对 CFB 燃烧条件下的 NO_x 生成机理及其与气固流动间关系的认识。本书在对含氮反应动力学实验研究和 CFB 锅炉气固流动结构深入分析的基础上，建立了循环流化床燃烧 NO_x 排放整体数学模型，构建了流化状态和化学反应之间的关系。针对 3 台不同容量的商业 CFB 锅炉进行了现场测试和模型验证，进而根据模拟结果分析了各工艺或操作参数对 CFB 燃烧 NO_x 排放浓度的影响规律，并提出相应地降低 NO_x 原始排放优化措施。本书主要结论如下：

（1）基于 CPD-NLG 煤热解模型并耦合 0D/1D 单颗粒传热模型，模拟了流化床内不同粒径煤颗粒的加热和挥发分（氮）析出过程，并利用鼓泡床实验获得了不同煤种热解中快速氮析出反应的动力学参数。发现在热解时燃料氮并非均匀分配在挥发分和焦炭中，煤阶越低、温度越高、煤粒径越小，挥发分氮析出比例越高。

（2）采用详细化学机理描述均相反应过程，并嵌入 CFB 燃烧整体数学模型计算。模拟结果表明，复杂工况下的详细化学机理和简化机理差别很大，当针对 CFB 燃烧模拟大范围工况变化时，有必要基于详细化学动力学开展研究。另外，流化床燃烧条件下的固体颗粒表面自由基淬灭和重组反应影响显著，特别是对氮氧化物生成和 CO 等还原性气体燃烧而言，建模时需予以考虑。

（3）完善了 0D 或 1D 单颗粒焦炭、石灰石和灰分反应模型，作为 CFB 燃烧整体数学模型的一部分。通过固定床实验并基于微分反应器模型或 1D 积分反应器模型，获得 3 种典型煤焦的燃烧反应、CO_2 气化反应和对 NO 还原反应的动力学参数。发现当气氛中含高浓度 CO 时，焦炭由直接还原 NO 转为以催化 CO 还原 NO 反应为主，即还原机理发生变化。与无

CO 实验结果相比，表观上看温度较低时加入 CO 能够显著促进焦炭对 NO 的还原；随着温度升高，该促进作用先增强后减弱，高温下的 NO 转化率甚至有所降低。另外模拟显示，含氧条件下的单颗粒焦炭初始燃烧时刻，焦炭氮向 NO 转化的净转化率随粒径增加或颗粒表面气体传质阻力增大而降低，随氧浓度升高而增加，但随温度的变化规律并不固定。

(4) 建立了 1D/1.5D 循环流化床燃烧整体数学模型。充分考虑了 CFB 锅炉炉内不同区域气固流动和气体传递特性的差异，包括布风板作用区的风帽射流搅动、充分发展鼓泡床区的两相流动、飞溅区的气泡射流和二次风扩散、稀相区的环核流动结构和颗粒团聚等，部分锅炉还考虑了外置换热床结构。而各区域的化学反应动力学机理是一致的。

(5) 利用本书建立的循环流化床燃烧整体数学模型，对 135 MW_e、350 MW_e 和 550 MW_e 3 台商业 CFB 锅炉燃烧和其 NO_x 排放浓度情况进行了预测，模拟值与实测值吻合良好，验证了模型的可靠性。基于模型敏感性分析，认为热解时燃料氮的分配和焦炭相关反应动力学，以及气体相间的分配、气泡行为、二次风穿透等气固流动状态参数对 CFB 燃烧的 NO_x 排放量影响显著。

(6) 提高分离器效率、降低给煤粒度，使平均床料粒度降低(床质量提高)、循环量增大，导致 CFB 锅炉炉内局部气固流动状态发生变化，如密相区气泡相的体积分数增加、稀相区的颗粒悬浮浓度升高、颗粒团聚和边壁流效应增强等，即引发流态重构。其并不直接调节炉内的氧浓度和温度，而是通过改变活性颗粒空间分布、传质和传热等作用间接影响气氛和温度分布，自发营造局部还原性条件，从而减少 NO_x 的初始生成或促进 NO_x 还原，最终能够有效降低 CFB 燃烧 NO_x 的原始排放浓度。另外，适当降低给煤口高度，使挥发分释放峰值下移，或尝试从返料阀等处给入细煤颗粒，也有利于减少 NO_x 排放。

(7) 降低过量空气系数、减少一次风份额、延迟二次风混合，以强化 CFB 锅炉炉内整体或局部的还原性气氛，有助于降低 NO_x 的原始排放浓度。

(8) CFB 燃烧中投放石灰石脱硫会导致 NO_x 排放浓度升高。但在相同钙硫比下，适当降低入炉石灰石粒度，既能有效提高炉内脱硫效率，又能缓解石灰石对 NO_x 减排的负面作用。

(9) 随着锅炉负荷下降，炉膛温度显著降低，开始时的 NO_x 排放量逐渐减少；但在低负荷区间，由于过量空气系数增加及一次风占总风量的比例增大，削弱了低氧燃烧和空气分级对 NO_x 生成的抑制作用，又有可能导致 NO_x 排放量再次增多。

6.2　研究展望

尽管在“碳达峰、碳中和”的目标压力下，各国都在尽可能地降低煤炭等化石能源在一次能源消费中的占比。但从能源安全、调峰等角度考虑，仍需保有一定的火力发电机组及供热机组。因此，煤炭资源的清洁开发利用是我国能源行业的必然发展趋势和长期研究热点。对循环流化床燃烧而言，强化炉内低氮燃烧，优化工艺和操作参数，从源头降低炉膛出口处的 NO_x 排放浓度，仍是当前研究和工程实践中的首选减排方案。围绕循环流化床燃烧 NO_x 生成机理及低污染排放控制技术，以下几个方面值得进一步探究。

(1) 多操作参数协同优化，进一步降低 CFB 燃烧 NO_x 源头排放。

目前，多数文献仅讨论单一操作参数变化对 CFB 锅炉 NO_x 排放的影响，对多变量间的交叉影响规律的研究还比较少。从数学角度来说，NO_x 排放(因变量)和各操作参数(自变量)间是多元、强非线性函数的关系，且各自变量间并非相互独立，如不同煤种以及不同锅炉负荷下各参数敏感性甚至变化趋势是否会发生变化。从工程角度来说，要想依靠低氮燃烧实现 NO_x 的超低排放，也必然是多操作协同优化的结果。除模型研究外，开展相关工程实践，收集更多现场调试数据也是十分重要的。

(2) 新能源发展背景下的 CFB 深度调峰问题及相应污染物排放特性，提高电厂运行灵活性。

发展新能源的关键举措之一是提升对新能源的消纳和存储能力，为此需要一定数量的燃煤发电机组来承担深度调峰任务。CFB 锅炉由于含大量固体床料，蓄热量大、炉膛温度分布均匀、稳燃性能好，具有低负荷运行的天然优势；同时，大热惯性也为其变负荷操作带来了更多可能。NO_x、SO_2 等污染物排放也会随着锅炉负荷的升降而发生变化。因此，了解并掌握 CFB 锅炉机组在低负荷、变负荷工况下的燃烧特性、污染物排放特性、水动力特性等，提高其深度调峰能力，对促进新能源电力发展并保持 CFB 技术的转型升级态势具有重要意义。另外，从建模角度看，本书仅针对稳定运行工况进行了模拟，即属于稳态模型。对于变负荷工况研究而言，有必要开发类似的具有高计算效率的 CFB 燃烧动态数学模型。

(3) 大型 CFB 锅炉炉膛不均匀性问题对 NO_x 等污染物排放影响，适应超临界/超超临界 CFB 锅炉技术开发。

将低成本污染控制的 CFB 燃烧与高效发电的超临界蒸汽循环相结合，开发大容量、高参数的超临界/超超临界 CFB 锅炉技术，对提高发电效率、减少碳排放具有重要意义。由于蒸汽参数提高，炉膛尺寸放大，分离器、外置床等结构的调整，超临界/超超临界 CFB 锅炉的物料平衡、燃烧及污染物排放特性，与小容量锅炉相比有明显区别。特别是大型 CFB 锅炉普遍面临的炉膛均匀性问题，包括布风均匀性、风煤混合均匀性、返料均匀性等，可能会成为限制硫氮污染物原始低排放的主要因素，必须予以关注。从模拟角度来看，不均匀性属于多维度问题，本书建立的 1D/1.5D CFB 模型不再适用。此时需依靠 2D 或 3D 数学模型，以及 CFD 模拟技术的发展与应用。

(4) 研究生物质、氨氢等非常规燃料燃烧及污染物排放特性，开发多元燃料 CFB 燃烧技术。

现有 CFB 锅炉以煤为主，面临降碳挑战，燃用低碳、多元燃料势在必行。特别地，借助 CFB 燃烧技术在燃料适应性方面的优势，促进对农林废弃物、工业“三废”、城市垃圾等的无害化处理，既能满足能源增长需求、避免资源浪费，也能支持环境保护，具有广阔的市场前景。然而，从高碳的煤到无碳的氨、氢，成分、性质相差巨大，燃烧特性和物料循环性能显著不同，若不进行针对性的研究和设计调整，有些燃料燃用后的 NO_x、SO_2 原始排放浓度可能达不到超低排放要求。另外，在利用 CFB 燃烧处理各类垃圾时，还需关注二噁英、氯化氢、重金属等其他非常规大气污染物的排放情况，避免造成新的污染。

(5) N_2O 排放问题。

CFB 燃烧具有低 NO_x 排放浓度的优势，但在很多工况下 N_2O 排放浓度较高，有时甚至高达每立方米数百毫克，超过了 NO 的排放浓度；且 N_2O 排放特性在很多方面与 NO_x 相反。尽管 N_2O 对人体健康和环境的危害尚不及 NO_x、SO_2 明显，现有环保标准及政策文件也未将之列入大气污染源予以控制。但作为主要的温室气体之一，其相关排放问题在全球气候变化的大背景下日益受到关注。将 N_2O 纳入减排指标，实现与 NO_x、SO_2 等的同步脱除，是 CFB 研究与应用方面可探讨的问题。

参考文献

[1] HUANG Z,DENG L,CHE D. Development and technical progress in large-scale circulating fluidized bed boiler in China[J]. Frontiers in Energy,2020,14(4): 699-714.

[2] LECKNER B. Hundred years of fluidization for the conversion of solid fuels[J]. Powder Technology,2022,411: 117935.

[3] JOHNSSON J E. Formation and reduction of nitrogen oxides in fluidized-bed combustion[J]. Fuel,1994,73(9): 1398-1415.

[4] 原奇鑫,孙保民. 选择性非催化还原烟气脱硝反应影响因素实验分析[J]. 热力发电,2017,46(4): 52-56.

[5] 王乐乐,孔凡海,何金亮,等. 超低排放形势下 SCR 脱硝系统运行存在问题与对策[J]. 热力发电,2016,45(12): 19-24.

[6] 张建平,万凯迪,王荣涛,等. 生物质循环流化床锅炉臭氧脱硝试验研究[J]. 环境工程技术学报,2019,9(1): 8-13.

[7] 邓志鹏,樊响,王青. SNCR/SCR 混合技术在 220t/h 循环流化床锅炉上的应用[J]. 山西冶金,2016,39(3): 64-65,103.

[8] GLARBORG P. Fuel nitrogen conversion in solid fuel fired systems[J]. Progress in Energy and Combustion Science,2003,29(2): 89-113.

[9] LI Y,LU G,RUDOLPH V. The kinetics of NO and N_2O reduction over coal chars in fluidised-bed combustion[J]. Chemical Engineering Science,1998,53(1): 1-26.

[10] LECKNER B. Fluidized bed combustion: Mixing and pollutant limitation[J]. Progress in Energy and Combustion Science,1998,24: 31-61.

[11] MULLINS O C,KIRTLEY S M,ELP J V,et al. Molecular structure of nitrogen in coal from XANES spectroscopy[J]. Applied Spectroscopy, 1993, 47(8): 1268-1275.

[12] KIRTLEY S M,MULLINS O C,ELP J V,et al. Nitrogen chemical structure in petroleum asphaltene and coal by X-ray absorption spectroscopy[J]. Fuel,1993, 72(1): 133-135.

[13] THOMAS K M. The release of nitrogen oxides during char combustion[J]. Fuel, 1997,76(6): 457-473.

[14] KAMBARA S, TAKARADA T, YAMAMOTO Y, et al. Relation between functional forms of coal nitrogen and formation of NO_x precursors during rapid

pyrolysis[J]. Energy Fuels,1993,7(6): 1013-1020.

[15] PERRY S T. A global free-radical mechanism for nitrogen release during coal devolatilization based on chemical structure [D]. Provo: Brigham Young University,1999.

[16] ZHANG H. Nitrogen evolution and soot formation during secondary coal pyrolysis[D]. Provo: Brigham Young University,2001.

[17] ZHANG J,SUN S,ZHAO Y,et al. Effects of inherent metals on NO reduction by coal char[J]. Energy Fuels,2011,25(12): 5605-5610.

[18] MOLINA A,EDDINGS E G,PERSHING D W. Nitric oxide destruction during coal and char oxidation under pulverized-coal combustion conditions [J]. Combustion and Flame,2004,136(3): 303-312.

[19] KONTTINEN J,KALLIO S, HUPA M, et al. NO formation tendency characterization for solid fuels in fluidized beds[J]. Fuel,2013,108: 238-246.

[20] JAYARAMAN K,KOK M V,GOKALP I. Pyrolysis,combustion and gasification studies of different sized coal particles using TGA-MS[J]. Applied Thermal Engineering,2017,125: 1446-1455.

[21] YAN B,CAO C,CHENG Y,et al. Experimental investigation on coal devolatilization at high temperatures with different heating rates[J]. Fuel,2014,117: 1215-1222.

[22] DIEGO F-C,JESÚS S,PEDRO H,et al. The influence of volatiles to carrier gas ratio on gas and tar yields during fluidized bed pyrolysis tests[J]. Fuel,2018,226: 81-86.

[23] PERRY S T, FLETCHER T H. Modeling nitrogen evolution during coal pyrolysis based on a global free-radical mechanism[J]. Energy Fuels,2000,14: 1094-1102.

[24] MICHAËL B,ØYVIND S,JOHAN E H. NO_x and N_2O precursors (NH_3 and HCN) in pyrolysis of biomass residues[J]. Energy Fuels,2007,21: 1173-1180.

[25] YUAN S,ZHOU Z, LI J, et al. HCN and NH_3 released from biomass and soybean cake under rapid pyrolysis[J]. Energy Fuels,2010,24(11): 6166-6171.

[26] LEPPÄLAHTI J,KOLJONEN T. Nitrogen evolution from coal,peat and wood during gasification: Literature review[J]. Fuel Processing Technology,1995,43: 1-45.

[27] PHIRI Z,EVERSON R C,NEOMAGUS H W J P,et al. Release of nitrogenous volatile species from South African bituminous coals during pyrolysis[J]. Energy Fuels,2018,32(4): 4606-4616.

[28] TIAN F,YU J,MCKENZIE L J,et al. Conversion of fuel-N into HCN and NH_3 during the pyrolysis and gasification in steam. A comparative study of coal and biomass[J]. Energy Fuels,2007,21: 517-521.

[29] CHEN J C,NIKSA S. Coal devolatilization during rapid transient heating 1.

Primary devolatilization[J]. Energy Fuels,1992,6(3): 254-264.

[30] FREIHAUT J D,PROSCIA W M,MACKIE J C. Chemical and thermochemical properties of heavy molecular weight hydrocarbons evolved during rapid heating of coal of varying rank characteristics[J]. Combustion Science and Technology, 1993,93(1): 323-347.

[31] LEDESMA E B,LI C-Z,NELSON P F,et al. Release of HCN, NH_3, and HNCO from the thermal gas-phase cracking of coal pyrolysis tars[J]. Energy Fuels, 1998,12: 536-541.

[32] ZHANG H,FLETCHER T H. Nitrogen transformations during secondary coal pyrolysis[J]. Energy Fuels,2001,15: 1512-1522.

[33] LEPPÄLAHTI J. Formation of NH_3 and HCN in slow-heating-rate inert pyrolysis of peat,coal and bark[J]. Fuel,1995,74(9): 1363-1368.

[34] SCHÄFER S,BONN B. Hydrolysis of HCN as an important step in nitrogen oxide formation in fluidised combustion. Part 1. Homogeneous reactions[J]. Fuel, 2000,79: 1239-1246.

[35] SALMASI A,SHAMS M,CHERNORAY V. Simulation of sub-bituminous coal hydrodynamics and thermochemical conversion during devolatilization process in a fluidized bed[J]. Applied Thermal Engineering,2018,135: 325-333.

[36] CARLOS F V,FARID C. Effect of reaction atmosphere on the products of slow pyrolysis of coals[J]. Journal of Analytical and Applied Pyrolysis,2017,126: 105-117.

[37] TIAN B,QIAO Y,TIAN Y,et al. Investigation on the effect of particle size and heating rate on pyrolysis characteristics of a bituminous coal by TG-FTIR[J]. Journal of Analytical and Applied Pyrolysis,2016,121: 376-386.

[38] SHEN J,WANG X,GARCIA-PEREZ M,et al. Effects of particle size on the fast pyrolysis of oil mallee woody biomass[J]. Fuel,2009,88(10): 1810-1817.

[39] YUE G,LU J,ZHANG H,et al. Design theory of circulating fluidized bed boilers [C]//18th International Conference on Fluidized Bed Combustion,Canada. [S. l. : s. n.],2005: 135-146.

[40] YUE G,CAI R,LU J,et al. From a CFB reactor to a CFB boiler-The review of R&D progress of CFB coal combustion technology in China [J]. Powder Technology,2017,316: 18-28.

[41] TARELHO L A C,MATOS M A A,PEREIRA F J M A. Axial and radial CO concentration profiles in an atmospheric bubbling FB combustor[J]. Fuel,2005, 84(9): 1128-1135.

[42] ÅMAND L-E,LECKNER B,SVÄRD S H,et al. Co-combustion of pulp- and paper sludge with wood-emissions of nitrogen,sulphur and chlorine compounds [C]//17th International Conference on Fluidized Bed Combustion,Florida,USA.

[S. l. :s. n.],2003.

[43] LYNGFELT A, ÅMAND L-E, LECKNER B. Progress of combustion in the furnace of a circulating fluidized bed boiler [J]. Twenty-Sixth Symposium (International) on Combustion,1996,26(2): 3253-3259.

[44] KALLIO S, KILPINEN P, KONTTINEN J, et al. Sensitivity study of fluid dynamic effects on nitric oxide formation in CFB combustion of wood[C]//7th International Conference on Circulating Fluidised Beds, Niagra Falls. [S. l. : s. n.],2002.

[45] WENDT J O L, STERNLING C V. Effect of ammonia in gaseous fuels on nitrogen oxide emissions[J]. Journal of the Air Pollution Control Association, 1974,24(11): 1055-1058.

[46] HULGAARD T, DAM-JOHANSEN K. Homogeneous nitrous oxide formation and destruction under combustion conditions[J]. AICHE Journal, 1993, 39(8): 1342-1354.

[47] ÅMAND L-E, ANDERSSON S. Emissions of nitrous oxide (N_2O) from fluidized bed boilers[C]//10th International Conference on Fluidized Bed Combustion, San Francisco, USA. [S. l. :s. n.],1989.

[48] GIMÉNEZ-LÓPEZ J, MILLERA A, BILBAO R, et al. HCN oxidation in an O_2/CO_2 atmosphere: An experimental and kinetic modeling study[J]. Combustion and Flame,2010,157(2): 267-276.

[49] WÓJTOWICZ M A, PELS J R, MOULIJN J A. Combustion of coal as a source of N_2O emission[J]. Fuel Processing Technology,1993,34(1): 1-71.

[50] DIEGO L F D, LONDONO C A, WANG X S, et al. Influence of operating parameters on NO_x and N_2O axial profiles in a circulating fluidized bed combustor[J]. Fuel,1996,75(8): 971-978.

[51] ZABETTA E C, HUPA M. A detailed kinetic mechanism including methanol and nitrogen pollutants relevant to the gas-phase combustion and pyrolysis of biomass-derived fuels[J]. Combustion and Flame,2008,152(1-2): 14-27.

[52] PARK D-C, DAY S J, NELSON P F. Nitrogen release during reaction of coal char with O_2, CO_2, and H_2O[J]. Proceedings of the Combustion Institute, 2005, 30(2): 2169-2175.

[53] WINTER F, WARTHA C, LÖFFLER G, et al. The NO and N_2O formation mechanism during devolatilization and char combustion under fluidized-bed conditions[J]. Twenty-Sixth Symposium (International) on Combustion, 1996, 1996: 3325-3334.

[54] 任维，肖显斌，吕俊复，等. 在流化床燃烧条件下焦炭氮转化的实验研究[J]. 中国矿业大学学报,2003,32(3): 259-262.

[55] AARNA I, SUUBERG E M. A review of the kinetics of the nitric oxide-carbon

reaction[J]. Fuel,1997,76(6): 475-491.

[56] STANMORE B R, TSCHAMBER V, BRILHAC J F. Oxidation of carbon by NO_x, with particular reference to NO_2 and N_2O[J]. Fuel,2008,87(2): 131-146.

[57] 吕俊复,柯希玮,蔡润夏,等. 循环流化床燃烧条件下焦炭表面 NO_x 还原机理研究进展[J]. 煤炭转化,2018,41(1): 1-12.

[58] LI D,GAO S,SONG W,et al. Experimental study of NO reduction over biomass char[J]. Fuel Processing Technology,2007,88(7): 707-715.

[59] GARCÍA-GARCÍA A,ILLÁN-GÓMEZ M J,LINARES-SOLANO A,et al. NO_x reduction by potassium-containing coal briquettes. Effect of preparation procedure and potassium content[J]. Energy Fuels,2002,16: 569-574.

[60] 李竞岌,杨欣华,杨海瑞,等. 鼓泡床焦炭型氮氧化物生成的试验与模型研究[J]. 煤炭学报,2016,41(6): 1546-1553.

[61] LI P,CHYANG C-S,NI H. An experimental study of the effect of nitrogen origin on the formation and reduction of NO_x in fluidized-bed combustion[J]. Energy, 2018,154: 319-327.

[62] ZHOU H,HUANG Y, MO G, et al. Experimental investigations of the conversion of fuel-N, volatile-N and char-N to NO_x and N_2O during single coal particle fluidized bed combustion[J]. Journal of the Energy Institute, 2017, 90(1): 62-72.

[63] HE J,SONG W,GAO S,et al. Experimental study of the reduction mechanisms of NO emission in decoupling combustion of coal [J]. Fuel Processing Technology,2006,87(9): 803-810.

[64] PELS J R, WÓJTOWICZ M A, MOULIJN J A. Rank dependence of N_2O emission in fluidized-bed combustion of coal[J]. Fuel,1993,72(3): 373-379.

[65] JENSEN L S, JANNERUP H E, GLARBORG P, et al. Experimental investigation of NO from pulverized char combustion[J]. Proceedings of the Combustion Institute,2000,28(2): 2271-2278.

[66] GUO F,JENSEN M J,BAXTER L L,et al. Kinetics of NO reduction by coal, biomass,and graphitic chars: Effects of burnout level and conditions[J]. Energy Fuels,2014,28(7): 4762-4768.

[67] SUN S,ZHANG J,HU X,et al. Studies of NO-char reaction kinetics obtained from drop-tube furnace and thermogravimetric experiments[J]. Energy Fuels, 2009,23: 74-80.

[68] SØRENSEN C O,JOHNSSON J E,JENSEN A. Reduction of NO over wheat straw char[J]. Energy Fuels,2001,15: 1359-1368.

[69] CHEN W,GATHITU B B. Kinetics of post-combustion nitric oxide reduction by waste biomass fly ash[J]. Fuel Processing Technology,2011,92(9): 1701-1710.

[70] LI S,YU J,WEI X,et al. Catalytic reduction of nitric oxide by carbon monoxide

over coal gangue hollow ball [J]. Fuel Processing Technology, 2014, 125: 163-169.

[71] WANG C, DU Y, CHE D. Investigation on the NO reduction with coal char and high concentration co during oxy-fuel combustion [J]. Energy Fuels, 2012, 26(12): 7367-7377.

[72] YIN Y, ZHANG J, SHENG C. Effect of pyrolysis temperature on the char micro-structure and reactivity of NO reduction [J]. Korean Journal of Chemical Engineering, 2009, 26(3): 895-901.

[73] GARIJO E G, JENSEN A D, GLARBORG P. Reactivity of coal char in reducing NO[J]. Combustion and Flame, 2004, 136(1-2): 249-253.

[74] 李竞岌,张翼,杨海瑞,等. 煤中灰成分对 CO 还原 NO 反应影响的动力学研究[J]. 煤炭学报, 2016, 41(10): 2448-2453.

[75] ANTHONY E J, GRANATSTEIN D L. Sulfation phenomena in fluidized bed combustion systems [J]. Progress in Energy and Combustion Science, 2001, 27(2): 215-236.

[76] HANSEN P F B, DAM-JOHANSEN K, ØSTERGAARD K. High-temperature reaction between sulphur dioxide and limestone-V. The effect of periodically changing oxidizing and reducing conditions [J]. Chemical Engineering Science, 1993, 48(7): 1325-1341.

[77] FU S, SONG Q, TANG J, et al. Effect of CaO on the selective non-catalytic reduction deNO$_x$ process: Experimental and kinetic study [J]. Chemical Engineering Journal, 2014, 249: 252-259.

[78] ZIJLMA G J, JENSEN A D, JOHNSSON J E, et al. NH_3 oxidation catalysed by calcined limestone-a kinetic study[J]. Fuel, 2002, 81: 1871-1881.

[79] KIIL S, BHATIA S K, DAM-JOHANSEN K. Modeling of catalytic oxidation of NH_3 and reduction of NO on limestone during sulphur capture [J]. Chemical Engineering Science, 1996, 51(4): 587-601.

[80] SCHÄFER S, BONN B. Hydrolysis of HCN as an important step in nitrogen oxide formation in fluidised combustion. Part II-heterogeneous reactions involving limestone[J]. Fuel, 2002, 81: 1641-1646.

[81] JENSEN A, JOHNSSON J E, DAM-JOHANSEN K. Catalytic and gas-solid reactions involving HCN over limestone[J]. AICHE Journal, 1997, 43(11): 3070-3084.

[82] SHIMIZU T, ISHIZU K, KOBAYASHI S, et al. Hydrolysis and oxidation of HCN over limestone under fluidized bed combustion conditions[J]. Energy Fuels, 1993, 7: 645-647.

[83] DAM-JOHANSEN K, HANSEN P F B, RASMUSSEN S. Catalytic reduction of nitric oxide by carbon monoxide over calcined limestone: Reversible deactivation

in the presence of carbon dioxide[J]. Applied Catalysis B: Environmental, 1995, 5: 283-304.

[84] TSUJIMURA M, FURUSAWA T, KUNII D. Catalytic reduction of nitric oxide by hydrogen over calcined limestone[J]. Journal of Chemical Engineering of Japan, 1983, 16: 524-526.

[85] XU W, TONG H, CHEN C, et al. Catalytic reduction of nitric oxide by methane over CaO catalyst[J]. Korean Journal of Chemical Engineering, 2008, 25(1): 53-58.

[86] FU S, SONG Q, YAO Q. Experimental and kinetic study on the influence of CaO on the $N_2O+NH_3+O_2$ system[J]. Energy Fuels, 2015, 29(3): 1905-1912.

[87] HANSEN P F B, DAM-JOHANSEN K, JOHNSSON J E, et al. Catalytic reduction of NO and N_2O on limestone during sulfur capture under fluidized bed combustion conditions[J]. Chemical Engineering Science, 1992, 47(9-11): 2419-2424.

[88] YANG X, ZHAO B, ZHUO Y, et al. The investigation of SCR reaction on sulfated CaO[J]. Asia-Pacific Journal of Chemical Engineering, 2012, 7(1): 55-62.

[89] LI T, ZHUO Y, ZHAO Y, et al. Effect of sulfated CaO on NO reduction by NH_3 in the presence of excess oxygen[J]. Energy Fuels, 2009, 23: 2025-2030.

[90] 侯祥松，王进伟，张海，等. 石灰石脱硫反应对喷氨脱硝反应影响的实验研究[J]. 热能动力工程，2007，22(6)：669-672.

[91] 柯希玮，蔡润夏，吕俊复，等. 钙基脱硫剂对循环流化床 NO_x 排放影响研究进展[J]. 洁净煤技术，2019，25(1)：1-11.

[92] MUELLER M A, YETTER R A, DRYER F L. Kinetic modeling of the $CO/H_2O/O_2/NO/SO_2$ system: Implications for high-pressure fall-off in the $SO_2+O(+M)=SO_3(+M)$ reaction[J]. International Journal of Chemical Kinetics, 2000, 32(6): 317-339.

[93] RASMUSSEN C L, RASMUSSEN A E, GLARBORG P. Sensitizing effects of NO_x on CH_4 oxidation at high pressure[J]. Combustion and Flame, 2008, 154(3): 529-545.

[94] NAIK C V, PITZ W J, WESTBROOK C K, et al. Detailed chemical kinetic modeling of surrogate fuels for gasoline and application to an HCCI engine[J]. SAE Transactions, 2005, 114: 1381-1387.

[95] DAGAUT P, GLARBORG P, ALZUETA M. The oxidation of hydrogen cyanide and related chemistry[J]. Progress in Energy and Combustion Science, 2008, 34(1): 1-46.

[96] 柯希玮，蔡润夏，杨海瑞，等. 循环流化床燃烧的 NO_x 生成与超低排放[J]. 电机工程学报，2018，38(2)：390-396.

[97] WANG T, YANG H, WU Y, et al. Experimental study on the effects of chemical

and mineral components on the attrition characteristics of coal ashes for fluidized bed boilers[J]. Energy Fuels,2012,26(2): 990-994.

[98] 王进伟,赵新木,李少华,等. 循环流化床锅炉煤灰成分对其磨耗特性的影响[J]. 化工学报,2007,58(3): 739-744.

[99] YANG H,WIRSUM M,LU J,et al. Semi-empirical technique for predicting ash size distribution in CFB boilers[J]. Fuel Processing Technology,2004,85(12): 1403-1414.

[100] 李海明,杨海瑞. 煤的成灰磨耗特性对循环流化床内物料平衡的影响[J]. 煤炭转化,2004,27(1): 36-40.

[101] 杨海瑞,岳光溪,王宇,等. 循环流化床锅炉物料平衡分析[J]. 热能动力工程,2005,20(3): 291-295.

[102] SVOBODA K,POHOŘELÝM. Influence of operating conditions and coal properties on NO_x and N_2O emissions in pressurized fluidized bed combustion of subbituminous coals[J]. Fuel,2004,83(7-8): 1095-1103.

[103] FENG B,LIU H,YUAN J,et al. Nitrogen oxides emission from a circulating fluidized bed combustor[J]. International Journal of Energy Research,1996,20(11): 1015-1025.

[104] ZHAO J,GRACE J R,LIM C J,et al. Influence of operating parameters on NO_x emissions from a circulating fluidized bed combustor[J]. Fuel,1994,73(10): 1650-1657.

[105] 李宽,曲耀鹏,郑媛,等. 300MW 循环流化床锅炉低负荷 NO_x 生成特性分析及应对措施[J]. 东北电力技术,2019,40(11): 46-49.

[106] 王丰吉,王东,冯前伟. 超低排放形势下 CFB 锅炉低氮燃烧和 SNCR 联合脱硝提效研究[J]. 发电与空调,2017,38(5): 6-10.

[107] XIE J,YANG X,ZHANG L,et al. Emissions of SO_2,NO and N_2O in a circulating fluidized bed combustor during co-firing coal and biomass[J]. Journal of Environmental Sciences,2007,19(1): 109-116.

[108] LYNGFELT A,LECKNER B. Combustion of wood-chips in circulating fluidized bed boilers-NO and CO emissions as functions of temperature and air-staging [J]. Fuel,1999,78: 1065-1072.

[109] 李楠,张世鑫,赵鹏勃,等. 循环流化床锅炉低氮燃烧技术试验研究[J]. 洁净煤技术,2018,24(5): 84-89.

[110] 王哲. 热电厂 4×220 t/h 循环流化床锅炉超低排放脱硝改造研究[D]. 大连: 大连理工大学,2019.

[111] TOURUNEN A,SAASTAMOINEN J,NEVALAINEN H. Experimental trends of NO in circulating fluidized bed combustion[J]. Fuel,2009,88(7): 1333-1341.

[112] WANG X,GIBBS B M,RHODES M J. Impact of air staging on the fate of NO

and N_2O in a circulating fluidized-bed combustor[J]. Combustion and Flame, 1994,99(3-4): 508-515.

[113] LYNGFELT A,LECKNER B. SO_2 capture and N_2O reduction in a circulating fluidized-bed boiler: Influence of temperature and air staging[J]. Fuel, 1993, 72(11): 1553-1561.

[114] 汪佩宁. 循环流化床过渡区二次风射流及颗粒扩散行为研究[D]. 北京：清华大学,2017.

[115] LUPIÁÑEZ C,DÍEZ L I,ROMEO L M. NO emissions from anthracite oxy-firing in a fluidized-bed combustor: effect of the temperature,limestone,and O_2 [J]. Energy Fuels,2013,27(12): 7619-7627.

[116] TARELHO L A C, MATOS M A A, PEREIRA F J M A. Influence of limestone addition on the behaviour of NO and N_2O during fluidised bed coal combustion[J]. Fuel,2006,85(7-8): 967-977.

[117] 张磊,杨学民,谢建军,等. 循环流化床燃煤过程 NO_x 和 N_2O 产生-控制研究进展[J]. 过程工程学报,2006,6(6): 1004-1010.

[118] 侯祥松,李金平,张海,等. 石灰石脱硫对循环流化床中 NO_x 生成和排放的影响[J]. 电站系统工程,2005,21(1): 5-7.

[119] SHIMIZU T,TACHIYAMA Y,FUJITA D, et al. Effect of SO_2 removal by limestone on NO,and N_2O emissions from a circulating fluidized bed combustor [J]. Energy Fuels,1992,6: 753-757.

[120] CAI R,KE X,HUANG Y,et al. Applications of ultrafine limestone sorbents for the desulfurization process in CFB boilers [J]. Environmental Science & Technology,2019,53(22): 13514-13523.

[121] 蔡润夏,柯希玮,葛荣存,等. 循环流化床超细石灰石炉内脱硫研究[J]. 中国电机工程学报,2018,38(10): 3042-3048.

[122] SHIMIZU T,SATOH M,SATO K,et al. Reduction of SO_2 and N_2O emissions without increasing NO_x emission from a fluidized bed combustor by using fine limestone particles[J]. Energy Fuels,2002,16: 161-165.

[123] CAI R,ZHANG H,ZHANG M,et al. Development and application of the design principle of fluidization state specification in CFB coal combustion[J]. Fuel Processing Technology,2018,174: 41-52.

[124] 杨石,杨海瑞,吕俊复,等. 基于流态重构的低能耗循环流化床锅炉技术[J]. 电力技术,2010,19(2): 9-16.

[125] 吕俊复,杨海瑞,张建胜,等. 流化床燃烧煤的成灰磨耗特性[J]. 燃烧科学与技术,2003,9(1): 1-5.

[126] LI J,ZHANG M,YANG H,et al. The theory and practice of NO_x emission control for circulating fluidized bed boilers based on the re-specification of the fluidization state[J]. Fuel Processing Technology,2016,150: 88-93.

[127] F. SCALA. Mass transfer around freely moving active particles in the dense phase of a gas fluidized bed of inert particles[J]. Chemical Engineering Science, 2007,62(16): 4159-4176.

[128] WANG S,YIN L,LU H,et al. Numerical analysis of interphase heat and mass transfer of cluster in a circulating fluidized bed[J]. Powder Technology,2009, 189(1): 87-96.

[129] HAYHURST A N, PARMAR M S. Measurement of the mass transfer coefficient and sherwood number for carbon spheres burning in a bubbling fluidized bed[J]. Combustion and Flame,2002,130: 361-375.

[130] 张翼. 典型B类粒子快速流态化转变及流动特性研究[D]. 北京: 清华大学,2020.

[131] XU L,CHENG L, JI J, et al. A comprehensive CFD combustion model for supercritical CFB boilers[J]. Particuology,2019,43: 29-37.

[132] LIU H,LI J, WANG Q. Three-dimensional numerical simulation of the co-combustion of oil shale retorting solid waste with cornstalk particles in a circulating fluidized bed reactor[J]. Applied Thermal Engineering, 2018, 130: 296-308.

[133] XIE J,ZHONG W,SHAO Y,et al. Simulation of combustion of municipal solid waste and coal in an industrial-scale circulating fluidized bed boiler[J]. Energy Fuels,2017,31(12): 14248-14261.

[134] ADAMCZYK W P,WĘCEL G, KLAJNY M, et al. Modeling of particle transport and combustion phenomena in a large-scale circulating fluidized bed boiler using a hybrid Euler-Lagrange approach[J]. Particuology,2014,16: 29-40.

[135] PELTOLA J,KALLIO S, YANG H, et al. Time-averaged simulation of the furnace of a commercial CFB boiler[C]//The 14th International Conference on Fluidization,Netherlands,2013.

[136] 张瑞卿,杨海瑞,吕俊复. 应用于循环流化床锅炉气固流动和燃烧的CPFD数值模拟[J]. 中国电机工程学报,2013,33(23): 75-83.

[137] ZHOU W, ZHAO C, DUAN L, et al. Two-dimensional computational fluid dynamics simulation of coal combustion in a circulating fluidized bed combustor [J]. Chemical Engineering Journal,2011,166(1): 306-314.

[138] ZHOU W, ZHAO C, DUAN L, et al. Two-dimensional computational fluid dynamics simulation of nitrogen and sulfur oxides emissions in a circulating fluidized bed combustor [J]. Chemical Engineering Journal, 2011, 173 (2): 564-573.

[139] ZHANG M. Characteristic-particle-tracked modeling for CFB boiler: Coal combustion and ultra-low NO emission[J]. Powder Technology,2020,374: 632-647.

[140] LUNDBERG L, PALLARÈS D, THUNMAN H. Upscaling effects on char

conversion in dual fluidized bed gasification[J]. Energy Fuels, 2018, 32(5): 5933-5943.

[141] KAIKKO J, MANKONEN A, VAKKILAINENA E, et al. Core-annulus model development and simulation of a CFB boiler furnace[J]. Energy Procedia, 2017, 120: 572-579.

[142] YAN L, LIM C J, YUE G, et al. One-dimensional modeling of a dual fluidized bed for biomass steam gasification[J]. Energy Conversion and Management, 2016, 127: 612-622.

[143] LIU X, ZHANG M, LU J, et al. Effect of furnace pressure drop on heat transfer in a 135 MW CFB boiler[J]. Powder Technology, 2015, 284: 19-24.

[144] STRÖHLE J, JUNK M, KREMER J, et al. Carbonate looping experiments in a 1 MW_{th} pilot plant and model validation[J]. Fuel, 2014, 127: 13-22.

[145] MIAO Q, ZHU J, BARGHI S, et al. Model validation of a CFB biomass gasification model[J]. Renewable Energy, 2014, 63: 317-323.

[146] MIAO Q, ZHU J, BARGHI S, et al. Modeling biomass gasification in circulating fluidized beds[J]. Renewable Energy, 2013, 50: 655-661.

[147] YLÄTALO J, RITVANEN J, ARIAS B, et al. 1-Dimensional modelling and simulation of the calcium looping process [J]. International Journal of Greenhouse Gas Control, 2012, 9: 130-135.

[148] SELCUK N, OZKAN M. Simulation of circulating fluidized bed combustors firing indigenous lignite[J]. International Journal of Thermal Sciences, 2011, 50: 1109-1115.

[149] KRZYWANSKI J, CZAKIERT T, MUSKALA W, et al. Modeling of solid fuels combustion in oxygen-enriched atmosphere in circulating fluidized bed boiler: Part 1. The mathematical model of fuel combustion in oxygen-enriched CFB environment[J]. Fuel Processing Technology, 2010, 91(3): 290-295.

[150] KRZYWANSKI J, CZAKIERT T, MUSKALA W, et al. Modeling of solid fuel combustion in oxygen-enriched atmosphere in circulating fluidized bed boiler: Part 2. Numerical simulations of heat transfer and gaseous pollutant emissions associated with coal combustion in O_2/CO_2 and O_2/N_2 atmospheres enriched with oxygen under circulating fluidized bed conditions [J]. Fuel Processing Technology, 2010, 91(3): 364-368.

[151] GUNGOR A. Simulation of emission performance and combustion efficiency in biomass fired circulating fluidized bed combustors[J]. Biomass and Bioenergy, 2010, 34(4): 506-514.

[152] GUNGOR A. Prediction of SO_2 and NO_x emissions for low-grade Turkish lignites in CFB combustors[J]. Chemical Engineering Journal, 2009, 146(3): 388-400.

[153] PELTOLA P, TYNJÄLÄ T, RITVANEN J, et al. Mass, energy, and exergy balance analysis of chemical looping with oxygen uncoupling (CLOU) process [J]. Energy Conversion and Management, 2014, 87: 483-494.

[154] BLASZCZUK A, LESZCZYNSKI J, NOWAK W. Simulation model of the mass balance in a supercritical circulating fluidized bed combustor [J]. Powder Technology, 2013, 246: 317-326.

[155] YANG H, YUE G, XIAO X, et al. 1D modeling on the material balance in CFB boiler[J]. Chemical Engineering Science, 2005, 60(20): 5603-5611.

[156] YANG C, GOU X. Dynamic modeling and simulation of a 410 t/h Pyroflow CFB boiler[J]. Computers & Chemical Engineering, 2006, 31(1): 21-31.

[157] PETERSEN I, WERTHER J. Experimental investigation and modeling of gasification of sewage sludge in the circulating fluidized bed [J]. Chemical Engineering and Processing: Process Intensification, 2005, 44(7): 717-736.

[158] SCHOENFELDER H, KRUSE M, WERTHER J. Two-dimensional model for circulating fluidized-bed reactors[J]. AICHE Journal, 1996, 42(7): 1875-1888.

[159] GUNGOR A, ESKIN N. Two-dimensional coal combustion modeling of CFB [J]. International Journal of Thermal Sciences, 2008, 47(2): 157-174.

[160] WANG Q, LUO Z, LI X, et al. A mathematical model for a circulating fluidized bed (CFB) boiler[J]. Energy, 1999, 24: 633-653.

[161] 蔡润夏. 基于粒度效应的循环流化床炉内高效脱硫技术研究[D]. 北京：清华大学, 2019.

[162] KILPINEN P, KALLIO S, KONTTINEN J, et al. Towards a quantitative understanding of NO_x and N_2O emission formation in full-scale circulating fluidised bed combustors[C]//16th International Conference on Fluidized Bed Combustion, Reno, USA, 2001.

[163] BAUM M M, STREET P J. Predicting the combustion behaviour of coal particles[J]. Combustion Science and Technology, 1971, 3(5): 231-243.

[164] BADZIOCH S, HAWKSLEY P G W. Kinetics of thermal decomposition of pulverized coal particles[J]. Industrial & Engineering Chemisty. Process Design and Development, 1970, 9(4): 521-530.

[165] KOBAYASHI H, HOWARD J B, SAROFIM A F. Coal devolatilization at high temperatures [J]. Symposium (International) on Combustion, 1977, 16 (1): 411-425.

[166] ANTHONY D B, HOWARD J B. Coal devolatilization and hydrogasification [J]. AICHE Journal, 1976, 22(4): 625-656.

[167] FLETCHER T H, KERSTEIN A R, PUGMIRE R J, et al. Chemical percolation model for devolatilization. 3. direct use of ^{13}C NMR data to predict effects of coal type[J]. Energy Fuels, 1992, 6: 414-431.

[168] FLETCHER T H,KERSTEIN A R,PUGMIRE R J,et al. Chemical percolation model for devolatilization. 2. Temperature and heating rate effects on product yields[J]. Energy Fuels,1990,4: 54-60.

[169] GRANT D M,PUGMIRE R J,FLETCHER T H,et al. Chemical model of coal devolatilization using percolation lattice statistics[J]. Energy Fuels, 1989, 3: 175-186.

[170] KAWABATA Y, NAKAGOME H, WAJIMA T, et al. Tar emission during pyrolysis of low rank coal in a circulating fluidized bed reactor[J]. Energy Fuels, 2018,32(2): 1387-1394.

[171] TIAN B,QIAO Y,FAN J,et al. Coupling pyrolysis and gasification processes for methane-rich syngas production: Fundamental studies on pyrolysis behavior and kinetics of a calcium-rich high-volatile bituminous coal[J]. Energy Fuels, 2017,31(10): 10665-10673.

[172] NEVES D, MATOS A, TARELHO L, et al. Volatile gases from biomass pyrolysis under conditions relevant for fluidized bed gasifiers[J]. Journal of Analytical and Applied Pyrolysis,2017,127: 57-67.

[173] FAGBEMI L, KHEZAMI L, CAPART R. Pyrolysis products from different biomasses: Application to the thermal cracking of tar[J]. Applied Energy,2001, 69: 293-306.

[174] LEWIS A D,FLETCHER T H. Prediction of sawdust pyrolysis yields from a flat-flame burner using the CPD model[J]. Energy Fuels,2013,27(2): 942-953.

[175] CHEN D,JIANG X. Fluidized bed drying and devolatilization of lignite washery tailing particles: Experiments and modeling[J]. Energy Fuels, 2018, 32(11): 11887-11898.

[176] SADHUKHAN A K, GUPTA P, SAHA R K. Modeling and experimental studies on single particle coal devolatilization and residual char combustion in fluidized bed[J]. Fuel,2011,90(6): 2132-2141.

[177] GRACE J R,BI X, ELLIS N. Essentials of fluidization technology [M]. Weinheim: Wiley-VCH,2020.

[178] GELDART D, CULLINAN J, GEORGHIADES S. The effect of fines on entrainment from gas fluidized beds [J]. Transactions of the Institution of Chemical Engineers,1979,57(4): 269-275.

[179] CHAO J,LU J, YANG H, et al. Experimental study on the heat transfer coefficient between a freely moving sphere and a fluidized bed of small particles [J]. International Journal of Heat and Mass Transfer,2015,80: 115-125.

[180] BASKAKOV A P,B. V. BERG, VITT O K, et al. Heat transfer to objects immersed in fluidized beds[J]. Powder Technology,1973,8: 273-282.

[181] BASKAKOV A P,LECKNER B. Radiative heat transfer in circulating fluidized

bed furnaces[J]. Powder Technology,1997,90：213-218.

[182] BIRD R B,STEWART W E,LIGHTFOOT E N. Transport phenomena[M]. New York：John Wiley & Sons,1960.

[183] BU C,LECKNER B,CHEN X,et al. Devolatilization of a single fuel particle in a fluidized bed under oxy-combustion conditions. Part A：Experimental results [J]. Combustion and Flame,2015,162(3)：797-808.

[184] CHERN J S,HAYHURST A N. A model for the devolatilization of a coal particle sufficiently large to be controlled by heat transfer[J]. Combustion and Flame,2006,146(3)：553-571.

[185] 陈清华,张国枢,秦汝祥,等. 热线法同时测松散煤体导热系数及热扩散率[J]. 中国矿业大学学报,2009,38(3)：336-340.

[186] TOMECZEK J,PALUGNIOK H. Specific heat capacity and enthalpy of coal pyrolysis at elevated temperatures[J]. Fuel,1996,75(9)：1089-1093.

[187] SALMASI A,SHAMS M,CHERNORAY V. An experimental approach to thermochemical conversion of a fuel particle in a fluidized bed[J]. Applied Energy,2018,228：524-534.

[188] KANG B S,LEE K H,PARK H J,et al. Fast pyrolysis of radiata pine in a bench scale plant with a fluidized bed：Influence of a char separation system and reaction conditions on the production of bio-oil[J]. Journal of Analytical and Applied Pyrolysis,2006,76(1-2)：32-37.

[189] BU C,LECKNER B,CHEN X,et al. Devolatilization of a single fuel particle in a fluidized bed under oxy-combustion conditions. Part B：Modeling and comparison with measurements[J]. Combustion and Flame,2015,162(3)：809-818.

[190] LUTZ A E,KEE R J,MILLER J A. SENKIN：A Fortran program for predicting homogeneous gas phase chemical kinetics with sensitivity analysis [R]. United States,1988.

[191] RASMUSSEN C L,GLARBORG P,MARSHALL P. Mechanisms of radical removal by SO_2[J]. Proceedings of the Combustion Institute,2007,31(1)：339-347.

[192] BAI B,CHEN Z,ZHANG H,et al. Flame propagation in a tube with wall quenching of radicals[J]. Combustion and Flame,2013,160(12)：2810-2819.

[193] KIZAKI Y,NAKAMURA H,TEZUKA T,et al. Effect of radical quenching on CH_4/air flames in a micro flow reactor with a controlled temperature profile[J]. Proceedings of the Combustion Institute,2015,35(3)：3389-3396.

[194] KIM K,LEE D,KWON S. Effects of thermal and chemical surface-flame interaction on flame quenching[J]. Combustion and Flame,2006,146(1-2)：19-28.

[195] HAYHURST A N,TUCKER R F. The combustion of carbon monoxide in a two-zone fluidized bed[J]. Combustion and Flame,1990,79(2): 175-189.

[196] DENNIS J S,HAYHURST A N,MACKLEY I G. The ignition and combustion of propane/air mixtures in a fluidised bed[J]. Symposium (International) on Combustion,1982,19(1): 1205-1212.

[197] HESKETH R P,DAVIDSON J F. Combustion of methane and propane in an incipiently fluidized bed[J]. Combustion and Flame,1991,85(3-4): 449-467.

[198] LOEFFLER G,HOFBAUER H. Does CO burn in a fluidized bed? -A detailed chemical kinetic modeling study[J]. Combustion and Flame, 2002, 129(4): 439-452.

[199] KIM Y C, BOUDART M. Recombination of oxygen, nitrogen, and hydrogen atoms on silica: Kinetics and mechanism [J]. Langmuir, 1991, 7(12): 2999-3005.

[200] GUNGOR A. Simulation of co-firing coal and biomass in circulating fluidized beds[J]. Energy Conversion and Management,2013,65: 574-579.

[201] 旷戈,张济宇,林诚.煤颗粒燃烧灰层厚度对燃烧过程的影响[J].燃烧科学与技术,2006,12(2): 186-191.

[202] ZHANG J,SUN S,HU X,et al. Modeling NO-char reaction at high temperature [J]. Energy Fuels,2009,23: 2376-2382.

[203] HE W,LIU Y, HE R, et al. Combustion rate for char with fractal pore characteristics [J]. Combustion Science and Technology, 2013, 185(11): 1624-1643.

[204] NIKRITYUK P A,GRÄBNER M,KESTEL M,et al. Numerical study of the influence of heterogeneous kinetics on the carbon consumption by oxidation of a single coal particle[J]. Fuel,2013,114: 88-98.

[205] WANG X,SI J,TAN H,et al. Kinetics investigation on the reduction of NO using straw char based on physicochemical characterization [J]. Bioresource Technology,2011,102(16): 7401-7406.

[206] 徐秀峰,崔洪,顾永达,等.煤焦制备条件对其气化反应性的影响[J].燃料化学学报,1996,24(5): 404-410.

[207] 温雨鑫,徐祥,肖云汉.热解条件对煤焦孔结构和反应性的影响[J].中国电机工程学报,2013,33(29): 63-68.

[208] GUERRERO M,MILLERA Á,ALZUETA M U,et al. Experimental and kinetic study at high temperatures of the NO reduction over eucalyptus char produced at different heating rates[J]. Energy Fuels,2011,25(3): 1024-1033.

[209] 张守玉,吕俊复,王文选,等.热处理对煤焦反应性及微观结构的影响[J].燃料化学学报,2004,32(6): 673-678.

[210] 吕帅,吕国钧,蒋旭光,等.印尼褐煤湿煤末(煤泥)热解和燃烧特性及动力学分

析[J]. 煤炭学报，2014，39(3)：554-561.

[211] 段伦博，赵长遂，李英杰，等. 不同热解气氛煤焦结构及燃烧反应性[J]. 东南大学学报：自然科学版，2009，39(5)：988-991.

[212] LÓPEZ D，CALO J. The NO-carbon reaction：The influence of potassium and CO on reactivity and populations of oxygen surface complexes[J]. Energy Fuels，2007，21(4)：1872-1877.

[213] ZHAO S，YOU C. The effect of reducing components on the decomposition of desulfurization products[J]. Fuel，2016，181：1238-1243.

[214] LYNGFELT A，LECKNER B. Sulphur capture in fluidized bed boilers-The effect of reductive decomposition of $CaSO_4$[J]. Chemical Engineering Journal，1989，40(2)：59-69.

[215] DIAZ-BOSSIO L M，SQUIER S E，PULSIFER A H. Reductive decomposition of calcium sulfate utilizing carbon monoxide and hydrogen [J]. Chemical Engineering Science，1985，40(3)：319-324.

[216] YANG X，ZHAO B，ZHUO Y，et al. DRIFTS Study of ammonia activation over CaO and sulfated CaO for NO reduction by NH_3[J]. Environmental Science & Technology，2011，45：1147-1151.

[217] 柯希玮，王康，王志宁，等. CaO 表面 CO 对 NO 还原作用的实验与模型研究[J]. 工程热物理学报，2020，41(1)：215-212.

[218] YAO Y-F Y，KUMMER J T. The oxidation of hydrocarbons and CO over metal oxides 1. NiO crystals[J]. Journal of Catalysis，1973，28：124-138.

[219] REDDY B V，KHANNA S N. Self-stimulated NO reduction and CO oxidation by iron oxide clusters[J]. Physical Review Letter，2004，93(6)：068301.

[220] HAMMER B. Adsorbate-oxide interactions during the NO + CO reaction on MgO(100) supported Pd monolayer films[J]. Physical Review Letter，2002，89(1)：016102.

[221] HAYHURST A N，NINOMIYA Y. Kinetics of the conversion of NO to N_2 during the oxidation of iron particles by NO in a hot fluidised bed[J]. Chemical Engineering Science，1998，53(8)：1481-1489.

[222] 金涌，祝京旭，汪展文，等. 流态化工程原理[M]. 北京：清华大学出版社，2001.

[223] SVENSSON A，JOHNSSON F，LECKNER B. Bottom bed regimes in a circulating fluidized bed boiler[J]. International Journal of Multiphase Flow，1996，22(6)：1187-1204.

[224] LECKNER B. Regimes of large-scale fluidized beds for solid fuel conversion[J]. Powder Technology，2017，308：362-367.

[225] CUI H，MOSTOUFI N，CHAOUKI J. Characterization of dynamic gas-solid distribution in fluidized beds [J]. Chemical Engineering Journal，2000，79：133-143.

[226] SOLIMENE R,MARZOCCHELLA A,RAGUCCI R,et al. Laser diagnostics of hydrodynamics and gas-mixing induced by bubble bursting at the surface of gas-fluidized beds[J]. Chemical Engineering Science,2007,62(1-2): 94-108.

[227] CHEN C,DAI Q,QI H. Improvement of EMMS drag model for heterogeneous gas-solid flows based on cluster modeling[J]. Chemical Engineering Science, 2016,141: 8-16.

[228] XU G,SUN G,GAO S. Estimating radial voidage profiles for all fluidization regimes in circulating fluidized bed risers[J]. Powder Technology,2004,139(2): 186-192.

[229] 周星龙,谢建文,高胜斌,等. 330 MW CFB锅炉炉膛壁面颗粒流率分布测量[J]. 动力工程学报,2014,34(10): 753-758.

[230] 李少华. 循环流化床锅炉中分离器后燃现象研究[D]. 北京: 清华大学,2009.

[231] KE X,LI D,ZHANG M,et al. Ash formation characteristics of two Indonesian coals and the change of ash properties with particle size[J]. Fuel Processing Technology,2019,186: 73-80.

[232] 杨海瑞,肖显斌,吕俊复,等. CFB锅炉内成灰特性的实验研究方法[J]. 化工学报,2003,54(8): 1183-1187.

[233] KE X,MARKUS E,ZHANG M,et al. Modeling of the axial distributions of volatile species in a CFB boiler[J]. Chemical Engineering Science, 2021, 233: 116436.

[234] XIAO G,GRACE J R,LIM C J. Attrition characteristics and mechanisms for limestone particles in an air-jet apparatus[J]. Powder Technology,2011,207(1-3): 183-191.

[235] LI D,ZHANG M, KIM M, et al. Limestone attrition and product layer development during fluidized bed sulfation[J]. Energy Fuels,2020,34(2): 2117-2125.

[236] KUNNI D,LEVENSPIEL O. Entrainment of solids from fluidized beds,I. Hold-up of solids in the freeboard, II. Operation of fast fluidized beds[J]. Powder Technology,1990,61: 193-206.

[237] YAO X,WANG T,ZHAO J,et al. Modeling of solids segregation in circulating fluidized bed boilers[J]. Frontiers of Energy and Power Engineering in China, 2010,4(4): 577-581.

[238] 吕俊复. 超临界循环流化床锅炉水冷壁热负荷及水动力研究[D]. 北京: 清华大学,2004.

[239] 肖卓楠. 循环流化床锅炉风帽阻力特性与射流深度的实验研究[D]. 包头: 内蒙古科技大学,2009.

[240] WERTHER J. Influence of the distributor design on bubble characteristics in large diameter gas fluidized beds[C]//Proceedings of the Second Engineering

Foundation Conference, Cambridge, England, 1978.

[241] WERTHER J. Scale-up modeling for fluidized bed reactors [J]. Chemical Engineering Science, 1992, 47(9): 2457-2462.

[242] JOHNSSON F, ANDERSSON S, LECKNER B. Expansion of a freely bubbling fluidized bed[J]. Powder Technology, 1991, 68: 117-123.

[243] SIT S P, GRACE J R. Effect of bubble interaction on interphase mass transfer in gas fluidized beds[J]. Chemical Engineering Science, 1981, 36: 327-335.

[244] 郭庆杰,岳光溪,张济宇,等.大型射流流化床的流型转变与射流深度[J].化工学报,2001,52(9):803-809.

[245] 杨建华,杨海瑞,岳光溪.循环流化床二次风射流穿透规律的试验研究[J].动力工程,2008,28(4):509-513.

[246] BAI D, ZHU J, JIN Y, et al. Internal recirculation flow structure in vertical upflow gas-solid suspensions, Part II. Flow structure predictions [J]. Powder Technology, 1995, 85: 179-188.

[247] BAI D, ZHU J, JIN Y, et al. Internal recirculation flow structure in vertical upflow gas-solids suspensions, Part I. A core-annulus model [J]. Powder Technology, 1995, 85: 171-177.

[248] LAARHOVEN P J M V, AARTS E H L. Simulated annealing: Theory and applications[M]. Dordrecht: Springer, 1987.

[249] ANNAMALAI K, RYAN W. Interactive processes in gasification and combustion, Part 2: Isolated carbon, coal and porous char particles[J]. Progress in Energy and Combustion Science, 1993, 19: 383-446.

[250] ANNAMALAI K, RAMALINGAM S C. Group combustion of char carbon particles[J]. Combustion and Flame, 1987, 70: 307-332.

[251] LI J, KWAUK M. Exploring complex systems in chemical engineering—the multi-scale methodology [J]. Chemical Engineering Science, 2003, 58 (3-6): 521-535.

[252] GE W, LI J. Physical mapping of fluidization regimes—the EMMS approach[J]. Chemical Engineering Science, 2002, 57: 3993-4004.

[253] 胡善伟.基于介尺度结构的EMMS模型的改进、扩展及应用[D].北京:中国科学院过程工程研究所,2017.

[254] KNÖBIG T, WERTHER J, ÅMAND L-E, et al. Comparison of large- and small-scale circulating fluidized bed combustors with respect to pollutant formation and reduction for different fuels[J]. Fuel, 1998, 77(14): 1635-1642.

[255] ZHANG Y, ZHU J, LYU Q, et al. The ultra-low NO_x emission characteristics of pulverized coal combustion after high temperature preheating[J]. Fuel, 2020, 277: 118050.

[256] LIU H, GIBBS B M. The influence of calcined limestone on NO_x and N_2O

emissions from char combustion in fluidized bed combustors[J]. Fuel,2001,80: 1211-1215.

[257] DAM-JOHANSEN K,ÅMAND L-E,LECKNER B. Influence of SO_2 on the NO/N_2O chemistry in fluidized bed combustion: 2. Interpretation of full-scale observations based on laboratory experiments[J]. Fuel,1993,72(4): 565-571.

[258] 辛胜伟.大型循环流化床锅炉 SO_2 超低排放改造关键技术研究[J].电力科技与环保,2017,33(4): 10-13.

[259] SHIMIZU T,SATOH M,FUJIKAWA T,et al. Simultaneous reduction of SO_2, NO_x,and N_2O emissions from a two-stage bubbling fluidized bed combustor [J]. Energy Fuels,2000,14(4): 862-868.

[260] 巩志强.低阶煤热解半焦的燃烧特性和 NO_x 排放特性试验研究[D].北京:中国科学院工程热物理研究所,2016.

附录A　循环流化床燃烧整体数学模型输入输出参数汇总

为方便读者更好地理解及使用本书开发的循环流化床燃烧整体数学模型，特将该模型必要的输入参数及获取方法，以及重要输出参数汇总于表A。

表A.1　整体模型输入参数汇总

类型	具体参数	实验或获取方法
燃料/石灰石/灰分性质参数	工业分析数据	工业分析仪
	元素分析数据	元素分析仪
	热值	氧弹量热仪
	燃料/灰/石灰石颗粒密度、孔隙率、比表面积	气体吸附分析仪、真密度仪
	成灰矩阵和灰颗粒磨耗速率相关参数	SCCS实验(文献[232])
	灰分元素组成	XRF
	燃料热解快速氮析出动力学参数	鼓泡床实验(2.2.2节)
	焦炭反应动力学参数	固定床实验(3.2.2节)
	煅烧石灰石固硫反应动力学参数	LC-TGA实验(文献[161])
操作参数	环境温度和环境压力	按模拟需求给定，或根据实际运行工况确定
	锅炉负荷	
	过量空气系数	
	风量分配(一次风率、各层二次风率、流化风率、拨煤风率、石灰石输送风率等)	
	炉膛总床压降	
	钙硫摩尔比	
	给煤粒径分布	
	入炉石灰石粒径分布	
	炉膛、分离器等处温度(不计算炉内能量平衡)	

续表

类型	具体参数	实验或获取方法
锅炉结构参数	炉膛尺寸	厂家提供
	各给料口相对布风板高度及绝对尺寸 (燃料、石灰石、返料等)	
	各层二次风口相对布风板高度及绝对尺寸	
	风帽结构参数	
	分离器个数和结构参数	
	外置床结构参数(如有)	
受热面结构参数	炉内各受热面结构参数 (管内径、外径、鳍片厚度、管间距等)	厂家提供
	炉内各悬吊受热面尺寸 (悬吊高度、单片屏管数等)	
	耐磨浇注料相关参数 (浇注料厚度、终止线位置、导热系数等)	
	尾部烟道尺寸 (计算尾部烟道能量平衡)	
	各级换热器受热面结构参数(过/再热器、省煤器、空气预热器等) (计算尾部烟道能量平衡)	
	各级换热器所在烟道区域净高度 (计算尾部烟道能量平衡)	
管内工质参数	各级受热面进出口工质压力,各级减温水压力和温度,以及给水、汽包出口、高温过热器出口、低温再热器进口、高温再热器出口工质温度 (亚临界锅炉,且计算尾部烟道能量平衡)	实际运行数据,用户提供
	空预器进口一、二次风温度 (计算尾部烟道能量平衡)	
	炉内各级受热面进出口工质压力和温度,以及管内工质流量 (不计算尾部烟道能量平衡)	
	入炉一、二次风温度 (不计算尾部烟道能量平衡)	

表 A.2 整体模型主要输出参数汇总

类型	具体参数
锅炉物料平衡模拟结果	飞灰、底渣、循环灰等粒径分布
	各粒径灰/石灰石颗粒在炉内停留时间
	飞灰流率、排渣流率、循环流率
	烟气流速、床压、截面平均床料粒径、截面平均空隙率、石灰石质量分数、物料上升/下降流率等沿炉膛高度分布
锅炉热态运行模拟结果	NO_x 和 SO_2 排放浓度,炉内脱硫效率
	分离器出口烟气组成(O_2、CO_2、H_2O、CO 等气体浓度)
	灰渣含碳量、锅炉各项热损失(与能量平衡计算相匹配)
	温度沿炉膛高度分布
	各气体组分浓度沿炉膛高度分布
	各级受热面表面换热系数、吸/放热量沿炉膛高度分布(计算炉内能量平衡)
其他中间计算数据*	密相区气泡特征参数(气泡尺寸、上升速度、气泡相体积分数等)
	稀相区边壁和颗粒团特征参数(边壁区厚度、边壁/核心区物料浓度、核心区颗粒团体积分数、颗粒团尺寸、颗粒团空隙率、颗粒团内外气体流速等)
	炉内不同位置各化学反应反应速率
	热解和挥发分析出相关参数(挥发分释放空间分布、挥发分组成、燃料颗粒升温历史等)
	炉内各区域不同气体传质系数(乳化相、边壁区、核心区颗粒团、单颗粒等)
	炉内不同位置挥发分氮和焦炭氮转化率
	……

注：* 表示正文介绍的所有子模型或公式中间计算数据均可调出,以便对锅炉各工况下的宏观模拟结果进行分析。

附录B 循环流化床燃烧整体数学模型中所用化学动力学机理汇总

本书整体模型对循环流化床燃烧条件下的化学反应体系的描述大致可分为燃料热解、气体均相反应、焦炭反应、石灰石反应和灰分表面催化反应这几个部分。特将该模型中的主要化学动力学机理汇总于表B。相关动力学参数的确定方法或来源已在正文给出。

表B 整体模型中的化学动力学机理汇总

	化学反应	速率表达式
	燃料热解(包括干燥过程)	
R1	Fuel → C(char), C(tar), CO, CO_2, CH_4, C_2H_4, H_2, SO_2, H_2O, HCN, NH_3	CPD-NLG 煤热解模型耦合 0D/1D 单颗粒传热模型 快速氮析出反应动力学参数: 褐煤: $k_N=19.7\exp(-2265/T)$ 烟煤: $k_N=17.0\exp(-2265/T)$ 无烟煤: $k_N=0.1\exp(-5035/T)$ 挥发分氮中 HCN 与 NH_3 比例: $\alpha_{HCN/NH_3}=AV_{daf}+B$ $A=6.3\times10^{-8}T^2-2.5\times10^{-4}T+0.214$ $B=-1.1\times10^{-6}T^2+0.01T-9.854$
	均相反应	
	ÅA 详细化学机理及含硫均相机理,包含 86 种化学组分和 522 步基元反应	
R2	$C(tar)+0.5O_2 \longrightarrow CO$	$R_C=kC_{C(tar)}C_{O_2}$, $\left(\frac{kmol}{m^3 s}\right)$, $k=3.8\times10^7\exp(-6710/T)$
R3	$O+O \xrightarrow{solid} O_2$	$\gamma_H=1.9\times10^{-1}\exp(-4931/T)$(自由基表观重组系数)
R4	$H+H \xrightarrow{solid} H_2$	$\gamma_O=2.0\times10^{-3}\exp(-2045/T)$

续表

	化学反应	速率表达式
		均相反应
R5	$N+N \xrightarrow{solid} N_2$	$\gamma_N = 1.9\times10^{-3}\exp(-1684/T)$
R6	$OH+OH \xrightarrow{solid} H_2O+0.5O_2$	$\gamma_{OH}=\gamma_O$
		焦炭反应
R7	$C+(2+\beta)/(2\beta+2)O_2 \longrightarrow 1/(\beta+1)CO_2+\beta/(\beta+1)CO$	$R_{C\text{-}O_2}=ks_C/Y_{C,char}MW_C C_{O_2}(s^{-1})$, $\beta=k_\eta\exp(-n_{O_2}C_{g,O_2})+k_{\eta,0}$ 褐煤焦： $k=3.73\times10^{-2}\exp\left(-\frac{4190}{T}\right)$, $k_\eta=6.40\times10^4\exp\left(-\frac{8721}{T}\right)$, $k_{\eta,0}=4.55\times10^{-3}\exp\left(-\frac{3624}{T}\right)$, $n_{O_2}=3.0\times10^4$ 烟煤焦： $k=2.89\times10^{-2}\exp\left(-\frac{5219}{T}\right)$, $k_\eta=2.04\times10^{-5}\exp\left(-\frac{34\ 657}{T}\right)$, $k_{\eta,0}=6.31\times10^{-4}\exp\left(-\frac{6176}{T}\right)$, $n_{O_2}=3.0\times10^4$ 无烟煤焦： $k=1.78\times10^{-3}\exp\left(-\frac{1700}{T}\right)$, $k_\eta=1.37\times10^{-8}\exp\left(-\frac{41\ 050}{T}\right)$, $k_{\eta,0}=1.91\times10^{-4}\exp\left(-\frac{7922}{T}\right)$, $n_{O_2}=3.0\times10^4$

续表

	化学反应	速率表达式
		焦炭反应
R8	$C+CO_2 \longrightarrow 2CO$	$R_{C\text{-}CO_2}=ks_C/Y_{C,char}MW_C C_{CO_2}(s^{-1})$ 褐煤焦：$k=1.25\times10^4\exp\left(-\frac{25\,059}{T}\right)$ 烟煤焦：$k=5.95\times10^6\exp\left(-\frac{32\,846}{T}\right)$ 无烟煤焦：$k=2.40\times10^7\exp\left(-\frac{37\,407}{T}\right)$
R9	$C+H_2O \longrightarrow CO+H_2$	$R_{C\text{-}H_2O}=ks_C/Y_{C,char}MW_C C_{H_2O}(s^{-1})$ k 约为反应 R8 的 3.01 倍
R10	$NO+C \longrightarrow CO+0.5N_2$	$R_{C\text{-}NO}=k\frac{6m_C}{Y_{C.char}\rho_C d_C}C_{NO}^n\left(\frac{kmol}{s}\right)$ 褐煤焦：$k=84.0\exp\left(-\frac{9878}{T}\right)$，$n=0.82$ 烟煤焦：$k=630.3\exp\left(-\frac{14\,531}{T}\right)$，$n=0.75$ 无烟煤焦：$k=1.28\times10^4\exp\left(-\frac{18\,047}{T}\right)$，$n=0.84$
R11	$^*NO+CO \xrightarrow{char} CO_2+0.5N_2$	$R_{C\text{-}NO/CO}=k\frac{6m_C}{Y_{C.char}\rho_C d_C}C_{NO}^{n_1}C_{CO}^{n_2}\left(\frac{kmol}{s}\right)$ 褐煤焦：$n_1=0.43$，$n_2=0.57$ $k=4.38\times10^{-1}\exp\left(-\frac{2263}{T}\right)-6.09\times10^{-1}\exp\left(-\frac{2637}{T}\right)$ 烟煤焦：$n_1=0.46$，$n_2=0.25$ $k=2.90\times10^{-4}\exp\left(-\frac{1000}{T}\right)-2.95\times10^2\exp\left(-\frac{16\,700}{T}\right)$ 无烟煤焦：$n_1=1.0$，$n_2=0.75$ $k=1.33\times10^7\exp\left(-\frac{11\,365}{T}\right)-1.73\times10^7\exp\left(-\frac{11\,680}{T}\right)$

续表

	化学反应	速率表达式
		焦炭反应
R12	$S+O_2 \longrightarrow SO_2$	硫、碳同步转化
R13	$N+0.5O_2 \longrightarrow NO$	氮、碳同步转化
		石灰石反应(包括石灰石脱硫和 CaO 表面含氮催化反应)
R14	$CaCO_3 \longrightarrow CaO+CO_2$	入炉瞬时完成
R15	$CaO+SO_2+0.5O_2 \longrightarrow CaSO_4$	$\frac{dX_{CaO}}{dt}=-A\cdot B\exp(-Bt)(s^{-1})$ $A=a_1\frac{C_{SO_2,s}-C_{SO_2,0}}{C_{SO_2,0}}+a_2\left(\frac{d_L}{d_{L,0}}\right)^{-a_3}$, $B=a_4\left(\frac{d_L}{d_{L,0}}\right)^{-a_5}C_{SO_2,s}^{a_6}$ SZ 石灰石：$a_1=0.02,a_2=0.75,a_3=0.26$, $a_4=17.0,a_5=0.23,a_6=0.6$ SC 石灰石：$a_1=0.02,a_2=0.48,a_3=0.22$, $a_4=15.8,a_5=0.21,a_6=0.6$
R16	$CaSO_4+CO \longrightarrow CaO+SO_2+CO_2$	$\left.\frac{dX_{CaSO_4}}{dt}\right\vert_{t=0}=kS_{CaSO_4}C_{CO}(s^{-1})$, $k=7.9\times10^4\exp\left(-\frac{29\,108}{T}\right)$
R17	$CaSO_4+H_2 \longrightarrow CaO+SO_2+H_2O$	$\left.\frac{dX_{CaSO_4}}{dt}\right\vert_{t=0}=kS_{CaSO_4}C_{H_2}(s^{-1})$, $k=6.1\times10^6\exp\left(-\frac{34\,640}{T}\right)$
R18	$^*CO+0.5O_2 \xrightarrow{CaO} CO_2$	$R_{CaO\text{-}CO}=km_L s_{CaO,e}C_{CO}^{0.55}C_{O_2}^{0.47}C_{H_2O}^{-0.3}\left(\frac{kmol}{s}\right)$ $k=5.23\exp\left(-\frac{12\,629}{T}\right)$

续表

	化学反应	速率表达式
石灰石反应(包括石灰石脱硫和 CaO 表面含氮催化反应)		
R19	$^*NH_3+O_2+NO\xrightarrow{CaO}NO+N_2+H_2O$ (反应体系)	$R_{CaO\text{-}NH_3}=k_1 m_L s_{CaO,e}\theta_{O_2}\theta_{NH_3}\left(\frac{kmol}{s}\right)$ $k_1=3.08\times10^{-5}\exp\left(-\frac{10\,492}{T}\right)$ $R_{CaO\text{-}NO}=R_{CaO\text{-}NH_3}\frac{k_2\theta_{O_2}-\theta_{NO}}{k_2\theta_{O_2}+\theta_{NO}}$ $k_2=2.19\times10^{-2}\exp\left(-\frac{5206}{T}\right)$ $\theta_{(m)}=\frac{K_{ad(m)}C_{(m)}}{1+K_{ad(m)}C_{(m)}},(m=O_2,NH_3,NO)$ $K_{ad,O_2}=1.98\times10^4,K_{ad,NH_3}=6.25\times10^4,$ $K_{ad,NO}=6.25\times10^4$
R20	$^*HCN+H_2O\xrightarrow{CaO}NH_3+CO$	假设与 NH_3 催化氧化速率一致($R_{CaO\text{-}NH_3}$)
R21	$^*NO+CO\xrightarrow{CaO}0.5N_2+CO_2$	$R_{CaO\text{-}NO/CO}=$ $2m_L s_{CaO,e}\frac{kK_{ad,NO}K_{ad,CO}C_{NO}C_{CO}}{(1+K_{ad,NO}C_{NO}+K_{ad,CO}C_{CO})^2}\left(\frac{kmol}{s}\right)$ $k=8.52\times10^5\exp\left(-\frac{21\,776}{T}\right),$ $K_{ad,CO}=6.25\times10^4$
灰分表面催化反应		
R22	$^*NO+CO\xrightarrow{ash}0.5N_2+CO_2$	$R_{ash\text{-}NO/CO}=km_{ash}s_{ash}C_{CO}C_{NO}\left(\frac{kmol}{s}\right)$ 准东煤灰：$k=2.25\times10^5\exp\left(-\frac{9827}{T}\right)$ 府谷煤灰：$k=6.76\times10^4\exp\left(-\frac{8814}{T}\right)$ 海拉尔煤灰：$k=6.50\times10^4\exp\left(-\frac{8877}{T}\right)$ 大同煤灰：$k=1.41\times10^7\exp\left(-\frac{15\,357}{T}\right)$ 文峰煤灰：$k=1.92\times10^6\exp\left(-\frac{14\,313}{T}\right)$

注：* 表示催化反应。

附录C　循环流化床燃烧整体数学模型中关键气固流动参数汇总

根据循环流化床锅炉炉内不同位置的气固流动状态和气体传递特性，本书整体模型将锅炉划分为密相区（包括布风板作用区和充分发展鼓泡床区）、稀相区（包括飞溅区和炉膛上部稀相区）、分离器等区域。特将该模型中描述各区域的主要气固流动和气体传质参数汇总于表C。具体计算方法已在正文给出。

表C　整体模型中主要气固流动和传质参数汇总

参　　数	计算关联式
整个炉膛（包括密相区和稀相区）	
床存量	$M_{s(i)}=\sum_{j=1}^{N_{j,A}+N_{j,L}}[A_{fur(i)}(1-\varepsilon_{(i,j)})\rho_{p(j)}\Delta H_{(i)}]$
床压	$P_{(I)}=\sum_{i=1}^{I}\left\{\sum_{j=1}^{N_{j,A}+N_{j,L}}[\rho_{p(j)}(1-\varepsilon_{(i,j)})f_{s(i,j)}]g\Delta H_{(i)}\right\}$
总物料上升流率	$W_{s,up(i)}=\begin{cases}A_{c(i)}(1-\varepsilon_{c(i)})U_{p,c(i)}\rho_{p(i)}, & 1<i<N_{Sbed}\\ W_{s,up(i=N_{Sbed}-1)}, & i\geqslant N_{Sbed}\end{cases}$
总物料下降流率	$W_{s,down}$根据各小室质量平衡确定
分层系数	$\xi_{(i,j)}=\begin{cases}1+(\xi_0-1)[1-\exp(-(\bar{U}_{t(i)}-U_{t(i,j)})/k_1)], & d_{p(j)}<\bar{d}_{p(i)}\\ 1.0, & d_{p(j)}=\bar{d}_{p(i)}\\ \exp[-(U_{t(i,j)}-\bar{U}_{t(i)})/k_2], & d_{p(j)}>\bar{d}_{p(i)}\end{cases}$

续表

参　　数	计算关联式
密相区(包括炉膛底部和外置换热床内)	
临界流化空隙率	$\varepsilon_{mf}=\frac{0.586}{\phi_p^{0.72}}\left(\frac{\rho_g}{\rho_p}\right)^{0.021}\left[\frac{\mu_g^2}{(\rho_p-\rho_g)\rho_g d_p^3 g}\right]^{0.029}$
临界流化风速	$\begin{cases}\frac{U_{mf}\rho_g d_p}{\mu_g}=\sqrt{33.7^2+0.0408Ar}-33.7\\ Ar=\rho_g d_p^3(\rho_p-\rho_g)g/\mu_g^2\end{cases}$
风帽射流深度(布风板作用区高度)	$H_{Dj}=\frac{[d_{cap}^2\rho_p^2 g^2(0.174\rho_g U_{g,cap}^2+\rho_p g d_{cap})]^{1/3}}{0.116\rho_p g}-\frac{d_{cap}}{0.116}$
气泡直径	$\begin{cases}d_B(h)=8.53\times10^{-3}[1+27.2(\bar{U}_g-U_{mf})]^{1/3}\times\\ [1+6.84(h+H_D-H_{Dj})]\\ H_D=1.61[A_D^{1.6}g^{0.2}(\bar{U}_g-U_{mf})^{-0.4}]^{1/3}\end{cases}$
气泡上升速度	$U_{g,B}=0.17U_{mf}^{-0.33}(\bar{U}_g-U_{mf})+0.71\times2\sqrt{gd_B}$
气泡相体积分数	$\begin{cases}\sigma_B=1/[1+1.3/\chi(\bar{U}_g-U_{mf})^{-0.8}]\\ \chi=[0.26+0.70\exp(-3300d_p)](0.15+\bar{U}_g-U_{mf})^{-0.33}\end{cases}$
乳化相内气体流速	$U_{g,E}=(\bar{U}_g-U_{g,B}\sigma_B)/(1-\sigma_B)$
密相区平均空隙率	$\varepsilon_{den}=(1-\sigma_B)\varepsilon_{mf}+\sigma_B$
乳化相和气泡相的相间气体传质速率	$K_{g,B\leftrightarrow E(i,m)}=\frac{U_{mf(i)}}{3}+\left(\frac{4D_{g(i,m)}\varepsilon_{mf(i)}U_{g,B(i)}}{\pi d_{B(i)}}\right)^{1/2}$
乳化相内气体传质速率	$Sh_E=\frac{K_{g,E}d_p}{D_g}=2\varepsilon_{mf}+0.70\left(\frac{U_{mf}d_p\rho_g}{\mu_g\varepsilon_{mf}}\right)^{1/2}\left(\frac{\mu_g}{\rho_g D_g}\right)^{1/3}$

续表

参　数	计算关联式
	稀相区
气泡射流高度	$\begin{cases} H_{Bj}=30.4\left(\dfrac{\overline{U}_g}{U_{g,s}}\right)^{-0.1754} Fr_B^{0.293} Re_p^{-0.1138} \cdot d_{B(i=N_{Sbed})} \\ Fr_B=\dfrac{\rho_g}{\rho_p-\rho_g}\dfrac{U_{g,B(i=N_{Sbed})}^2}{gd_{B(i=N_{Sbed})}},Re_p=\dfrac{\rho_g d_p U_{g,B(i=N_{Sbed})}}{\mu_g} \end{cases}$
气泡射流核心区体积分数	$\begin{cases} \sigma_J=N_B\dfrac{\pi}{12}\Delta H_{(i)}(D_1^2+D_2^2+D_1D_2)/V_{(i)} \\ D_1=\dfrac{H_{Bj}-H_{(i+1)}}{H_{Bj}-H_{(i=N_{Sbed})}}d_{B(i=N_{Sbed})} \\ D_2=\dfrac{H_{Bj}-H_{(i)}}{H_{Bj}-H_{(i=N_{Sbed})}}d_{B(i=N_{Sbed})} \end{cases}$
气泡射流核心区气速	$U_{g,J}=U_{g,B(i=N_{Sbed})}$
周围颗粒悬浮区气速	$U_{g,S}=(\overline{U}_g-U_{g,J}\sigma_J)/(1-\sigma_J)$
固体饱和携带率	$G_s^*=\rho_g\overline{U}_g\left\{\dfrac{\overline{U}_g}{0.1Ar^{0.28}\sqrt{gd_p}}\exp\left[-\left(\dfrac{0.5}{d_p}\right)^{0.21}\right]\right\}^{1/0.83}$
物料循环流率	$\begin{cases} G_s=(G_s^*+G_{s,max})/2 \\ G_{s,max}=\rho_s(1-\overline{\varepsilon}_{(i=2)})(\overline{U}_{g(i=2)}/\overline{\varepsilon}_{(i=2)}-\overline{U}_{t(i=2)}) \end{cases}$
稀相区空隙率	$\begin{cases} \varepsilon_{dilute}(h)=\varepsilon_\infty+(\varepsilon_{den}-\varepsilon_\infty)\exp[-\alpha(h-H_{den})] \\ \varepsilon_\infty=1-0.822\left[\dfrac{G_s^*}{\rho_s(\overline{U}_g-U_t)}\right]^{0.982} Fr_D^{-0.122}\left(\dfrac{0.5}{d_p}\right)^{0.175} \\ \alpha=\dfrac{35.0}{\Delta P_{fur}}\dfrac{U_t}{\overline{U}_g},Fr_D=\dfrac{\overline{U}_g}{\sqrt{0.5g}} \end{cases}$
环核流动结构参数	边壁区厚度(δ_a), 边壁区内空隙率、气速和颗粒速度(ε_c、$U_{g,c}$、$U_{p,c}$), 核心区内空隙率、气速和颗粒速度(ε_a、$U_{g,a}$、$U_{p,a}$), 采用两通道流动模型计算(4.3.2.3节)

续表

参　　数	计算关联式
稀相区	
核心区颗粒团参数	颗粒团体积分数(β_{cl})，颗粒团尺寸(d_{cl})， 颗粒团内空隙率、表观气速和表观颗粒速度($\varepsilon_{c,f}$、$U_{sg,f}$、$U_{sp,f}$)， 周围稀相空隙率、表观气速和表观颗粒速度($\varepsilon_{c,cl}$、$U_{sg,cl}$、$U_{sp,cl}$)， 采用带经验关联式封闭的EMMS模型计算(4.3.2.4节)
边壁区颗粒团反应特征数和反应速率修正	$\begin{cases} G'=\left(\dfrac{S_{V,p}\delta_a^2 Sh_p}{f_p d_p}\right)\Big/\left(1+\dfrac{Sh_p D_{g(m)}}{f_p R_{(m)} d_p}+\dfrac{Sh_p d_{fur}}{f_p Sh_a d_p}\right) \\ R_{a(m)}=R_{(m)}\cdot\tanh[(G')^{1/2}]/(G')^{1/2} \end{cases}$
核心区颗粒团表面气体传质速率	$Sh_{cl}=\dfrac{K_{g,cl}d_p}{D_g}=2\varepsilon_{c,cl}+0.69\left(\dfrac{U_{ss,cl}d_p\rho_g}{\mu_g}\right)^{1/2}\left(\dfrac{\mu_g}{\rho_g D_g}\right)^{1/3}$
核心区单颗粒表面气体传质速率	$Sh_{sin}=\dfrac{K_{g,sin}d_p}{D_g}=2\varepsilon_{c,f}+0.69\left(\dfrac{U_{ss,f}d_p\rho_g}{\mu_g}\right)^{1/2}\left(\dfrac{\mu_g}{\rho_g D_g}\right)^{1/3}$
分离器	
气体平均停留时间	$\bar{t}_{cyc,g}=\dfrac{1}{H_{cyc,in}w_{cyc,in}U_{cyc,in}}\left(V_{cyc,s}+\dfrac{V_{cyc,nl}}{2}\right)$
颗粒平均停留时间	$\begin{cases} \dfrac{\bar{t}_{cyc,p}}{\bar{t}_{cyc,g}}=0.037Re_{in}^{0.43}\left(\dfrac{U_{cyc,in}-U_t}{U_t}\right)^{0.7}\times \\ \left(\dfrac{\rho_s-\rho_g}{\rho_g}\right)^{0.42}\left(\dfrac{H_{cyc,tot}-H_{cyc,up}}{H_{cyc,tot}}\right)^{-1.76} \\ Re_{in}=U_{cyc,in}d_p\rho_g/\mu_g \end{cases}$
物料存量	$M_{s(i=1)}=\sum\limits_{j=1}^{N_{j,A}+N_{j,L}}(\bar{t}_{cyc,p(j)}\dot{m}_{s,up(i=2,j)}\eta_{cyc(j)})$
分级分离效率	$\eta_{cyc(j)}=1.0-\exp\left(-0.693(d_{p(j)}/D_{50})^{\frac{1.894}{\ln(D_{99}/D_{50})}}\right)$